高等职业教育"十三五"规划教材

SHI PIN AN QUAN JIAN CE YI QI FEN XI JI SHU

食品安全检测仪器分析技术

◎ 汪长钢 赵雪平 主编

"理实1体化"教材

中国农业科学技术出版社

图书在版编目（CIP）数据

食品安全检测仪器分析技术 / 汪长钢，赵雪平主编 . —北京：中国农业科学技术
出版社，2018.7

ISBN 978-7-5116-3514-3

Ⅰ.①食…　Ⅱ.①汪…②赵…　Ⅲ.①食品安全-食品检验-检测仪表　Ⅳ.①TS207.3

中国版本图书馆 CIP 数据核字（2018）第 102009 号

责任编辑	崔改泵　金　迪
责任校对	李向荣

出 版 者	中国农业科学技术出版社
	北京市中关村南大街 12 号　邮编：100081
电　　话	（010）82109194（编辑室）　（010）82109702（发行部）
	（010）82109709（读者服务部）
传　　真	（010）82106650
网　　址	http://www.castp.cn
经 销 者	各地新华书店
印 刷 者	北京富泰印刷有限责任公司
开　　本	787 mm×1 092 mm　1/16
印　　张	16.5
字　　数	391 千字
版　　次	2018 年 7 月第 1 版　2018 年 7 月第 1 次印刷
定　　价	38.00 元

◀━━━◆ 版权所有·翻印必究 ◆━━━▶

《食品安全检测仪器分析技术》
编 写 人 员

主　　编：汪长钢　赵雪平

副 主 编：马长路　张冬冬　罗红霞　王文光

参编人员：贾红亮　李国秀　孙士英　刘　启

　　　　　谢　鑫　赵　蓉　王鹏涛　邓秋豪

　　　　　潘　妍　彭　彬

内容简介

《食品安全检测仪器分析技术》是一门应用性较强的专业教材,作为食品安全检测相关专业核心课程的必要补充,紧密结合食品检测方向技术发展,以提升学生动手能力为重点,适用于高职高专食品仪器检测技术相关专业教学,亦可作为食品检验岗位工作者的参考用书。

本书主要内容包括:电位分析技术、紫外—可见吸收光谱分析技术、红外吸收光谱分析技术、原子光谱分析技术、气相色谱分析技术、高效液相色谱分析技术、质谱分析技术。

前　言

近年来食品安全问题不断，作为一名食品人深感自身责任重大。伴随着食品安全问题频发，食品安全检测被提升到前所未有的重视程度。以往的仪器分析教材针对的是各行业都使用的仪器。本书着重介绍食品检测行业相关仪器。仪器分析技术在食品分析中所占的比例不断增大，并成为现代分析技术中重要的分支。同时由于计算机等技术引入，使仪器分析技术朝着快速、灵敏、准确的方向发展。也使得仪器分析技术易于上手操作，使得食品仪器分析技术迅速发展。

本书所有章节，都有代表型仪器介绍，紧扣目前最常用的食品分析仪器及最常用的分析方法。结合高职院校食品检验专业人才培养目标，以实践操作能力培养为重点，立足实用、强化能力。本书的内容主要有以下特点。

（1）本书涵盖面较广，涉及的仪器比较多。针对食品企业和相关科研单位的需要，本书介绍了当前广泛使用的食品行业用分析仪器，如紫外—可见分光光度计、原子荧光分光光度计、原子吸收分光光度计、酸度计、自动电位滴定仪、气象色谱仪、液相色谱仪等。

（2）选择介绍的仪器在食品行业具有通用性、先进性和新颖性，既介绍了先进的仪器设备，也介绍国内外广泛使用的通用型仪器设备。

（3）本书内容实用性强，介绍多为实践性知识，书中介绍的仪器设备多为食品检测行业通用型设备，主要介绍仪器的性能、工作原理、基本结构、操作方法、使用注意事项、仪器维护保养、故障分析和排除等，强调仪器操作规范化，注重仪器的维护保养。在每一章都有技能训练任务，做到了理论与实验技术更好的结合，在结尾处提供了技能考核参考标准，对教师评价学生技能操作能力有借鉴作用。

本书由北京农业职业学院汪长钢和内蒙古农业大学职业技术学院赵雪平

主编，内蒙古农业职业技术学院、芜湖农业职业技术学院、阜阳职业技术学院、杨凌职业技术学院、拉萨第一中等职业技术学校多位食品仪器检测专业一线教职人员参编。感谢北京农业职业学院马长路老师、贾红亮老师，以及中国农业科学技术出版社对本书出版的支持。编者在此一并表示衷心的感谢。

由于编者水平有限，缺点和不足之处在所难免，恳请广大读者批评指正。

编 者

2018 年 1 月

目　　录

项目一 电位分析技术

【知识目标】

➢ 电位分析法的相关概念、参比电极、指示电极；
➢ 溶液 pH 值的电位法测定原理，直接电位法测定离子活度及相关计算；
➢ 酸度计的基本原理，电位滴定法基本原理。

【技能目标】

➢ 能熟练使用酸度计测定溶液的 pH 值和离子活度；
➢ 掌握电位滴定终点的确定及其相关的操作技能。

案例导入

据中国台湾媒体报道，近日中国台湾消基会对漱口水进行了抽检，共抽查 15 件市售漱口水，发现其中 6 件酸碱值小于 5，过酸的漱口水容易造成蛀牙，儿童不宜经常使用，可能会伤害口腔黏膜。2012 年 9 月，中国台湾消基会在大卖场、超市等地购买了 15 件漱口水，由于目前未制订漱口水的权威标准，但漱口水和牙膏都是直接用于口腔内的商品，所以检测结果参考牙膏的标准。结果显示，15 件漱口水的氟化物、菌落总数、三氯沙均符合规定。对此中国台湾"卫生署"回应表示，国际上包括欧盟等地区对于一般漱口水没有相关规范，国际标准组织 ISO 则建议将酸碱值控制在 3.0~10.5 范围内，目前台湾"卫生署"正在收集各国资料，若有必要，将针对酸碱值加以规范。

任务一　电位分析法基础知识

一、电位分析法分类及特点

电位分析法是利用电极电位测定物质活度（浓度）的电化学分析法。包括直接电位法和电位滴定法。直接电位法是利用专用电极将被测离子的活度转化为电极电位后加以测定，如用玻璃电极测定溶液中的氢离子活度，用氟离子选择性电极测定溶液中的氟离子活度。电位滴定法是利用指示电极电位的突跃来指示滴定终点。两种方法的区别在于：直接电位法只测定溶液中已经存在的自由离子，不破坏溶液中的平衡关系；电位滴定法测定的是被测离子的总浓度，电位滴定法不需要准确地测量电极电位值。电位滴定法可直接用于有色和混浊溶液的滴定，在酸碱滴定中，它可以滴定不适于用指示剂的弱酸，能滴定 K 值小于 $5×10^{-9}$ 的弱酸；在沉淀和氧化还原滴定中，因缺少指示剂，它应用更为广泛。电位滴定法可以进行连续和自动滴定。

电位分析法有如下特点：选择性好，对组成复杂的试样往往不需要分离处理就可直接测定；灵敏度高，直接电位法的检出限为 $10^{-8} \sim 10^{-5}\,mol/L$，特别适用于微量组分的测定。电位分析法所用仪器设备简单，操作方便、分析快速、测定范围宽、不破坏试液，易于实现自动化，在食品领域有广泛的使用，并已成为重要的测试手段。

二、电位分析法理论基础

（一）原电池

原电池又称非蓄电池，是电化学电池的一种，其电化反应不能逆转，即只能将化学能转换为电能，简单说就是不能重新储存电力，与蓄电池相对。原电池是利用两个电极之间金属性的不同，产生电势差，从而使电子流动，产生电流。原电池是将化学能转变成电能的装置，其组成如图 1-1 所示，Cu-Zn 原电池：

$$Cu 极发生的反应：Cu \rightleftharpoons Cu^{2+}+2e^-$$

$$Zn 极发生的反应：Zn^{2+}+2e^- \rightleftharpoons Zn$$

为了简化对原电池的描述，通常用电池的表达式来表示，如上述原电池为：

$$(-)Zn \mid [ZnSO_4(ymol/L)] \parallel [CuSO_4(xmol/L)] \mid Cu(+)$$

单竖线"｜"表示不同相界面，双竖线"‖"表示盐桥，有两个相界面，习惯把正极写在右边，负极写在左边。

（二）电极

电极的概念是法拉第进行系统电解实验后在 1834 年提出的，原意指构成电池的插在电解质溶液中的金属棒。电极是原电池的基本组成部分。原电池必须由两个基本部分组成：两个电极和电解质溶液。给出电子发生氧化反应的电极，如丹尼尔电池（图 1-1）中的 Zn 极，由于其电势较低，被称为负极；而接受电子发生还原反应的一极，如 Cu 极，由于其电势较高，而称作正极。

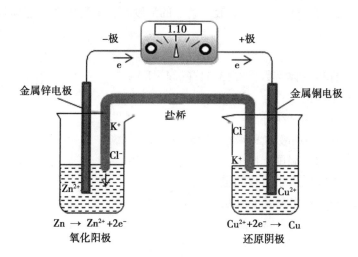

图 1-1 **Cu-Zn 原电池示意图**

根据组成电极物质的状态，可以把电极分为三类。第一类电极是金属电极和气体电极，如丹尼尔电池中锌电极和铜电极，还有标准氢电极；第二类电极是金属—金属难溶盐电极及金属—金属难溶氧化物电极，如 Ag-AgCl 电极。第三类电极是氧化还原电极（任一电极皆为氧化还原电极，这里所说的氧化还原电极是专指参加电极反应的物质均在同一个溶液中），如 Fe^{3+} 和 Fe^{2+} 溶液组成的电极。

参比电极：参比电极是电极电位已知且恒定，不随测定溶液和浓度变化而变化，与被测物质无关，只用来提供电位标准的电极。电位分析法中常用的参比电极是甘汞电极和银—氯化银电极。

指示电极：电化学分析法中所用的工作电极。它和另一对应电极或参比电极组成电池，通过测定电池的电动势或在外加电压的情况下测定流过电解池的电流，即可得知溶液中某种离子的浓度。根据功能不同，指示电极可分为电势型和电流型两大类。

属于电势型的有电位法和电位滴定法中所用的各种电极，其中常用的是各类离子选择性电极。在电位法中，利用测定电池的电动势，即可由能斯特公式推知在指示电极上发生反应的离子浓度。属于电流型的有极谱法和伏安法，或安培滴定法中所用的滴汞电极和各种固体微电极，以及库仑滴定中所用的铂电极等。在极谱法和伏安法中，由于指示电极面积极小，电极反应时发生极化作用，由微电极指示出的扩散电流和离子浓度的线性关系即可测知溶液中离子的浓度。

（三）电极电位

当我们把金属锌片浸入相应的盐溶液 $ZnSO_4$ 中时，由于化学势不同，Zn 片上的锌原子非常容易失去两个电子进入溶液组成 Zn^{2+}，而将电子留在金属锌片上，结果使金属锌片带上负电荷。由于异性相吸原理，带负电荷的金属锌片吸引溶液中的正离子，在金属锌片和溶液界面间形成一个双电层，两相之间产生一个电位差，就是电极电位。

简单地说，就是金属浸于电解质溶液中，显示出电的效应，即金属的表面与溶液间产生电位差，这种电位差称为金属在此溶液中的电位或电极电位。研究证明，和溶液中离子有电化学关系的电极的电极电位与溶液中离子的活度符合下列关系（能斯特方程式）：

$$\varphi = \varphi^0 + \frac{RT}{nF} \lg \frac{a_{氧化态}}{a_{还原态}} \tag{1-1}$$

式中：R——标准气体常数，8.1345J/（mol·K）；

$\quad\quad\ \varphi$——电极电位；

$\quad\quad\ \varphi^0$——标准电极电位；

$\quad\quad\ F$——法拉第常数，96486.7C/mol；

$\quad\quad\ T$——热力学温度，K；

$\quad\quad\ n$——电极反应中转移的电子数；

$\quad\quad\ a_{氧化态}$——氧化态离子活度；

$\quad\quad\ a_{还原态}$——还原态离子活度。

25℃时，将常数代入有：

$$\varphi = \varphi^0 + \frac{0.0592}{n} \lg \frac{a_{氧化态}}{a_{还原态}} \tag{1-2}$$

对金属来讲，还原态是固体金属，它的活度 $a_{还原态}=1$ 代入上式，则有：

$$\varphi = \varphi^0 + \frac{0.0592}{n} \lg a_{氧化态} \tag{1-3}$$

（四）电动势

电动势是反映电源把其他形式的能转换成电能的本领的物理量。电动势使电源两端产生电压，在电路中，电动势常用 E 表示，单位是伏（V）。

在电源内部，非静电力把正电荷从负极板移到正极板时要对电荷做功，这个做功的物理过程是产生电源电动势的本质。非静电力所做的功，反映了其他形式的能量有多少变成了电能。因此在电源内部，非静电力做功的过程是能量相互转化的过程。

电动势的大小等于非静电力把单位正电荷从电源的负极，经过电源内部移到电源正极所做的功。如设 W 为电源中非静电力（电源力）把正电荷量 q 从负极经过电源内部移送到电源正极所做的功跟被移送的电荷量的比值，则电动势大小为：$E=W/q$。如电动势为 6 伏说明电源把 1 库正电荷从负极经内电路移动到正极时非静电力做功 6 焦，有 6 焦的其他形式能转换为电能。电动势的方向规定为从电源的负极经过电源内部指向电源的正极，即与电源两端电压的方向相反。

（五）离子选择性电极及其性能参数

1. 离子选择性电极

离子选择性电极（Ion-Selective Electrode，ISE）是电位分析中最常用的电极，其电极电位仅对溶液中特定离子有选择性响应，但并没有发生电极反应。离子选择性电极是一类利用膜电势测定溶液中离子的活度或浓度的电化学传感器，当它和含待测离子的溶液接触时，在它的敏感膜和溶液的相界面上产生与该离子活度直接有关的膜电势。离子选择性电极一般由内参比溶液、内参比电极和敏感膜（电极膜）3 部分组成，其基本结构如图 1-2 所示。

由玻璃或高分子聚合物材料做成的电极腔体内，内参比电极通常为 Ag/AgCl 电极，

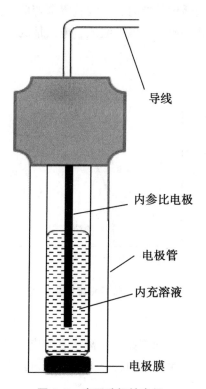

图 1-2　离子选择性电极

内参比溶液由氯化物及响应离子的强电解质溶液组成，电极膜是对响应离子具有高选择性的响应膜。

离子选择性电极的电极电位与特定离子活度之间的关系符合能斯特方程。

$$\varphi = k \pm \frac{RT}{NF} \ln a_i \qquad (1-4)$$

离子选择性电极除了用来测定溶液的 pH 值，还可以测定其他离子的浓度。其方法是：选择相应的指示电极（只与被测离子产生响应的离子选择性电极）与参比电极及试液构成电池，通过测定电池的电动势（电位差），利用能斯特方程式即可求得试样中被测离子的浓度。

2. 离子选择性电极的性能参数

（1）能斯特响应、线性范围和检测下限

以离子选择电极的电位随离子 A 的活度变化的特征称为响应。若这响应服从能斯特方程，则称为能斯特响应（298K）：

$$\varphi = k \pm \frac{0.0592}{Z_A} \lg a_A \qquad (1-5)$$

在实际测定过程中，离子选择电极的电位值随被测离子活度降低到一定程度之后，便开始偏离能斯特方程。图 1-3 是以电位值 E 对 $\lg a$ 作图所得的校准曲线。与此校准曲线的直线部分所对应的离子活度范围称为离子选择电极响应的线性范围。直线的斜率 S 为离子选择电极的实际响应斜率。当活度较低时，曲线就逐渐弯曲，两直线外推交点所对应的待测离子活度，称为电极的检测下限，溶液的组成、电极情况、搅拌速度、温度等因素均影响检测下限的数值。

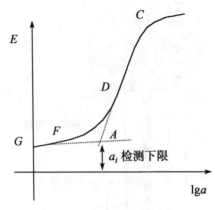

图1-3　电位随浓度变化曲线

（2）选择性系数

任何一支离子选择电极不可能只对某特定离子有响应，对溶液中其他离子也可能会有响应。为了表明共存离子对电动势（或电位）的贡献，可用一个更适用的能斯特方程来表示：

$$\varphi = K \pm \frac{2.303RT}{n_i F} \lg [a_i + K_{ij} a_j^{\frac{n_i}{n_j}} + \cdots] \qquad (1-6)$$

式中：i——待测离子，j——共存离子，n_i——待测离子的电荷数，n_j——共存离子的电荷数。

K_{ij}称为选择性能系数，该值越小，表示i离子抗j离子的干扰能力越大。

K_{ij}的定义为：引起离子选择性电极电位相同的变化时，所需待测离子活度与干扰离子活度的比值。即：

$$K_{ij} = \frac{a_i}{n_j} \qquad (1-7)$$

K_{ij}越小，i离子选择电极抗j离子干扰的能力越大，选择性越好。

（3）响应时间

离子选择电极的实际响应时间是指从离子选择电极和参比电极一起接触试液到电极电位变为稳定数值（波动在1mV以内）所经过的时间。它是整个电池达到动态平衡的时间。影响响应时间的因素有离子选择电极的膜电位平衡时间、参比电极的稳定性、溶液的搅拌速度等。测量时，通常用搅拌器搅拌试液的方法来缩短离子选择电极的响应时间。

（4）内阻

离子选择电极的内阻包括膜内组、内充溶液和内参比电极的内阻等。膜内阻起主要作用，它与敏感膜的类型、厚度等因素有关。晶体膜电极的内阻较低，约在千欧至兆欧数量级。流动载体电极的内阻约在几兆欧到数十兆欧不等。玻璃电极的内阻最高，约在 $10^8\Omega$，因此与离子选择电极配套用的离子计要有较高的输入阻抗，通常在 $10^{11}\Omega$ 以上。

（5）稳定性

在同一溶液中，离子选择电极的电位值随时间的变化，称为漂移。稳定性以 8 小时或 24 小时内漂移的毫伏数表示。漂移的大小与膜的稳定性、电极的结构和绝缘性有关。测定时液膜电极的漂移较大。

📖 知识拓展

离子选择性电极分类

离子选择性电极按敏感膜材料分类，根据 1976 年 IUPAC 的推荐，离子选择性电极分为原电极和敏化离子选择性电极两大类，具体又可分为以下几类：

1. 晶体膜电极

晶体膜电极的敏感膜材料一般为难溶盐加压或拉制成单晶、多晶或混晶的活性膜。根据制备方法的不同可分为均相膜电极和非均相膜电极两类。

（1）均相膜电极

分单晶膜电极和多晶膜电极，F^- 电极为单晶膜电极，LaF_3 电极为多晶膜电极。此外，还有离子接触型和非离子接触型之分。非离子接触型无内参比液，膜片直接与 Ag 接触。如 Ag_2S 电极 Ag^+、S^{2-} 均敏感，还有 AgX（Cl^-、Br^-、I^-）和 MS（Pb^{2+}、Cu^{2+}、Cd^{2+} 等）电极通常以 Ag_2S 为骨架。

（2）非均相膜电极

电活性物质（难溶盐、螯合物、缔合物等），均匀分布在惰性材料（硅橡胶、聚氯乙烯、聚苯乙烯等）中制成。

2. 非晶体膜电极

（1）刚性基质膜电极

即玻璃电极，其敏感膜是具有离子交换作用的薄玻璃，随玻璃成分不同对不同离子具有选择性，常见的有 H^+、Ag^+ 和碱金属等一价阳离子的选择性电极。

构造：内参比液、一价阳离子的氯化物、内参比电极为 Ag/AgCl。

（2）流动载体电极（液膜电极）

它的敏感膜是溶有某种载体的有机溶剂薄层。

3. 气敏电极

其结构是一完整的原电池，由指示电极和参比电极组成，如 NH_3 电极。

4. 酶电极

酶是具有高选择性、高催化效率的生物催化剂，酶参与的催化反应形成的产物可被离子敏化电极、气敏电极检测，利用这一性质制备的酶电极，可用于测定生物活性物或酶活性。

例如：$CO(NH_2)_2 + H_2O \rightarrow 2NH_3 + CO_2$ 脲酶可催化此反应，通过测定反应产物 NH_3 就可测定尿素的含量。

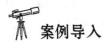 案例导入

什么是食品的酸度？

食品中酸的种类很多，可分为有机酸和无机酸两类，但是主要为有机酸，而无机酸含量很少。通常有机酸部分呈游离状态，部分呈酸式盐状态存在于食品中；而无机酸呈中性盐化合态存在于食品中。

食品中常见的有机酸有柠檬酸、苹果酸、酒石酸、草酸、琥珀酸、乳酸及醋酸等，这些有机酸有些是食品所固有的，如果蔬制品中的有机酸；有的是在食品加工中加入的，如汽水中的有机酸；有的是在生产、加工、储藏过程中产生的，如酸奶、食醋中的有机酸；有机酸在食品中的分布极不均衡，果蔬中所含有机酸种类较多，但不同果蔬中所含的有机酸种类也不同，酿造食品（如酱油、果酒、食醋）中也含有多种有机酸。

食品的酸度称为总酸，总酸是指食品中所有酸性成分的总量。它包括未离解的酸的浓度和已离解的酸的浓度，其大小可借碱滴定来测定，故总酸度又可称为"可滴定酸度"，以食品中主要的有机酸表示。有效酸度是指被测液中 H^+ 的浓度，准确地说应是溶液中 H^+ 的活度，所反映的是已离解的那部分酸的浓度，常用 pH 值表示，是人们味觉最直接的感受。其大小可借酸度计（即 pH 计）来测定。

任务二 酸度计

一、仪器简介

测定溶液 pH 值的仪器是酸度计，又称 pH 酸度计，既可以测量溶液的酸度，又可以测量电池电动势。

酸度计是一种直接电位滴定法最具代表性的应用，测定时把复合电极插在被测溶液中，由于被测溶液的酸度不同而产生不同的电动势，将它通过直流放大器放大，最后由读数指示器指出被测溶液的 pH 值，酸度计能在 pH 值 0~14 范围内使用，测量的酸度值随溶液的温度变化而改变，因此酸度计都装有温度补偿器进行调节，以抵消温度改变所引起的差异。根据测量要求不同，酸度计分为普通型、精密型和工业型三类，读数值最低为 0.1pH 值，最高为 0.001pH 值，使用时根据不同需要选择不同类型的仪器。

酸度计主要由 3 部分组成：

（1）一个参比电极（甘汞电极）。

（2）一个指示电极（玻璃电极），其电位取决于周围溶液的 pH 值。

（3）一个电流计。

实验室常用的酸度计有老式的国产雷磁 25 型酸度计和 pHS-2 型酸度计，这类酸度计的 pH 值都在屏幕上以数字的形式显示，无论哪种 pH 计在使用前均需用标准缓冲溶液进行校对。

（一）甘汞电极

甘汞电极是在电极的底部放入少量汞和少量由甘汞、汞及氯化钾溶液制成的糊状物，上面充入饱和了甘汞的氯化钾溶液。在分析化学的电位法中，原电池反应两个电极中一个电极的电位随被测离子浓度变化而变化称指示电极。而另一个电极不受离子浓度影响，具有恒定电位，称为参比电极。此电极通常用金属汞、甘汞和氯化钾组成，称为甘汞电极（图 1-4）。

甘汞电极的电极反应是：

$$Hg_2Cl_2 + 2e = 2Hg + 2Cl^-$$

其电极电位（25℃）为：

$$\varphi_{Hg_2Cl/Hg} = \varphi^{\theta}_{Hg_2^{2+}Cl/Hg} + \frac{0.059}{2}lg\frac{a_{Hg_2Cl_2}}{a^2_{Hg} \cdot a^2_{Cl^-}}$$

$$\varphi_{Hg_2Cl/Hg} = \varphi^{\theta}_{Hg_2^{2+}Cl/Hg} - 0.059lga_{Cl^-}$$

由此式可见，甘汞电极的电极电位取决于 Cl^- 的活度。电极中充入不同浓度的 KCl 可具有不同的电极电位，且数值恒定。

（二）pH 玻璃电极

pH 玻璃电极是离子选择性电极的一种，是用对氢离子活度有电势响应的玻璃薄膜制成的膜电极，是常用的氢离子指示电极。

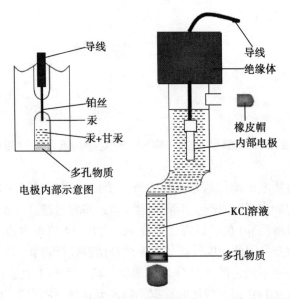

图1-4 酸度计构造

它通常为圆球形，内置0.1mol/L盐酸和氯化银电极。使用前浸在纯水中使表面形成一薄层溶胀层，使用时将它和另一参比电极放入待测溶液中组成电池，电池电势与溶液pH值直接相关。由于存在不对称电势、液接电势等因素，还不能由此电池电势直接求得pH值，而采用标准缓冲溶液来"标定"，根据pH的定义式算得。其核心部分是玻璃膜，这种膜是在SiO_2基质中加入Na_2O和少量CaO烧制而成，膜厚约0.5mm，呈球泡形。球泡内充注0.1mol/L的盐酸溶液作为内参比溶液，再插入一根涂有AgCl的银丝作为内参比电极，结构如图1-5所示。

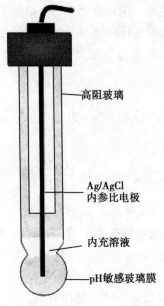

图1-5 酸度计构造

二、酸度计的工作原理

pH 值是水溶液中氢离子活度的表示方法。严格地说，pH 值定义为氢离子活度的负数，即 $pH = -\lg a H^+$，但氢离子活度却难以由实验准确测定。在实际工作中，pH 值按下式测定：

$$pH = pHs + (E \quad E_0)/k \qquad (1-8)$$

式中：E 为含有待测溶液（pH）的原电池电动势（V）；

E_s 为含有标准缓冲液（pHs）的原电池电动势（V）；

k 为与温度（t）有关的常数 $[k = 0.05916 + 0.000198 \ (t-25℃)]$。

由于待测物的电离常数、介质的介电常数和液接界电位等诸多因素均可影响 pH 值的准确测量，所以实验测得的数值只是溶液的表观 pH 值，它不能作为溶液氢离子活度的严格表征。尽管如此，只要待测溶液与标准缓冲液的组成足够接近，由上式测得的 pH 值与溶液的真实 pH 值还是颇为接近的。

三、酸度计的操作技术

以 PHS-3C 型酸度计为例说明酸度计的使用（图 1-6）。

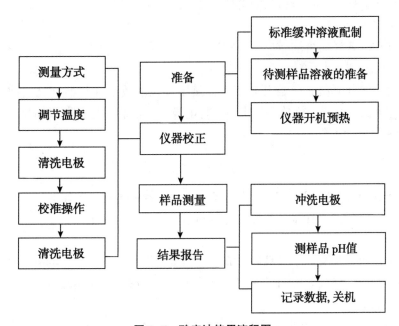

图 1-6 酸度计使用流程图

（一）实验前准备工作

1. pH 标准缓冲溶液配制

pH 标准缓冲溶液是具有准确 pH 值的缓冲溶液，是 pH 值测定的基准，因此配制缓冲溶液在测量实验中至关重要。根据 GB 11076—1989（pH 值测量用缓冲溶液制备方法）配制标准缓冲溶液的 pH 值均匀分布在 0~13 范围内。标准缓冲溶液的 pH 值随温度变化而变化，表1-1列出常用标准缓冲溶液在不同温度下的 pH 值。

表 1-1 常用标准缓冲溶液在不同温度下的 pH 值

试剂	浓度 c/（mol/L）	温度					
		10℃	20℃	30℃	40℃	50℃	60℃
四草酸钾	0.05	1.67	1.67	1.68	1.68	1.68	1.69
酒石酸氢钾	饱和	—	—	—	3.56	3.55	3.55
邻苯二甲酸氢钾	0.05	4.00	4.00	4.00	4.00	4.01	4.02
磷酸氢二钠-磷酸二氢钾	各 0.025	6.92	6.90	6.88	6.86	6.86	6.84
四硼酸钠	0.01	9.33	9.28	9.23	9.18	9.14	9.11
氢氧化钙	饱和	13.01	12.82	12.64	12.46	12.29	12.13

一般实验室常用的是邻苯二甲酸氢钾、混合磷酸盐及四硼酸钠。目前市场上有在售的成套缓冲溶液，就是以上 3 种物质的小包装，使用方便，配制时无须干燥和称量，直接将袋内试剂全部溶解稀释至一定体积即可使用。

2. 样品溶液的准备

按实验要求准备样品溶液。

3. 仪器开机预热

接通仪器电源并开机，仪器开始工作，显示屏显示数字（仪器未稳定前，数字有可能跳动）开机预热 10min，待数字稳定后，将电极插入仪器上复合电极插口。插入后必须顺时针方向转动 90°）。

（二）仪器校正

1. 温度调节

选择功能钮为 pH 挡，取一洁净小烧杯，将缓冲溶液倒入小烧杯中，用温度计测量温度，调节温度调节器，使其显示的温度为所测温度。

2. 酸度计校正

在测量中，校正是决定结果准确可靠的一项重要操作，不同类型的酸度计其校正操作步骤各不相同，应严格按照使用说明书进行操作，两点法校正使用较普遍。

操作步骤如下：

不同的温度下，标准缓冲溶液的 pH 值不同，pH4.0 或 pH9.0 标准缓冲液的选取依据待测溶液的 pH 值：待测溶液 pH 值≤7.0，选 pH4.0 标准缓冲溶液；待测溶液 pH 值≥7.0，选取 pH9.0 缓冲溶液。校正结束后，一般在 48h 内不需要再次校正。如遇到下列情形需要重新校正：

①溶液温度与校正温度有较大差异时；

②电极在空气中暴露半小时以上时；

③定位或斜率调节器误动；

④测量强酸（pH 值<2.0）或强碱（pH 值>12.0）溶液后；

⑤更换电极；

⑥待测溶液 pH 值不在校正时所选标准缓冲溶液的 pH 值之间且距离 pH7.0 又较远时。

3. 清洗电极

将电极从标准缓冲溶液中取出，用蒸馏水清洗电极，并用滤纸吸干电极外壁上的水。

4. 斜率调节

步骤同酸度计校正。

5. 清洗

步骤同 3。

（三）测量

1. 样液测温

取一个洁净小烧杯，用样品溶液润洗 3 次，倒入 50mL 左右待测液，用温度计测温，并将温度计调节到温度位置上。

2. 测 pH 值

用样液冲洗电极，将电极插入试液中，等待读数稳定，每个样品测量 3 次。

（四）记录数据、关机

读取测量数据并记录，取出电极用蒸馏水冲洗电极，再将玻璃膜浸泡在饱和 KCl 溶液中，关闭电源。

注意事项

（1）防止仪器与潮湿气体接触，潮气的侵入会降低仪器的绝缘性，使其灵敏度、精确度、稳定性都降低。

（2）玻璃电极小球的玻璃膜极薄，容易破损，切忌与硬物接触。

（3）玻璃电极的玻璃膜不要沾上油污，如不慎沾有油污可先用四氯化碳或乙醚冲洗，再用酒精冲洗，最后用蒸馏水洗净。

（4）甘汞电极的氯化钾溶液中不允许有气泡存在，其中有极少结晶，以保持饱和状态。如结晶过多、毛细孔堵塞，最好重新灌入新的饱和氯化钾溶液。

（5）如酸度计指针抖动严重，应更换玻璃电极。

四、酸度计的维护与保养

电极的保养

（1）pH 玻璃电极的贮存。短期：贮存在 pH＝4.0 的缓冲溶液中；长期：贮存在 pH＝7.0 的缓冲溶液中。

（2）pH 玻璃电极的清洗。玻璃电极球泡受污染可能使电极响应时间加长。可用 CCl_4 或皂液揩去污物，然后浸入蒸馏水一昼夜后继续使用。污染严重时，可用 5% HF 溶液浸 10~20min，立即用水冲洗干净，然后浸入 0.1mol/L HCl 溶液一昼夜后继续使用。

（3）玻璃电极老化的处理。玻璃电极的老化与胶层结构渐进变化有关。旧电极响应迟缓、膜电阻高、斜率低。用氢氟酸浸蚀掉外层胶层，经常能改善电极性能。若能用此法定期清除内外层胶层，则电极的寿命几乎是无限的。

（4）参比电极的贮存。银—氯化银电极最好的贮存液是饱和氯化钾溶液，高浓度氯化钾溶液可以防止氯化银在液接界处沉淀，并维持液接界处于工作状态。此方法也适用于复合电极的贮存。

（5）参比电极的再生。参比电极发生的问题绝大多数是由液接界堵塞引起的，可用下列方法解决：

①浸泡液接界：用10%饱和氯化钾溶液和90%蒸馏水的混合液，加热至60~70℃，将电极浸入约5cm，浸泡20min至1h。此法可溶去电极端部的结晶。

②氨浸泡：当液接界被氯化银堵塞时可用浓氨水浸除。具体方法是将电极内充洗净液，放空后浸入氨水中10~20min，但不要让氨水进入电极内部。取出电极用蒸馏水洗净，重新加入内充液后继续使用。

③真空方法：将软管套住参比电极液接界，使用水流吸气泵，抽吸部分内充液穿过液接界，除去机械堵塞物。

④煮沸液接界：银—氯化银参比电极的液接界浸入沸水中10~20s。注意，下一次煮沸前，应将电极冷却到室温。

⑤当以上方法均无效时，可采用砂纸研磨的机械方法去除堵塞，此法可能会使研磨下的沙粒塞入液接界，造成永久性堵塞。

常用标准缓冲溶液的配制及其保存方法

（1）pH=4.00的标准缓冲液：称取在105℃干燥1h的邻苯二甲酸氢钾5.070g，加重蒸馏水溶解，并定容到500mL。

（2）pH=6.88的标准缓冲液：称取在130℃干燥2h的磷酸二氢钾（KH_2PO_4）3.401g，磷酸氢二钠（$Na_2HPO_4 \cdot 12H_2O$）8.950g或无水磷酸氢二钠（Na_2HPO_4）3.549g，加重蒸馏水溶解并定容到500mL。

（3）pH=9.18的标准缓冲液：称取硼酸钠（$Na_2B_4O_7 \cdot 10H_2O$）3.814g或无水硼酸钠（$Na_2B_4O_7$）2.020g，加重蒸馏水溶解并定容到100mL。

（4）pH标准物质应保存在干燥的地方，如混合磷酸盐在空气湿度较高时就会发生潮解，一旦出现潮解，pH标准物质即不可使用。

（5）配制pH标准缓冲溶液应使用二次蒸馏水或是去离子水，如果是用于0.1级pH计测量，则可以用普通蒸馏水。

（6）配制pH标准缓冲液应使用较小的烧杯来稀释，以减少沾在烧杯壁上的pH标准液。若使用商品缓冲液试剂时，应用蒸馏水多次冲洗存放pH标准物质的塑料袋或其他容器，将其全部倒入配制的标准缓冲溶液中，以保证配制的pH值准确无误。

（7）配制好的标准缓冲液一般可以保存2~3个月，如发现有浑浊、发霉或沉淀等现象时，不能继续使用。

（8）碱性标准缓冲液应装在聚乙烯瓶中密闭保存，防止CO_2进入标准溶液后形成碳酸降低pH值。

知识拓展

酸度计的常见故障及解决方法

酸度计的故障解决：

通常对于酸度计出现故障时首先检查该仪器配套的电极是否有问题，其方法是：如果有电极可以更换试用，如果没有备用电极可以检查酸度计的电路是否有问题。

检查步骤：

若将酸度计短接后，其 pH 值显示为 7，毫伏值显示为 0，另外仪器调零正常且定位输出也正常，可以初步判断该仪器电路系统工作基本正常。该仪器的示值误差可以使用直流电位差计进行测量。如果酸度计的 pH 值显示为 14，那么 A 点对应的毫伏值为 421 左右则说明该仪器的示值误差也基本符合要求。酸度计使用中常见的故障及解决办法如下：

1. 接通电源，指示灯不亮。①若仪器有电压输出则检查指示灯是否烧坏；②若仪器没有电压输出则检查保险丝是否熔断；③若保险丝没有熔断则检查仪器的变压器是否由于电路局部短路而烧坏。

2. 接通电源仪器表头指示不稳定或指针不定位。①打开仪器面板检查表头是否卡针，观察线圈上是否有异物；②检查仪器机壳是否接地。

3. 未接通电源，仪器表头指示大幅摆动。打开仪器面板检查表头背后输入端并联电阻焊接是否牢固。

4. 数字式酸度计通电后显示的数字不稳定或出现漂移情况。①检查仪器的各接插件是否牢固；②检查仪器的输入及输出电压是否稳定；③检查仪器的线路板是否被侵蚀；④检查仪器放大电路中运算放大器是否烧坏。

5. 酸度计输出指示不准。检测方法不对或温度、斜率调节点不对。

6. 用两种标准溶液测试不能相互定位。检查标准信号发生器是否不准。

7. 酸度计在直接输入时能正常工作，但串入高阻时示值超差。①检查仪器的滤波电容是否被击穿；②检查仪器场效应中的输入电阻是否偏低；③检查仪器电路板是否受潮或被侵蚀。

8. 数字式酸度计通电后显示的数字缺笔画。①仪器的接插件接触不好；②仪器的数字显示屏损坏。

9. 酸度计面板上的温度、斜率或校正调节旋钮调节失灵。检查调节失灵的旋钮与之相连的电位器是否损坏。

任务三 电位滴定仪

一、仪器简介

电位滴定仪是利用间接电位法（电位滴定法）。电位滴定法是在滴定过程中通过测量电位变化以确定滴定终点的方法，和直接电位法相比，电位滴定法不需要准确的测量电极电位值，因此，温度、液体接界电位的影响并不重要，其准确度优于直接电位法，普通滴定法是依靠指示剂颜色变化来指示滴定终点，如果待测溶液有颜色或浑浊时，终点的指示就比较困难，或者根本找不到合适的指示剂。电位滴定法是靠电极电位的改变来指示滴定终点。在滴定到达终点前后，滴液中的待测离子浓度往往连续变化 n 个数量级，引起电位的突跃，被测成分的含量仍然通过消耗滴定剂的量来计算。

使用不同的指示电极，电位滴定法可以进行酸碱滴定、氧化还原滴定、配合滴定和沉淀滴定。酸碱滴定时使用 pH 玻璃电极为指示电极，在氧化还原滴定中，可以用铂电极作指示电极。在配合滴定中，若用 EDTA 作滴定剂，可以用汞电极作指示电极，在沉淀滴定中，若用硝酸银滴定卤素离子，可以用银电极作指示电极。在滴定过程中，随着滴定剂的不断加入，电极电位不断发生变化，电极电位发生突跃时，说明滴定到达终点。用微分曲线比普通滴定曲线更容易确定滴定终点。

电位滴定仪的基本装置包括：

（1）滴定管。

（2）滴定池。

（3）指示电极。

（4）参比电极。

（5）搅拌器。

（6）测电动势的仪器。

电位滴定仪易于实现自动，所以实验室常用的为自动电位滴定仪。目前广泛使用的 ZD-2 型自动电位滴定仪即是一个典型实例。

自动电位滴定仪通过测量电极电位变化，来测量离子浓度。选用适当的指示电极和参比电极，与被测溶液组成一个工作电池，然后加入滴定剂。在滴定过程中，由于发生化学反应，被测离子的浓度不断发生变化，因而指示电极的电位随之变化。在滴定终点附近，被测离子的浓度发生突变，引起电极电位的突跃，因此根据电极电位的突跃可确定滴定终点，并给出测定结果。

自动电位滴定仪特性：滴定结果更准确、全中文显示，操作简便，自动化程度更高，具有动态进给和定量进给方式，可判别多个等当点等。

二、电位滴定仪的原理和特点

电位滴定法是借助滴定过程中指示电极的电位突跃确定终点的方法。进行电位滴定时，被测溶液中插入合适的指示电极和参比电极组成原电池，连接在电子电位计上用以测定并记录电池的电动势。在不断搅拌下加入滴定剂，被测离子与滴定剂发生化学反应，使被测离子浓度不断变化，在化学计量点附近，离子浓度变化最大，则必然引起电位突跃，通过测量原电池电动势的变化即可确定滴定终点。电位滴定实验室装置如图1-7所示。

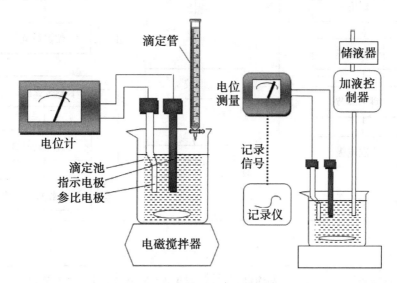

图1-7 电位滴定装置示意图

与普通的滴定分析相比，电位滴定一般比较麻烦，需要离子计、搅拌器等。但它可以用于浑浊、有色溶液及缺乏合适指示剂的滴定，还可用于混合物溶液的连续滴定及非水介质中的滴定等，并易于实现自动滴定。

三、电位滴定操作技术

以自动电位滴定仪的使用技术操作为例说明（图1-8）：

仪器使用方法以ZDJ-3D型自动电位滴定仪为例进行介绍。仪器安装连接好以后，插上电源线，打开电源开关，电源指示灯亮。经15min预热后再使用。

1 mV测量

1.1 "设置"开关置"测量"，"pH/mV"选择开关置"mV"；

1.2 将电极插入被测溶液中，将溶液搅拌均匀后，即可再读取电极电位（mV）值；

1.3 如果被测信号超出仪器的测量范围，显示屏会不亮，作超载报警。

2 pH标定及测量

2.1 标定：仪器在进行pH值测量之前，先要标定。一般来说，仪器在连续使用时，每天要标定一次。其步骤如下：

（a）"设置"开关置"测量"，"pH/mV"开关置"pH"；

（b）调节"温度"旋钮，使旋钮白线指向对应的溶液温度值；

（c）将"斜率"旋钮顺时针旋到底（100%）；

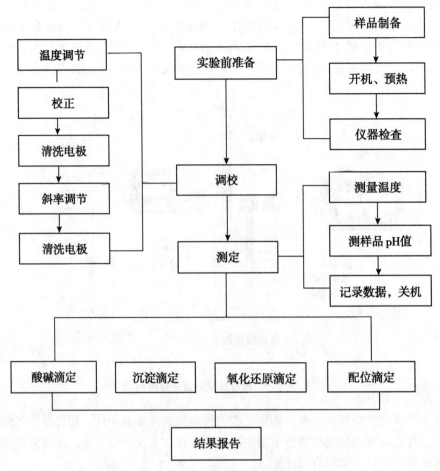

图 1-8　电位滴定仪使用流程图

（d）将清洗过的电极插入 pH 值为 6.86 的缓冲溶液中；

（e）调节"定位"旋钮，使仪器显示读数与该缓冲溶液当时温度下的 pH 值相一致；

（f）用蒸馏水清洗电极，再插入 pH 值为 4.00（或 pH 值为 9.18）的标准缓冲溶液中，调节斜率旋钮使仪器显示读数与该缓冲溶液当时温度下的 pH 值相一致；

（g）重复（e）～（f）直至不用再调节"定位"或"斜率"调节旋钮为止，至此，仪器完成标定。标定结束后，"定位"和"斜率"旋钮不应再动，直至下一次标定。

2.2　pH 值测量

经标定过的仪器即可用来测量 pH 值，其步骤如下：

（a）"设置"开关置"测量"，"pH/mV"开关置"pH"；

（b）用蒸馏水清洗电极头部，再用被测溶液清洗一次；

（c）用温度计测出被测溶液的温度值；

（d）调节"温度"旋钮，使旋钮白线指向对应的溶液温度值；

（e）电极插入被测溶液中，搅拌溶液使溶液均匀后，读取该溶液的 pH 值。

3 滴定前的准备工作

3.1 按第5节安装好滴定装置,在试杯中放入搅拌棒,并将试杯放在 JB-1A 搅拌器上。

3.2 电极的选择:取决于滴定时的化学反应,如果是氧化还原反应,可采用铂电极和甘汞电极和钨电极;如属中和反应,可用 pH 复合电极或玻璃电极和甘汞电极;如属银盐与卤素反应,可采用银电极和特殊甘汞电极。

4 电位自动滴定

4.1 终点设定:"设置"开关置"终点","pH/mV"开关置"mV","功能"开关置"自动",调节"终点电位"旋钮,使显示屏显示所需设定的终点电位值。终点电位选定后,"终点电位"旋钮不可再动。

4.2 预控点设定:预控点的作用是当离开终点较远时,滴定速度很快;当到达预控点后,滴定速度很慢。设定预控点就是设定预控点到终点的距离,其步骤如下:

"设置"开关置"预控点",调节"预控点"旋钮,使显示屏显示你所要设定的预控点数值。例如:设定预控点为 100mV,仪器将在离终点 100mV 处转为慢滴。预控点选定后,"预控点"调节旋钮不可再动。

4.3 终点电位和预控点电位设定好后,将"设置"开关置"测量",打开搅拌器电源,调节转速使搅拌从慢逐渐加快至适当转速。

4.4 揿一下"滴定开始"按钮,仪器即开始滴定,滴定灯闪亮,滴液快速滴下,在接近终点时,滴速减慢。到达终点后,滴定灯不再闪亮,过 10s 左右,终点灯亮,滴定结束。

注意:到达终点后,不可再按"滴定开始"按钮,否则仪器将认为另一极性相反的滴定开始,而继续进行滴定。

4.5 记录滴定管内滴液的消耗读数。

5 电位控制滴定

"功能"开关置"控制",其余操作同第4条。在到达终点后,滴定灯不再闪亮,但终点灯始终不亮,仪器始终处于预备滴定状态,同样,到达终点后,不可再按"滴定开始"按钮。

6 pH 自动滴定

6.1 按本节第2.1条进行标定;

6.2 pH 终点设定:"设置"开关置"终点","功能"开关置"自动","pH/mV"开关置"pH",调节"终点电位"旋钮,使显示屏显示你所要设定的终点 pH 值;

6.3 预控点设置:"设置"开关置"预控点",调节"预控点"旋钮,使显示屏显示你所要设置的预控点 pH 值。例如,你所要设置的预控点为 2pH,仪器将在离终点 2pH 左右处自动从快滴转为慢滴。其余操作同本节的 4.3~4.5 条。

7 pH 控制滴定(恒 pH 滴定)

"功能"开关置"控制",其余操作同第6条。

8 手动滴定

8.1 "功能"开关置"手动","设置"开关置"测量";

8.2 揿下"滴定开始"开关，滴定灯亮，此时滴液滴下，控制揿下此开关的时间，即控制滴液滴下的数量，放开此开关，则停止滴定。

注意事项

（1）必须要求稳定的电流。

（2）在滴定强酸强碱或产生结晶溶液时，实验结束后应该用自带长针吸干管内残留液体，并输送蒸馏水清洗，确保管内的干净。

（3）电极十分脆弱请使用后擦干并保证用完插入 KCl 溶液中进行保护。

（4）如实验结果和实际不合，应考虑样品制作的均匀性、准确性和配样浓度是否太小或太大。

四、自动电位滴定仪的保养

自动电位滴定仪维护保养应注意以下几点。

（1）仪器各单元均应经常保持清洁、干燥，并防止灰尘及腐蚀性气体侵入。

（2）玻璃电极插孔的绝缘电阻不低于 $10^{12}\Omega$，使用时需旋上防尘帽，以防外界潮气及杂质的侵入。

（3）仪器在不使用时，读数开关应处在放开位置，使电表断路，以保证运输时电表的安全。

（4）甘汞电极中应经常注意保持有饱和氯化钾溶液。

（5）滴定前最好先用滴液将电磁阀橡皮管一起冲洗数次。

（6）滴定前还要调节好电磁阀的支头螺丝，使电磁阀未开启时滴液不能滴下，只有当电磁阀接通时滴液才能滴下，然后调至适当流量。

（7）电磁阀的橡皮管久用易变形，使弹性变差，可放开支头螺丝变动橡皮管上下位置，以便于使用。如橡皮管无法使用时，可用备品更换，橡皮管在更换前，最好放在略带碱性的溶液中蒸煮数小时，但切勿使用能与橡皮管起作用的高锰酸钾等溶液去煮，以免腐蚀橡皮管。

如何确定电位滴定法终点？

1. E-V 曲线法

滴定终点：曲线上转折点（斜率最大处）所对应的 V。

特点：应用方便，但要求计量点处电位突跃明显，准确性稍差。

2. $\Delta E/\Delta V$-V 曲线法

曲线：具一个极大值的一级微商曲线。

滴定终点：尖峰处（$\Delta E/\Delta V$ 极大值）所对应 V。

特点：在计量点处变化较大，因而滴定准确；但数据处理及作图麻烦。

3. $\Delta^2 E/\Delta V^2$-V 曲线法

曲线：具两个极大值的二级微商曲线。

滴定终点：$\Delta^2 E/\Delta V^2$ 由极大正值到极大负值与纵坐标零线相交处对应的 V（图 1-9）。

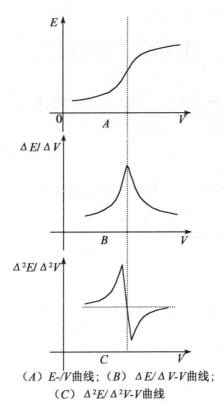

（A）E-/V曲线；（B）ΔE/ΔV-V曲线；
（C）Δ²E/Δ²V-V曲线

图1-9　不同电位滴定法的滴定曲线和终点

📖 **知识拓展**

实验室配置溶液用水纯度的检查

　　检查水纯度的法定方法是国家标准GB/T 6682—1982规定的实验方法，除此之外，分析实验室根据分析任务的要求和特点，对实验室用水也经常采用下列方法检查一些项目：

　　（1）酸度检查：在两支试管中各加10mL待测水，一支试管中加2滴0.1%甲基红指示剂，不显红色；另一支试管加5滴0.1%溴百里酚蓝指示剂，不显示蓝色，即为合格。

　　（2）硫酸根离子检查：取2~3mL待测水放入试管中，加2~3滴2mol/L盐酸酸化，再加1滴0.1%氯化钡溶液，放置15h无沉淀析出即为合格。

　　（3）氯离子检查：取2~3mL待测水放入试管中，加1滴6mol/L硝酸酸化，再加1滴0.1%硝酸银溶液，不产生浑浊，即为合格。

　　（4）钙离子检查：取2~3mL待测水放入试管中，加数滴6mol/L氨水使之呈碱性，再加两滴饱和乙二酸铵溶液，放置12h无沉淀析出，即为合格。

　　（5）镁离子检查：2~3mL待测水放入试管中，加1滴0.1%鞑靼黄及数滴6mol/L氢氧化钠溶液，如有淡红色出现，即有镁离子，如呈橙色即为合格。

　　（6）铵离子检查：2~3mL待测水放入试管中，加1~2滴奈氏试剂，如果呈黄色则有铵离子。

任务四　技能训练

技能训练一、果汁有效酸度的检测

相关仪器	训练任务	企业相关典型工作岗位	技能训练目标
酸度计	酸度计的使用	果汁厂品控员、质检员	正确校正酸度计
			酸度计的使用维护及保养
			缓冲溶液的配制
			计算结果并填写检测报告

【任务描述】

测定果汁厂某一批成品果汁的有效酸度。

一、仪器设备和材料

(1) 酸度计。
(2) 烧杯，250mL。
(3) 电极。
(4) 温度计。

二、检测原理

有效酸度指的是溶液中 H^+ 的浓度，是已解离的那部分酸的浓度，通常使用酸度计来测定，用 pH 值表示。

三、检测步骤

1. 按规定对果汁样品进行抽样
将果汁样液用两层纱布过滤，滤液待测定。
2. 缓冲溶液的配置
3. 酸度计的校正
(1) 安装电极，打开酸度计并预热 20min。
(2) 用温度计测量待测果汁溶液的温度，斜率顺时针旋钮到底，温度旋钮至测得溶液的温度值。
(3) 预热完仪器，用蒸馏水冲洗电极，然后插入 pH 值 6.86 的标准缓冲溶液中，平衡一段时间，待读数稳定后，调节定位调节器，使仪器显示溶液温度对应的标准缓冲溶液的 pH 值。
(4) 用蒸馏水冲洗电极并用滤纸吸干后，插入 pH 值 4.00 的标准缓冲溶液中，待读数稳定后，调节斜率调节器使仪器显示溶液温度对应的标准缓冲溶液的 pH 值，仪器校正完毕。

4. 溶液 pH 值的测定

（1）用去离子水冲洗电极和烧杯，再用样品溶液洗涤电极和烧杯。然后将电极浸入样品试液中进行测量，平行测定 3 次。

（2）测定完毕后，将电极和烧杯洗干净，并妥善保存。

四、检测原始记录（表1-2）

表 1-2　检测原始记录填写单

检测项目		采样日期	
		检测日期	
样品	pH 值	国家标准	检测方法

五、检测报告单的填写（表1-3）

表 1-3　检测报告单

基本信息	样品名称		样品编号		
	检测项目		检测日期		
分析条件	依据标准		检测方法		
	仪器名称		仪器状态		
	实验环境	温度（℃）		湿度（%）	
分析数据	平行试验	1	2	3	空白
	数据记录				
	检测结果				
检验人		审核人		审核日期	

技能训练二、酱油中氯化钠含量的检测

相关仪器	工作任务	企业相关典型工作岗位	技能训练目标
自动电位滴定仪	自动电位滴定仪的使用	酱油厂品控员、质检员	正确校正自动电位滴定仪
			自动电位滴定仪的日常维护及保养
			配制溶液
			计算结果并填写检测报告

【任务描述】

某食品厂生产的酱油需要检测其中的氯化钠含量，现需要利用电位滴定法，测定酱油中氯化钠的含量。

一、仪器设备和材料

1. 设备

自动电位滴定仪、银电极、双盐桥饱和甘汞电极、恒温水浴锅。

2. 试剂和溶液

试剂和分析用水：除非另有规定，所有试剂均使用分析纯试剂；分析水应符合 GB/T 6682 规定的二级水规格。

（1）蛋白质沉淀剂

A 沉淀剂 I：称取 106g 亚铁氰化钾，溶于水中，转移到 1000 mL 容量瓶中，用水稀释至刻度；

B 沉淀剂 II：称取 220g 乙酸锌，溶于水中，加入 30mL 冰乙酸，转移到 1000 mL 容量瓶中，用水稀释至刻度；

（2）硝酸溶液（1∶3）：1 体积浓硝酸与 3 体积水混匀；

（3）乙醇溶液（80%）80mL 95% 乙醇与 15mL 水混匀；

（4）丙酮；

（5）0.01mol/L 氯化钠基准溶液：称取 0.5844g 氯化钠基准试剂，精确至 0.0002g，于 100mL 烧杯中，用少量水溶解，转移到 1000 mL 容量瓶中，稀释至刻度，摇匀；

（6）0.02mol/L 硝酸银标准滴定溶液：称取 3.40g 硝酸银，精确至 0.01g 于 100mL 烧杯中，用少量水溶解，转移至 1000 mL 容量瓶中，用水定容，摇匀，避光贮存，或转移到棕色容量瓶中；

3. 材料

酱油成品：称取约 5g 试样，精确至 0.001g，于 100mL 烧杯中，加入适量水，搅拌均匀。将烧杯中的内容物转移到 200mL 容量瓶中，用水稀释至刻度，摇匀。用滤纸过滤，弃去最初滤液。

二、检测原理

试液经酸化处理后加入丙酮，以玻璃电极为参比电极，银电极为指示电极，用硝酸银标准滴定溶液滴定试液中的氯化钠。根据电位的"突跃"，确定滴定终点。按硝酸银标准滴定溶液的消耗量，计算酱油中氯化钠的含量。

三、检测步骤

（1）安装电极，启动自动电位滴定仪。

（2）仪器校正：将5mL硝酸溶液、25mL丙酮和100mL水置于250mL烧杯中，插入电极，在搅拌下将仪器选择开关扳至"滴定"，调节仪器至700mV处。再将选择开关扳至"终点"，用终点调节旋钮调节至700mV处。再将选择开关扳至"滴定"处。

（3）样品测定：量取10mL样品置于250mL锥形瓶中，加入25mL丙酮，待样品溶解后，置于30℃恒温水浴中片刻取出，将溶液转入250mL烧杯中，加入100mL水，用硝酸银标准溶液进行电位滴定。

（4）空白测定：取25mL丙酮置于250mL锥形瓶中，置于30℃恒温水浴中片刻取出，将溶液转入250mL烧杯中，加入100mL水，用硝酸银标准溶液进行电位滴定。

四、检测原始记录（表1-4）

表1-4 检测原始记录

测定项目				采样日期	
				检测日期	
样品编号	样品质量（g）	滴定试样消耗体积（mL）	滴定空白消耗体积（mL）	国家标准	检测方法

五、检测报告单的填写（表1-5）

表1-5 检测原始记录填写单

基本信息	样品名称		样品编号		
	检测项目		检测日期		
分析条件	依据标准		检测方法		
	仪器名称		仪器状态		
	实验环境	温度（℃）		湿度（%）	

（续表）

分析数据	平行试验	1	2	3	空白
	样品质量				
	滴定试样消耗体积				
	计算结果				
分析数据	结果计算公式	$$X = \dfrac{0.05844 \times C \times (V - V_0) \times K}{m} \times 100$$ X——酱油中氯化钠的含量； 0.05844——与 1.00mL 硝酸银标准滴定溶液相当的氯化钠的质量的数值，单位为 g； C——硝酸银标准滴定溶液的浓度，单位为 mol/L； V——滴定试液时消耗硝酸银标准滴定溶液的体积的数值，单位为 mL； V_0——滴定空白时消耗硝酸银标准滴定溶液的体积的数值，单位为 mL； m——试样的质量，单位为 g； K——稀释倍数			
	检测结果				
检验人		审核人		审核日期	

习 题

一、选择题

1. 在直接电位法分析中，指示电极的电极电位与被测离子活度的关系为（ ）。

A. 与其对数成正比　B. 与其成正比

C. 与其对数成反比　D. 符合能斯特方程式

2. 有下列 5 种电化学分析法要求电极效率 100% 的是（ ）。

A. 电位分析法 B. 伏安分析法 C. 电导分析法 D. 电解分析法 E. 库仑分析法

3. 以下有关电解的叙述哪些是正确的（ ）。

A. 借外部电源的作用来实现化学反应向着非自发方向进行的过程

B. 借外部电源的作用来实现化学反应向着自发方向进行的过程

C. 在电解时，加直流电压于电解池的两个电极上

D. 在电解时，加交流电压于电解池的两个电极上

4. 单点定位法测定溶液 pH 值时，用标准 pH 缓冲溶液校正 pH 玻璃电极的主要目的是（ ）。

A. 为了校正电极的不对称电位和液接电位

B. 为了校正电极的不对称电位

C. 为了校正液接电位

D. 为了校正温度的影响

5. 产生 pH 玻璃电极不对称电位的主要原因是（ ）。

A. 玻璃膜内外表面的结构与特性差异

B. 玻璃膜内外溶液中 H^+ 浓度不同

C. 玻璃膜内外参比电极不同

D. 玻璃膜内外溶液中 H^+ 活度不同

二、填空题

1. 需要消耗外电源的电能才能产生电流而促使化学反应进行的装置是＿＿＿＿。凡发生还原反应的电极称为＿＿＿＿极，按照习惯的写法，电池符号的左边发生＿＿＿＿反应，电池的电动势等于＿＿＿＿。

2. 电位法测量常以＿＿＿＿作为电池的电解质溶液，浸入两个电极，一个是指示电极，另一个是参比电极，在零电流条件下，测量所组成的原电池＿＿＿＿。

三、计算题

1. Ca^{2+} 选择电极为负极与另一参比电极组成电池，测得 0.010mol/L 的 Ca^{2+} 溶液的电动势为 0.250V，同样情况下测得未知钙离子溶液电动势为 0.271V。两种溶液的离子强度

相同。计算未知 Ca^{2+} 溶液的浓度。

2. 在干净的烧杯中准确加入试液 50.0mL，用铜离子选择电极为正极和另一个参比电极组成测量电池，测得其电动势 $Ex = -0.0225V$。然后向试液中加入 0.10mol/L Cu^{2+} 的标准溶液 0.50mL 搅拌均匀，测得电动势 $E = -0.0145V$。计算原试液中 Cu^{2+} 的浓度。

附：仪器使用技能考核标准

表1-6 酸度计的操作技能量化考核标准

项目	考核内容	分值	考核标准	得分	备注
实验准备	仪器开机预热、电极预处理与安装	15分	预热20min，电极内参比溶液无气泡，内管应浸入饱和氯化钾溶液，电极的接插线应紧密可靠		
仪器校准	温度补偿、标准缓冲溶液选择、定位、斜率校正	25分	用温度计测量被测溶液温度，调节温度补偿旋钮，选用正确的标准缓冲溶液，蒸馏水清洗电极，并用滤纸吸干电极表面的水，电极插入缓冲溶液，调节定位旋钮，更换溶液为标准缓冲液，调节"斜率"旋钮使读数显示		
pH值测定	试液初测、测定溶液pH值	30分	取洁净的润洗过的烧杯，倒入50mL被测溶液，将电极插入被测溶液中，待溶液平衡后读取并记录被测溶液的pH值，平行测定3次		
原始记录	记录正确	10分	完整、清晰、规范、及时		
测定报告和结果	报告规范和结果正确	10分	合理、完整、明确、规范		
实验时间	完成时间	10分	规定时间内完成		
总分					

表1-7 自动电位滴定仪操作技能量化考核标准

项目	考核内容	分值	考核标准	得分	备注
样品制备	样品的预处理	10	正确称量、配置样品		
滴定前准备	仪器预热、电极处理、连接、电极安装	15	预热20min、用细砂纸将电极擦亮，用蒸馏水清洗干净，正确安装电极		
调校	温度补偿、调节电磁阀至适当的滴定速度	20	用温度计测量被测溶液温度，调节"温度补偿"旋钮为被测溶液的温度值，调节电磁阀至适当的滴定速度		
滴定测定	测定试样含量	30	吸取样品溶液于烧杯中，将电极浸入溶液中，选择开关置于"mV"挡，开启搅拌器，用"校正"旋钮将读数调至0mV处，工作开关置"终点"挡，用"终点"挡旋钮调至终点电位，再把工作开关置于滴定挡，将工作开关置于"自动滴定挡"，自动滴定开始，到达终点电位后滴定自动停止，记录消耗标准溶液体积		

（续表）

项目	考核内容	分值	考核标准	得分	备注
原始记录、数据处理及报告结果	原始记录、使用计量单位和有效数字、报告的完整性	10	完整、正确、规范		
结果评价	结果准确度和精密度	10	精密度和准确度大小		
实验时间	完成时间	5	规定时间内完成		
总分					

项目二 紫外—可见吸收光谱分析技术

【知识目标】

➢ 理解分子吸收光谱的产生及特征；
➢ 理解光吸收基本定律和应用于紫外可见分光光度法的条件及其偏离因素；
➢ 掌握紫外—可见分光光度计的结构、工作原理及使用方法；
➢ 理解紫外—可见分光光度法的显色反应条件和测量条件的选择。

【技能目标】

➢ 能熟练使用分光光度计测定食品中有关物质的含量；
➢ 掌握分光光度计调试、维护保养及其相关的操作技能。

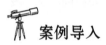 案例导入

"天天有汇源，健康每一天"，这句话是消费者耳熟能详的，可是真的"健康每一天"吗？2013年9月23日，汇源、安德利和海升三大果汁巨头被报道通过厂房所处的水果购销中心或水果行作为中间人，向果农大量购买"瞎果"，再用来制成果汁或浓缩果汁，自此，该三大上市公司陷入"烂果门"事件。这一消息引起股价连锁反应，9月23日消息，汇源果汁股价盘中大跌逾7%，安德利果汁则停牌。25日，安德利的股票继续停牌，而汇源果汁股价涨4.43%。汇源以如此快的速度回应质疑且其23日发布的声明仅一段表明企业"在收购水果时坚持经过五道关"外，其余部分均在强调汇源的品牌，这自然难看到汇源的诚意，"民族品牌"不是框，也不是盾，更不是"免罪符"。质检报道和详尽的调查结果才易被媒体接受，若空谈口号及强调自己的生产过程如何精准，舆论并不买账。**理想是丰满的，现实却相当骨感。**法律、法规和企业的管理仍不能消弭人们对产品的疑虑。说到底，食品安全不能总是指望媒体爆料，监管部门应该多点查处的主动性。政府有关部门应完善监控体系，加大监管力度，确保果汁原辅料符合卫生标准。

任务一　紫外—可见吸收光谱分析法基础知识

一、紫外—可见吸收光谱分析法分类及特点

紫外—可见分光光度法是根据物质分子对紫外及可见光谱区（200~780nm）光辐射的吸收特征和吸收程度建立起来的分析方法。由于200~780nm光辐射的能量主要与物质中原子的价电子的能级跃迁相适应，可以导致这些电子的跃迁，所以紫外—可见分光光度法又称电子光谱法。

根据物质对不同波长的单色光的吸收程度不同而对物质进行定性和定量分析的方法称分光光度法（又称吸光光度法），分光光度法中，按所用光的波谱区域不同又可分为可见分光光度法（400~780nm）、紫外分光光度法（200~400nm）和红外分光光度法（3×10^3~3×10^4nm）。其中紫外分光光度法和可见分光光度法合称紫外—可见分光光度法。

紫外—可见分光光度分析法有如下特点：选择性好，灵敏度高，所测试液的浓度下线为10^{-6}~10^{-5}mol/L（达微克量级），在某些条件下甚至可测定10^{-7}mol/L的物质。适合于测定低含量和微量组分，而不适用于中、高组分。紫外—可见分光光度分析法所用仪器设备简单，操作方便、分析快速、易于实现自动化，在食品领域有广泛的使用，并已成为重要的测试手段。

二、紫外可见吸收光谱分析法理论基础

（一）光的基本特性

1. 电磁波

电磁波：实验证实，电磁波（电磁辐射）是一种以极高速度传播的光量子流。既具有粒子性，也具有波动性。

（1）波动性：其特征是每个光子具有一定的波长，可以用波的参数如波长（λ）、频率（ν）、周期（T）及振幅（A）等来描述。

由于在真空中，所有电磁波均以同样的最大速度"c"传播，各种辐射在真空中有固定的波长：

$$\lambda = \frac{c}{\nu} \tag{2-1}$$

但电磁波在任何介质中的传播速度都比在真空中小，通常用真空中的"λ"值来标记各种不同的电磁波。

波长单位：紫外可见区，常用"nm"

　　　　　　红外光区，常用"μm"

　　　　　　微波区，常用"cm"

（2）粒子性：电磁辐射与物质之间能量的转移用粒子性来解释。

特征：辐射能是由一颗一颗不连续的粒子流传播的，这种粒子叫光量子，是量子化的（发射或被吸收）。

光量子的能量：$E = h\nu$

式中：h—plank 常数，其值为 6.626×10^{-34} J·S

光量子能量与波长的关系为：　　$E = h\nu = h\dfrac{c}{\lambda}$　　　　　　　　(2-2)

例如：λ 为 200nm 的光，一个光量子的能量是：

$$E = h\frac{c}{\lambda} = 6.626 \times 10^{-34} \times \frac{2.997925 \times 10^{8}}{200 \times 10^{-9}} = 9.923 \times 10^{-19}(\text{J})$$

由于光量子能量小（10^{-19}J），因此定义：$1eV$（电子伏）$= 1.6021 \times 10^{-19}$J

则上例中：$E = \dfrac{9.923 \times 10^{-19}}{1.6021 \times 10^{-19}} = 6.2(eV)$

由 (2-2) 式可知：　　$\lambda \uparrow \to E \downarrow$，$\lambda \downarrow \to E \uparrow$，

即：随着 $\lambda \uparrow$，辐射波动性变得较明显；

　　随着 $\lambda \downarrow$，辐射的粒子性表现的较明显。

2. 电磁波谱

电磁波谱：电磁辐射按波长顺序排列称为电磁波谱。

(二) 分子吸收光谱的产生

分子能级与电磁波谱

分子中包含有原子和电子，分子、原子、电子都是运动着的物质，都具有能量，且都是量子化的。在一定的条件下，分子处于一定的运动状态，物质分子内部运动状态有 3 种形式：

(1) 电子运动：电子绕原子核做相对运动；

(2) 原子运动：分子中原子或原子团在其平衡位置上做相对振动；

(3) 分子转动：整个分子绕其重心做旋转运动。

所以：分子的能量总和为

$$E_{分子} = E_e + E_v + E_j + \cdots \ (E_0 + E_平)　　　　　(2-3)$$

分子中各种不同运动状态都具有一定的能级（图 2-1）。3 种能级：

电子能级 E（基态 E_1 与激发态 E_2）

振动能级 $V = 0$，1，2，3…

转动能级 $J = 0$，1，2，3…

当分子吸收一个具有一定能量的光量子时，就由较低的能级（基态能级 E_1）跃迁到较高的能级（激发态能级 E_2），被吸收光子的能量必须与分子跃迁前后的能量差 ΔE 恰好相等，否则不能被吸收。能级跃迁与光谱对应的关系见表 2-1。

表 2-1　能级跃迁与光谱对应关系

对多数分子	对应光子波长	光谱
ΔE 为 $1 \sim 20eV$	$200 \sim 800nm$	紫外、可见区（电子）
ΔE 为 $0.5 \sim 1eV$	$2.5 \sim 50\mu m$	（中）红外区（振动）
ΔE 为 $10^{-4} \sim 0.05eV$	$50 \sim 1000\mu m$	（远）红外区（转动）

$$\Delta E = E_2 - E_1 = \varepsilon_{光子} = h\nu = \Delta E_e + \Delta E_v + \Delta E_j$$

图 2-1　双原子分子中三种能级跃迁示意图

分子的能级跃迁是分子总能量的改变。当发生电子能级跃迁时，则同时伴随有振动能级和转动能级的改变，即"电子光谱"均改变。

因此，分子的"电子光谱"是由许多线光谱聚集在一起的带光谱组成的谱带，称为"带状光谱"。

由于各种物质分子结构不同→对不同能量的光子有选择性吸收→吸收光子后产生的吸收光谱不同→利用物质的光谱进行物质分析的依据。

三、紫外—可见吸收光谱与有机分子结构的关系

（一）电子跃迁的类型

许多有机化合物能吸收紫外—可见光辐射。有机化合物的紫外—可见吸收光谱主要是由分子中价电子的跃迁而产生的。

分子中的价电子有：

成键电子：σ电子、π电子（轨道上能量低）；

未成键电子：n电子（轨道上能量较低）。

这三类电子都可能吸收一定的能量跃迁到能级较高的反键轨道上去，见图 2-2：

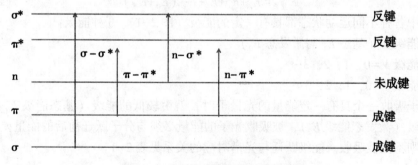

图 2-2　分子中价电子跃迁示意图

1. σ-σ* 跃迁

σ-σ* 的能量差大→所需能量高→吸收峰在远紫外（λ<150nm）。

饱和烃只有 σ、σ* 轨道，只能产生 σ-σ* 跃迁，例如：

甲烷，吸收峰在 125nm；乙烷，吸收峰在 135nm（<150nm）。

（因空气中 O_2 对小于 150nm 的辐射有吸收，定量分析时要求实验室有真空条件，此

要求一般难以达到)。

2. $\pi-\pi^*$ 跃迁

$\pi-\pi^*$ 能量差较小→所需能量较低→吸收峰在紫外区（$\lambda 200nm$ 左右）。

不饱和烃类分子中有 π 电子，也有 π^* 轨道，能产生 $\pi-\pi^*$ 跃迁：$CH_2=CH_2$，吸收峰在 165nm（吸收系数ε大，吸收强度大，属于强吸收）。

3. $n-\sigma^*$ 跃迁

$n-\sigma^*$ 能量较低→吸收峰在紫外区（$\lambda 200nm$ 左右）（与 $\pi-\pi^*$ 接近）

含有杂原子基团如：$-OH$，$-NH_2$，$-X$，$-S$ 等的有机物分子中除能产生 $\sigma-\sigma^*$ 跃迁外，同时能产生 $n-\sigma^*$ 跃迁，例如：三甲基胺 $(CH_3)_3N-$ 的 $n-\sigma^*$ 吸收峰在 227nm，ε约为 900L/(mol·cm)，属于中强吸收。

4. $n-\pi^*$ 跃迁

$n-\pi^*$ 能量低→吸收峰在近紫外、可见区（$\lambda 200\sim700nm$）。

含有杂原子的不饱和基团，如 $-C=O$，$-C\equiv N$ 等，例如，丙酮：$n-\pi^*$ 跃迁，λ_{max} 280nm 左右（同时也可产生 $\pi-\pi^*$ 跃迁），属于弱吸收，$\varepsilon<500L/(mol·cm)$。

各种跃迁所需能量大小次序为：$\sigma-\sigma^*>n-\sigma^*\geq\pi-\pi^*>n-\pi^*$。

紫外—可见吸收光谱法在有机化合物中应用主要以：$\pi-\pi^*$、$n-\pi^*$ 为基础。

（二）吸收峰的长移和短移

长移：吸收峰向长 λ 移动的现象，又称红移；

短移：吸收峰向短 λ 移动的现象，又称紫移；

增强效应：吸收强度增强的现象；

减弱效应：吸收强度减弱的现象。

（三）发色团和助色团

$\pi-\pi^*$、$n-\pi^*$ 跃迁都需要有不饱和的官能团以提供 π 轨道，因此，轨道的存在是有机化合物在紫外—可见区产生吸收的前提条件。

1. 发色团

具有 π 轨道的不饱和官能团称为发色团。

主要有：$-C=O$，$-N=N-$，$-N=O$，$-C\equiv C-$ 等。

但是，只有简单双键的化合物生色作用很有限，其有时可能仍在远紫外区，若分子中具有单双键交替的"共轭大 π 键"（离域键）时，

如：丁二烯　　　　　$CH_2=CH-CH=CH_2$

由于大 π 键中的电子在整个分子平面上运动，活动性增加，使 π 与 π^* 间的能量差减小，使 $\pi-\pi^*$ 吸收峰长移，生色作用大大增强。

2. 助色团

本身不"生色"，但能使生色团生色效应增强的官能团称为助色团。

主要有：$-OH$，$-NH_2$，$-SH$，$-Cl$，$-Br$ 等（具有未成键电子轨道 n 的饱和官能团）。

当这些基团单独存在时一般不吸收紫外—可见区的光辐射。但当它们与具有轨道的生色基团相结合时，将使生色团的吸收波长长移（红移），使吸收强度增强（助色团至少要

有一对与生色团π电子作用的孤对电子)。

（四）溶剂效应（溶剂的极性对吸收带的影响）

π-π*跃迁：溶剂的极性↑→长移↑。

四、吸收光谱

吸收光谱：又称吸收曲线，是以波长（λ）为横坐标、吸光度（A）为纵坐标所描绘的图形。

特征：吸收峰是曲线上比左右相邻处都高的一处；

λ_{max}：吸收程度最大所对应的λ（曲线最大峰处的λ），谷是曲线上比左右相邻处都低的一处；

λ_{min}：是最低谷所对应的λ；

肩峰：介于峰与谷之间，形状像肩的弱吸收峰；

末端吸收：在吸收光谱短波长端所呈现的强吸收而不呈峰形的部分（图2-3）。

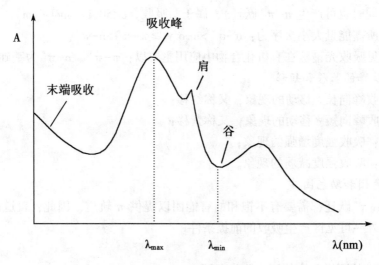

图2-3　吸收曲线示意图

定性分析：吸收光谱的特征（形状和λ_{max}）。

定量分析：一般选λ_{max}测吸收程度（吸光度A）。

五、光的吸收定律

（一）Lambert-Beer定律——光吸收基本定律

说明：一定温度下，一定波长的单色光通过均匀的、非散射的溶液时，溶液的吸光度与溶液的浓度和液层厚度的乘积成正比。

$$A = kbc$$

式中：

A：吸光度，描述溶液对光的吸收程度；

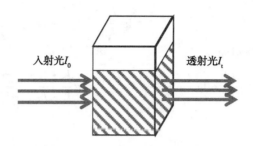

k：摩尔吸光系数，单位 L/（mol·cm）；

b：液层厚度（光程长度），通常以 cm 为单位；

c：溶液的摩尔浓度，单位 mol/L；

"Lambert-Beer 定律"是说明物质对单色光吸收的强弱与吸光物质的浓度（c）和液层厚度（b）间的关系的定律，是光吸收的基本定律，是紫外—可见光度法定量分析的基础。

Lambert 定律——吸收与液层厚度（b）间的关系，

Beer 定律——吸收与物质的浓度（c）间的关系。

"Lambert-Beer 定律"可简述如下：

当一束平行的单色光通过含有均匀的吸光物质的吸收池（或气体、固体）时，光的一部分被溶液吸收，一部分透过溶液，一部分被吸收池表面反射。

设：入射光强度为 I_0，吸收光强度为 I_a，透射光强度为 I_t，反射光强度为 I_r，则它们之间的关系应为：

$$I_0 = I_a + I_t + I_r \tag{2-4}$$

若吸收池的质量和厚度都相同，则 I_r 基本不变，在具体测定操作时 I_r 的影响可互相抵消（与吸光物质的 c 及 b 无关）

上式可简化为：

$$I_0 = I_a + I_t \tag{2-5}$$

$$\ln \frac{I_0}{I_t} = K' \cdot b \cdot c \longrightarrow -\lg \frac{I_t}{I_0} = K \cdot b \cdot c \tag{2-6}$$

实验证明：当一束强度为 I_0 的单色光通过浓度为 c、液层厚度为 b 的溶液时，一部分光被溶液中的吸光物质吸收后透过光的强度为 I_t，则它们之间的关系为：

$\frac{I_t}{I_0}$ 称为透光率，用 $T\%$ 表示，$-\lg \frac{I_t}{I_0}$ 称为吸光度，用 A 表示。

则

$$A = -\lg T = K \cdot b \cdot c \tag{2-7}$$

此即 Lambert-Beer 定律的数学表达式。

L-B 定律可表述为：当一束平行的单色光通过溶液时，溶液的吸光度（A）与溶液的浓度（C）和厚度（b）的乘积成正比，它是分光光度法定量分析的依据。

（二）吸光度的加和性

设某一波长（λ）的辐射通过几个相同厚度的不同溶液 c_1，c_2……c_n，其透射光强度分别为 I_1，I_2……I_n，根据吸光度定义：这一吸光体系的总吸光度为

$$A = \lg \frac{I_0}{I_n} \tag{2-8}$$

而各溶液的吸光度分别为：

$$A_1 + A_2 + \cdots\cdots A_n = \lg \frac{I_0}{I_1} + \lg \frac{I_1}{I_2} + \cdots\cdots \lg \frac{I_{n-1}}{I_n} = \lg \frac{I_0 \cdot I_1 \cdot I_2 \cdots\cdots I_{n-1}}{I_1 \cdot I_2 \cdots\cdots I_{n-1} \cdot I_n} = \lg \frac{I_0}{I_n}$$

吸光度的和为：
$$A = \lg \frac{I_0}{I_n} = A_1 + A_2 + \cdots\cdots + A_n \tag{2-9}$$

即几个（同厚度）溶液的吸光度等于各分层吸光度之和。

如果溶液中同时含有 n 中吸光物质，只要各组分之间无相互作用（不因共存而改变本身的吸光特性），则：

$$A = K_1 C_1 b_1 + K_2 C_2 b_2 + \cdots\cdots K_n C_n b_n = A_1 + A_2 + \cdots\cdots + A_n \tag{2-10}$$

应用：①进行光度分析时，试剂或溶剂有吸收，则可由所测的总吸光度 A 中扣除，即以试剂或溶剂为空白的依据；

②测定多组分混合物；

③校正干扰。

（三）吸光系数

Lambert-Beer 定律中的比例系数 "K" 的物理意义是：吸光物质在单位浓度、单位厚度时的吸光度。

一定条件（T、λ 及溶剂）下，K 是物质的特征常数，是定性分析的依据。

K 在标准曲线上为斜率，是定量的依据。常有两种表示方法：

1. 摩尔吸光系数（ε）

当 c 用 mol/L、b 用 cm 为单位时，用摩尔吸光系数 ε 表示，单位为 L/(mol·cm)。

$$A = \varepsilon \cdot b \cdot c \tag{2-11}$$

ε 与 b 及 c 无关。ε 一般不超过 10^5 数量级，通常：$\varepsilon > 10^4$ 为强吸收；$\varepsilon < 10^2$ 为弱吸收；$10^2 < \varepsilon < 10^4$ 为中强吸收。

吸收系数不可能直接用 1mol/L 浓度的吸光物质测量，一般是由较稀溶液的吸光系数换算得到。

2. 吸光系数

当 c 用 g/L、b 用 cm 为单位时，K 用吸光系数 a 表示，单位为 L/(g·cm)。

$$A = a \cdot b \cdot c \tag{2-12}$$

ε 与 a 之间的关系为：
$$\varepsilon = M \cdot a \tag{2-13}$$

ε——通常多用于研究分子结构；

a——多用于测定含量。

（四）引起偏离 Lambert-Beer 定律的因素

根据 L-B 定律，A 与 c 的关系应是一条通过原点的直线，称为 "标准曲线"。但事实上往往容易发生偏离直线的现象而引起误差，尤其是在高浓度时。导致偏离 L-B 定律的因素主要有：

1. 吸收定律本身的局限性

事实上，L-B 定律是一个有限的定律，只有在稀溶液中才能成立。由于在高浓度时（通常 $C>0.01\text{mol/L}$），吸收质点之间的平均距离缩小到一定程度，邻近质点彼此的电荷分布都会相互受到影响，此影响能改变它们对特定辐射的吸收能力，相互影响程度取决于 C，因此，此现象可导致 A 与 C 线性关系发生偏差。

此外，

$$\varepsilon = \varepsilon_{\text{真}} \frac{n}{(n^2 + 2)^2} \qquad (n \text{ 为折射率})$$

只有当 $c \leqslant 0.01\text{mol/L}$（低浓度）时，$n$ 基本不变，才能用 ε 代替 $\varepsilon_{\text{真}}$。

2. 化学因素

溶液中的溶质可因 c 的改变而有离解、缔合、配位以及与溶剂间的作用等原因而发生偏离 L-B 定律的现象。

例：在水溶液中，Cr（Ⅵ）的两种离子存在如下平衡

$$Cr_2O_4^{2-} + H_2O \rightleftharpoons 2CrO_4^{2-} + 2H^+$$

$Cr_2O_4^{2-}$、CrO_4^{2-} 有不同的 A 值，溶液的 A 值是两种离子的 A 之和。但由于随着浓度的改变（稀释）或改变溶液的 pH 值，$[Cr_2O_4^{2-}]$／$[CrO_4^{2-}]$ 会发生变化，使 $C_{\text{总}}$ 与 $A_{\text{总}}$ 的关系偏离直线。

消除方法：控制条件。

3. 仪器因素（非单色光的影响）

L-B 定律的重要前提是"单色光"，即只有一种波长的光；实际上，真正的单色光却难以得到。由于吸光物质对不同 λ 的光的吸收能力不同（ε 不同），就导致光的偏离。"单色光"仅是一种理想情况，即使用棱镜或光栅等所得到的"单色光"实际上也是有一定波长范围的光谱带，"单色光"的纯度与狭缝宽度有关，狭缝越窄，它所包含的波长范围也越窄。

4. 其他光学因素

（1）散射和反射：浑浊溶液由于散射光和反射光而偏离 L-B 定律；

（2）非平行光。

案例导入

明知是工业盐，仍长期当作食用盐在牛肉板面汤料里使用。近日，江苏省徐州市泉山区检察院以涉嫌生产、销售有毒、有害食品罪将张广州依法批准逮捕。

2014 年 7 月 10 日，张广州在经营板面馆的汤料锅中误将亚硝酸盐作为"精制工业盐"使用，致使几十人在食用后不同程度中毒。公安机关对此立案侦查后发现，2010 年至 2014 年 7 月的 4 年时间里，张广州在经营牛肉板面的过程中，在明知的情况下，长期把国家明令禁止作为食用盐销售和使用的"精制工业盐"当作食用盐，用于调制汤料。

任务二 紫外—可见分光光度计

一、仪器简介

紫外—可见分光光度计是在紫外、可见区可任意选择不同 λ 的光测定吸光度的仪器。基本构造主要由光源、单色器、吸收池、检测器和显示器 5 大部分组成（图 2-4）。

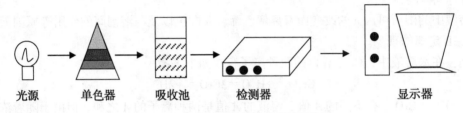

光源　　　单色器　　　吸收池　　　检测器　　　　　　显示器

图 2-4　紫外—可见分光光度计的构造

（一）紫外—可见分光光度计的主要部件

1. 光源

提供入射光的装置。

（1）钨灯或碘钨灯：发射光 λ 范围宽，但紫外区很弱，通常取此 λ>350nm 光为可见区光源。

（2）氢灯或氘灯：气体放电发光光源，发射 150~400nm 的连续光谱，用作紫外区，同时配有：稳压电源（稳定 I_0）、光强补偿装置、聚光镜等。

2. 单色器

将来自光源的光按波长的长短顺序分散为单色光并能随意调节所需波长光的一种装置。

（1）色散元件：把混合光分散为单色光的元件，是单色器的关键部分。

常用的元件有以下部分。

①棱镜：由玻璃或石英制成，它对不同 λ 的光有不同的折射率，将复合光分开，但光谱疏密不均，长 λ 区密，短 λ 区疏。

②光栅：由抛光表面密刻许多平行条痕（槽）而制成，利用光的衍射作用和干扰作用使不同 λ 的光有不同的方向，起到色散作用（光栅色散后的光谱是均匀分布的）。

（2）狭缝：入口狭缝，限制杂散光进入；出口狭缝，使色散后所需 λ 的光通过。

（3）准直镜：以狭缝为焦点的聚光镜，其作用为将来自于入口狭缝的发散光变成单色光把来自色散元件的平行光，聚集于出口狭缝。

3. 吸收池

装被测溶液用的无色、透明、耐腐蚀的池皿，是光学玻璃吸收池，只能用于可见区；石英吸收池可用于紫外及可见区。

定量分析时，吸收池应配套（同种溶液测定 $\Delta A < 0.5\%$）。

4. 检测器

将接收到的光信号转变成电信号的元件。

常用的有：

（1）光电管：一真空管内装有一个丝状阳极，用镍制成，一个半圆筒状阴极，用金属制成，凹面涂光敏物质。

国产光电管有两种：紫敏光电管，用锑、铯做阴极，适用范围 $200 \sim 625nm$；红敏光电管，用银、氧化铯作阴极，适用范围 $625 \sim 1000nm$。

（2）光电倍增管：原理与光电管相似，结构上有差异。

5. 显示器

电表指针、数字显示、荧光屏显示等，显示方式：A、T（%）、c 等。

（二）分光光度计的类型

常见的可见及紫外—可见分光光度计：

1. 单波长、单光束分光光度计（721 型、722 型、752 型等）

一个单色器；一种波长的单色光；一束单色光。

2. 单波长双光束分光光度计

从一个单色器获取一个波长的单色光用切光器分成二束强度相等的单色光，实际测量到的吸光度 A 应为 ΔA（$A_s - A_R$）

$$(\Delta)A = A_s - A_R = \lg \frac{I_0}{I_S} - \lg \frac{I_0}{I_R} = \lg \frac{I_R}{I_S} \tag{2-14}$$

式中消去了 I_0，即消除了光源不稳定性引起的 A 值测量误差。

3. 双波长分光光度计

两个单色器得到两个波长不同的单色光。

两束波长不同的单色光（λ_1、λ_2）交替地通过同一试样溶液（同一吸收池）后照射到同一光电倍增管上，最后得到的是溶液对 λ_1 和 λ_2 两束光的吸光度差值 ΔA 即 $A_{\lambda 1} - A_{\lambda 2}$（图 2-5）。

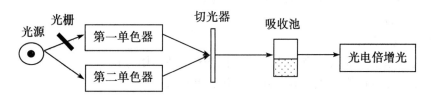

图 2-5　双波长双光束分光光度计以双波长单光束方式工作时的光学系统图

若用于测定浑浊样品或背景吸收较大的样品时，可提高测定的选择性，用 A_s 表示非待测组分的吸光度（背景吸收）则：

$$A_{\lambda_1} = \lg \frac{I_{0(\lambda_1)}}{I_{t(\lambda_1)}} + A_{s(1)} = \varepsilon_{\lambda_1} \cdot b \cdot c + A_{s(1)} \tag{2-15}$$

$$A_{\lambda_2} = \lg \frac{I_{0(\lambda_2)}}{I_{t(\lambda_2)}} + A_{s(2)} = \varepsilon_{\lambda_2} \cdot b \cdot c + A_{s(2)} \qquad (2-16)$$

一般情况下：由于 λ_1 与 λ_2 相差很小，可视为相等（A_s 一般不受 λ 的影响，或影响甚微）

$$A_{s(1)} = A_{s(2)}$$

因此，通过吸收池后的光强度差为

$$\Delta A = \lg \frac{I_{0(\lambda_1)}}{I_{0(\lambda_2)}} = A_{\lambda_1} - A_{\lambda_2} = (\varepsilon_{\lambda_1} - \varepsilon_{\lambda_2}) b \cdot c \qquad (2-17)$$

该式表明：试样溶液中被测组分的浓度与两个波长 λ_1 和 λ_2 处的吸光度差 ΔA 成比例，这是双波长法定量分析的依据。双波长分光光度计不仅可测定多组分混合试样、浑浊试样，而且还可测得导数吸收光谱。

二、紫外—分光光度计的操作技术

以 T6 紫外可见分光光度计为例说明分光光度计的使用。

1. 开机

（1）开启计算机，找到 UVWin5 紫外软件 V5.1.0 图标。

（2）开启仪器主机电源，提示是否"运行 PC 软件联机"界面。

（3）点击 UVWin5 紫外软件 V5.1.0 图标进行联机、初始化（约需要 5min）。

（4）初始化结束后出现主界面。

2. 选择测量模式

根据需要选择测量模式下面主要讲解光谱扫描的有关设置。

（1）点击左上角光谱扫描进入光谱扫描界面。

（2）在"测量"选项中的"参数设置"设置参数。

参数包括：

"M 测量"选项中"光度方式"为"Abs"；

"扫描参数"中的"起点和终点"；

在"附件"选项卡选择相应的样品池类型。

（3）参数设置后，点"确定"。

3. 测量

（1）打开盖子，放入待测样品后，盖上盖子（请勿用力）。

（2）定位至空白样品池点击"开始"进行空白校正。

（3）定位至待测液点击"开始"进行光谱测量。

4. 数据处理与保存

选择"文件"选项中的"导出到文件"进行参数设置后保存。

5. 关机顺序

（1）关闭 UVWin5 紫外软件。

（2）关闭仪器主机电源。

（3）从样品池中取出所有比色皿，清洗干净以便下一次使用。

（4）关闭计算机电源、显示器。

T6 紫外分光光度计日常维护：

（1）定期打扫仪器室和仪器，保持仪器的清洁（每周打扫1次）。

（2）仪器长时间不用，每隔1月要启动1次仪器。

（3）使用前后需检查试样室以及仪器表面是否有遗漏溶液，如果有请立即擦拭干净。

（4）软件打开后不要在中途关闭软件，再次打开仍需初始化。

（5）更换波长后必须进行空白校正。

（6）遇到挥发性太强的样品需要使用比色皿盖。

（7）比色皿的清洗。

①常规洗法

用后立即清洗，依次用溶剂（自己测试样品时所用的溶剂）→自来水（所用溶剂不亲水的话此步可以省略）→去离子水（所用溶剂不亲水的话此步可以省略）→放在比色杯盒内，不用盖上让其自然挥干，洗好的比色皿应当是透明、没有水迹的。

②不常规洗法（洗的步骤和常规洗法类似，只是中间所选的溶剂不同）

A. 有颜色的物质，用盐酸：乙醇＝2∶1泡一段时间颜色就可去掉；

B. 测得染料的话一般用醋酸泡，洗得很干净。

（8）比色皿的拿取。比色皿是光度分析最常用的器件，要注意保护透光面，拿取时应捏住毛玻璃面。

知识拓展

分光光度计的性能指标检验

1. 波长校正（波长准确度检定）

（1）实测值与808.0nm的差值大于1nm时，应进行校正：在默认的"yes"状态下，按ENTER键，系统将进行校正，然后返回系统应用界面；

（2）实测值与808.0nm差值小于1nm时，无须校正：按下翻键，切换至"no"，再按ENTER键，系统直接返回系统应用界面。

2. 波长重现性检定

以蒸馏水为参比，测定 $CoCl_2$ 溶液（6000μg/mL）在506nm、508nm、510nm、512nm、514nm，516nm处的吸光度。从一个波长方向，逐一作3次测量，记录吸光度值，做吸收光谱图，波长为横坐标，吸光度值为纵坐标。选择最大吸收峰波长测量值，代入公式计算波长重复性（<0.2nm）。

$$\delta_\lambda = \max\left|\lambda_i - \frac{1}{3}\sum_{i=1}^{3}\lambda_i\right|$$

3. 线性误差检查

以蒸馏水为参比，测量2000μg/mL、6000μg/mL、10000μg/mL氯化钴溶液于514nm处的吸光度，重复测定3次，记录吸光度值，取其平均值代入公式计算。

计算线性误差公式：

按 SHIFT/RETURN 键，从读数界面切换至测量界面。

（1）设置波长：514nm；

（2）设置吸收池个数：4个；

（3）空白校正；

（4）测量：将氯化钴溶液分别倒入2、3、4号吸收池中，按 START 键开始测量，记录读数。

4. 透光度重现性检定

以蒸馏水为参比，测定 $CoCl_2$ 溶液（6mg/mL）510nm 的透光度（英文缩写 T），重复 7 次，记录读数。

$$\Delta_T = \max \left| T_i - \frac{1}{7} \sum_{i=1}^{7} T_i \right|$$

技术指标：$\triangle T \leqslant 0.15\%$。

5. 杂散辐射率

以蒸馏水为参比，测定 50g/L $NaNO_2$ 在 360nm 处的透光度，即为仪器在此波长处的杂散辐射率。

技术指标：杂散辐射率 $\leqslant 0.1\%$。

6. 吸收池的配套性检定

在同一工作条件下，同一光径吸收池分别注入蒸馏水，测定各吸收池在 700nm 处的透光度。凡透光度值之差不大于 $\pm 5\%$ 的吸收池可以配套使用。

7. 稳定度检测

（1）零点（0%）稳定度

吸光度为 0%，观察 3min，记录读数。示值的最大漂移量，即为零点稳定度（0%：0.3%/3min）。

（2）光电流稳定度（100%）

调节透光度为 100% 时，观察 3min，记录读数。示值的最大漂移量，即为光电流稳定度（100%：0.5%/3min）。

三、分光光度计的常见故障及排除方法

1. 光源部分

（1）故障：钨灯不亮。

原因：钨灯灯丝烧断（此种原因概率最高）。

检查：钨灯两端有工作电压，但灯不亮，取下钨灯用万用表电阻挡检测。

处置：更换新钨灯。

（2）故障：钨灯不亮。

原因：没有点灯电压。

检查：保险丝被熔断。

处置：更换保险丝（如更换后再次烧断则要检查供电电路）。

（3）故障：氘灯不亮。

原因：氘灯寿命到期（此种原因概率最高）。

检查：灯丝电压、阳极电压均有，灯丝也可能未断（可看到灯丝发红）。

处置：更换氘灯。

（4）故障：氘灯不亮。

原因：氘灯起辉电路故障。

检查：氘灯在起辉的过程中，一般是灯丝先要预热数秒钟，然后灯的阳极与阴极间才可起辉放电，如果灯在起辉的开始瞬间灯内闪动一下或连续闪动，并且更换新的氘灯后依然如此，可能是起辉电路有故障，灯电流调整用的大功率晶体管损坏的概率最大。

处置：需要专业人士修理。

2. 信号部分

（1）故障：没有任何检测信号输出。

原因：没有任何光束照射到样品室内。

检查：将波长设定为530nm，狭缝尽量开到最宽挡位，在黑暗的环境下用一张白纸放在样品室光窗出口处，观察白纸上有无绿光斑影像。

处置：检查光源镜是否转到位？双光束仪器的切光电机是否转动了（耳朵可以听见电机转动的声音）？

（2）故障：样品室内无任何物品的情况下，全波长范围内基线噪声大。

原因：光源镜位置不正确、石英窗表面被溅射上样品。

检查：观察光源是否照射到入射狭缝的中央？石英窗上有无污染物？

处置：重新调整光源镜的位置，用乙醇清洗石英窗。

（3）故障：样品室内无任何物品的情况下，仅仅是紫外区的基线噪声大。

原因：氘灯老化、光学系统的反光镜表面劣化、滤光片出现结晶物。

检查：可见区的基线较为平坦，断电后打开仪器的单色器及上盖，肉眼可以观察到光栅、反光镜表面有一层白色雾状物覆盖在上面；如果光学系统正常，最大的可能是氘灯老化，可以通过能量检查或更换新灯方法加以判断。

处置：更换氘灯、用火棉胶黏取镜面上的污物或用研磨膏研磨滤光片（注意：此种技巧需要有一定维修经验者来实施）。

（4）故障：样品室放入空白后做基线记忆，噪声较大，紫外区尤甚。

原因：比色皿表面或内壁被污染、使用了玻璃比色皿或空白样品对紫外光谱的吸收太强烈，使放大器超出了校正范围。

检查：将波长设定为250nm，先在不放任何物品的状态下调零，然后将空比色皿插入样品道一侧，此时吸光值应小于0.07Abs；如果大于此值，有可能是比色皿不干净或使用了玻璃比色皿；同样方法也可判断空白溶液的吸光值大小。

处置：清洗比色皿，更换空白溶液。

（5）故障：吸光值结果出现负值（最常见）。

原因：没做空白记忆、样品的吸光值小于空白参比液。

检查：将参比液与样品液调换位置便知。

处置：做空白记忆、调换参比液或用参比液配制样品溶液。

（6）故障：样品信号重现性不良。

原因：排除仪器本身的原因外，最大的可能是样品溶液不均匀所致；在简易的单光束仪器中，样品池架一般为推拉式的，有时重复推拉不在同一个位置上。

检查：更换一种稳定的试样判定。

处置：采取正确的试样配置手段；修理推拉式样品架的定位碰珠。

（7）故障：做基线扫描或样品扫描时，基线或信号有一个大的负脉冲。

原因：扫描速度设置得过快，信号在读取时，误将滤光片或光源镜的切换当作信号读取。

检查：改变扫描速度。

（8）故障：做基线扫描或样品扫描时，基线或信号有一个长时间段的负值或满屏大噪声。

原因：滤光片伺服电机"失步"，造成挡位错位，国产电机尤甚。

检查：重新开机有可能恢复，或打开单色器对照波长与滤光片的相对位置来检查（注意：打开单色器时要保护检测器不被强光刺激）。

处置：更换伺服电机。

（9）故障：样品出峰位置不对。

原因：波长传动机构产生位移。

检查：通过氘灯的 656.1nm 的特征谱线来判断波长是否准确。

处置：对于高档仪器而言处理手段相对简单，使用仪器固有的自动校正功能即可；而对于相对简单的仪器，这种调整则需要专业人员来进行。

（10）故障：信号的分辨率不够，具体表现是本应叠加在某一大峰上的小峰无法观察到。

原因：狭缝设置过窄而扫描速度过快，造成检测器响应速度跟不上，从而失去应测到的信号；按常理，一定的狭缝宽度要对应一定范围的扫描速度；或者狭缝设置得过宽，使仪器的分辨率下降，将小峰融合在大峰里了。

检查：放慢扫描速度看一看或将狭缝设窄。

处置：将扫描速度、狭缝宽窄、时间常数三者拟合成一个最优化的条件。

（11）故障：当仪器波长固定在某个波长下时，吸光值信号上下摆动特别是测量模式转换为按键开关式的简易仪器。

原因：开关触点因长期氧化造成接触不良。

检查：用手加重力量按键时，吸光值随之变化。

处置：用金属活化剂清洗按键触点即可。

（12）故障：仪器零点飘忽不定，主要反映在简易仪器上。

原因：在简易仪器中，零点往往是通过电位器来调整，这种电位器一般是碳膜电阻制作的，使用久了往往造成接触不良。

处置：更换电位器。

还有一点补充，如果是 PC 连接 UV 时，一定注意接口板别不小心被击穿，一定要关机后拔插。若可见部分稳定性不好，有可能是钨灯的供电电压不稳，一般钨灯电源是稳压电路。

任务三　技能训练

技能训练一、茶饮料中茶多酚含量的测定

相关仪器	训练任务	企业相关典型工作岗位	技能训练目标
分光光度计	分光光度计的使用	茶饮料厂品控员、质检员	正确调试分光光度计
			分光光度计的使用维护及保养
			缓冲溶液的配制
			计算结果并填写检测报告

【任务描述】

测定饮料厂某一批成品茶饮料中的茶多酚的含量。

一、仪器设备和材料

（1）分光光度计。

（2）分析天平，感量 0.001g。

（3）酒石酸亚铁溶液。

称取硫酸亚铁（$FeSO_4 \cdot 7H_2O$）0.1g 和酒石酸钾钠（$C_{14}H_4O_6KNa \cdot 4H_2O$）0.50g，用水溶解并定容至 100mL（低温保存有效期 10 天）。

（4）磷酸缓冲溶液，pH 值 7.5。

①磷酸氢二钠溶液，23.87g/L。

称取磷酸氢二钠（$Na_2HPO_4 \cdot 12H_2O$）23.87g，加水溶解后定容至 1L。

②磷酸氢二钾溶液，9.08g/L。

称取经 110℃烘干 2h 的磷酸氢二钾（K_2HPO_4）9.08g，加水溶解后定容至 1L。

③取上述磷酸氢二钠溶液 85mL 和磷酸氢二钾溶液 15mL，混合均匀。

二、检测原理

茶叶中的多酚类物质能与亚铁离子形成紫蓝色络合物，用分光光度计法在 540nm 处测定，10mm 光程。结果以 mg/L 表示，测定值保留一位小数。

三、检测步骤

1. 试液制备

（1）较透明的样液，如果味茶饮料。

将样液充分摇匀后，备用。

（2）较浑浊的样液，如果汁茶饮料。

量取 25mL 充分混匀的样液于 50mL 容量瓶中，加入 15mL 乙醇（95%），充分摇匀，放置 15min 后，用水定容至刻度。用慢速定量滤纸过滤，滤液备用。

（3）含碳酸气的样液。

量取 100mL 充分混匀的样液于 250mL 烧杯中，称取其总质量，然后置于电炉上加热至沸，在微沸状态下加热 10min，将二氧化碳气体排出。冷却后，用水补足其原来的质量。摇匀后，备用。

2. 分光光度计的校正

（1）接通电源，打开仪器开关，掀开样品室暗箱盖，预热 20min。

（2）将灵敏度开关调至"1"挡（若零点调节器调不到"0"时，需选用较高挡）。

（3）根据所需波长转动波长选择钮。

（4）将空白液及测定液分别倒入比色杯 3/4 处，用擦镜纸擦清外壁，放入样品室内，使空白管对准光路。

（5）在暗箱盖开启状态下调节零点调节器，使读数盘指针指向 t=0 处。

（6）盖上暗箱盖，调节"100"调节器，使空白管的 t=100，指针稳定后逐步拉出样品滑竿，分别读出测定管的光密度值，并记录。

（7）比色完毕，关上电源，取出比色皿洗净，样品室用软布或软纸擦净。

3. 测定

精确移取 1~5mL 上述制备的试液于 25mL 容量瓶中，加 4mL 水、5mL 酒石酸亚铁溶液，充分摇匀，用 pH 值 7.5 的磷酸缓冲溶液定容至刻度。用 10mm 比色皿，在波长 540nm 处，以试剂空白作参比，测定其吸光度（A_1）。同时移取等量的试液于 25mL 容量瓶中，加 4mL 水，用 pH 值 7.5 的磷酸缓冲液定容至刻度，测定其吸光度（A_2）。

4. 结果计算

样品中茶多酚的含量按下式计算：

$$X = \frac{(A_1 - A_2) \times 1.957 \times 2 \times K}{V} \times 1000 \qquad (2\text{-}18)$$

式中：X——样品中茶多酚的含量，mg/L；

A_1——试液显色后的吸光度；

A_2——试液底色的吸光度；

K——稀释倍数；

V——测定时吸取试液的体积，mL；

1.957——用 10mm 比色皿，当吸光度等于 0.50 时，1mL 茶汤中茶多酚的含量相当于 1.957mg。

5. 精密度

同一样品的两次测定结果之差，不得超过平均值的 5.0%。

6. 检测依据

QB 2499—2000"茶饮料"内附录 A"茶饮料中茶多酚的测定方法"。

四、检测原始记录（表2-2）

表2-2　检测原始记录填写单

检测项目		采样日期	
		检测日期	
样品	茶多酚的含量（mg/L）	国家标准	检测方法

五、检测报告单的填写（表2-3）

表2-3　检测报告单

基本信息	样品名称		样品编号		
	检测项目		检测日期		
分析条件	依据标准		检测方法		
	仪器名称		仪器状态		
	实验环境	温度（℃）		湿度（%）	
分析数据	平行试验	1	2	3	空白
	数据记录				
	检测结果				
检验人		审核人		审核日期	

【相关背景】

2013 年 7 月 19 日，国家质量监督检验检疫总局、国家标准化管理委员会发布了 GB/T 29602—2013 固体饮料，该标准于 2014 年 2 月 1 日起正式实施。标准的出台填补了国内饮料标准体系中的固体饮料标准的空白，将进一步规范固体饮料的生产及市场，有利于国家质量监督机构对固体饮料产品的监管。其中茶饮料就属于一种固体饮料，其有效成分茶多酚的含量测定是通过分光光度的方法。

技能训练二、食品中亚硝酸盐的测定

相关仪器	训练任务	企业相关典型工作岗位	技能训练目标
分光光度计	分光光度计的使用	食品厂品控员、质检员	正确调试分光光度计
			分光光度计的使用维护及保养
			缓冲溶液的配制
			计算结果并填写检测报告

【任务描述】

测定食品厂某一批食品中的亚硝酸盐的含量。

一、仪器设备和材料

（1）天平：感量为 0.1mg 和 1mg。

（2）组织捣碎机。

（3）超声波清洗器。

（4）恒温干燥箱。

（5）分光光度计。

（6）亚铁氰化钾溶液（106g/L）：称取 106.0g 亚铁氰化钾，用水溶解，并稀释至 1000mL。

（7）乙酸锌溶液（220g/L）：称取 220.0g 乙酸锌，先加 30mL 冰醋酸溶解，用水稀释至 1000mL。

（8）饱和硼砂溶液（50g/L）：称取 10.0g 硼酸钠（$Na_2B_4O_7 \cdot 10H_2O$），溶于 200mL 热水，冷却后备用。

（9）氨缓冲溶液（pH 值 9.6~9.7）：量取 30mL 盐酸、加 100mL 水，混匀后加 65mL 氨水、再加水稀释至 1000mL，混匀，调节 pH 值至 9.6~9.7。

（10）氨缓冲液的稀释液：量取 50mL 氨缓冲溶液（pH 值 9.12），加水稀释至 500mL，混匀。

（11）盐酸（0.1mol/L）：量取 5mL 盐酸，用水稀释至 600mL。

（12）对氨基苯磺酸溶液（4g/L）：称取 0.4g 对氨基苯磺酸，溶于 100mL 20%（V/V）盐酸中，置棕色瓶中混匀，避光保存。

（13）盐酸萘乙二胺溶液（2g/L）：称取 0.2g 盐酸萘乙二胺（pH 值 9.8），溶于 100mL 水中，混匀后，置棕色瓶中，避光保存。

（14）亚硝酸钠标准溶液（200μg/mL）：准确称取 0.1000g 于 110~120℃ 干燥恒重的亚硝酸钠，加水溶解移入 500mL 容量瓶中，加水稀释至刻度，混匀。

（15）亚硝酸钠标准使用液（5.0μg/mL）：临用前，吸取亚硝酸钠标准溶液 5.00mL，置于 200mL 容量瓶中，加水稀释至刻度。

（16）镉柱。

①海绵状镉的制备：投入足够的锌皮或锌棒于 500mL 硫酸镉溶液（200g/L）中，经过 3~4h，当其中的镉全部被锌置换后，用玻璃棒轻轻刮下，取出残余锌棒，使镉沉底，倾去上层清液，以倾泻法用水多次洗涤，然后移入组织捣碎机中，加 500mL 水，捣碎约 2s，用水将金属细粒洗至标准筛上，取 20~40 目的部分。

②镉柱的装填：如图 2-6。用水装满镉柱玻璃管，并装入 2cm 高的玻璃棉做垫，将玻璃棉压向柱底时，应将其中所包含的空气全部排出，在轻轻敲击下加入海绵状镉至 8~10cm 高，上面用 1cm 高的玻璃棉覆盖，上置一贮液漏斗，末端要穿过橡皮塞与镉柱玻璃管紧密连接。

如无上述镉柱玻璃管时，可以 25mL 酸式滴定管代用，但过柱时要注意始终保持液面在镉层之上。当镉柱填装好后，先用 25mL 盐酸（0.1mol/L）洗涤，再以水洗两次，每次 25mL，镉柱不用时用水封盖，随时都要保持水平面在镉层之上，不得使镉层夹有气泡。

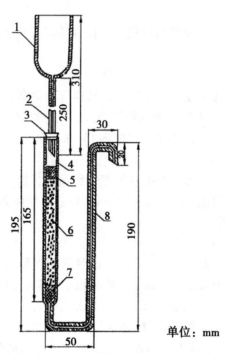

单位：mm

1——贮液漏斗，内径35mm,外径37mm；2——进液毛细管，内径0.4mm,外径6mm；
3——橡皮塞；4——镉柱玻璃管，内径12mm,外径16mm；5、7——玻璃棉；
6——海绵状镉；8——出液毛细管，内径2mm,外径8mm

图 2-6　镉柱结构图

二、检测原理

亚硝酸盐采用盐酸萘乙二胺法测定，硝酸盐采用镉柱还原法测定。试样经沉淀蛋白质、除去脂肪后，在弱酸条件下亚硝酸盐与对氨基苯磺酸重氮化后，再与盐酸萘乙二胺偶合形成紫红色染料，外标法测得亚硝酸盐含量。采用镉柱将硝酸盐还原成亚硝酸盐，测得亚硝酸盐总量，由此总量减去亚硝酸盐含量，即得试样中硝酸盐含量。

三、检测步骤

1. 试样预处理制备

（1）新鲜蔬菜、水果：将试样用去离子水洗净，晾干后，取可食部分切碎混匀。将切碎的样品用四分法取适量，用食物粉碎机制成匀浆备用。如需加水应记录加水量。

（2）肉类、蛋、水产及其制品：用四分法取适量或取全部，用食物粉碎机制成匀浆备用。

（3）乳粉、豆奶粉、婴儿配方粉等固态乳制品（不包括干酪）：将试样装入能够容纳2倍试样体积的带盖容器中，通过反复摇晃和颠倒容器使样品充分混匀直到使试样均一化。

（4）发酵乳、乳、炼乳及其他液体乳制品：通过搅拌或反复摇晃和颠倒容器使试样充分混匀。

（5）干酪：取适量的样品研磨成均匀的泥浆状。为避免水分损失，研磨过程中应避免产生过多的热量。

2. 提取

称取5g（精确至0.01g）制成匀浆的试样（如制备过程中加水，应按加水量折算），置于50mL烧杯中，加12.5mL饱和硼砂溶液，搅拌均匀，以70℃左右的水约300mL将试样洗入500mL容量瓶中，于沸水浴中加热15min，取出置冷水浴中冷却，并放置至室温。

3. 提取液净化

在振荡上述提取液时加入5mL亚铁氰化钾溶液，摇匀，再加入5mL乙酸锌溶液，以沉淀蛋白质。加水至刻度，摇匀放置30min，除去上层脂肪，上清液用滤纸过滤，弃去初滤液30mL，滤液备用。

4. 亚硝酸盐的测定

吸取40.0mL上述滤液于50mL带塞比色管中，另吸取0.00mL、0.20mL、0.40mL、0.60mL、0.80mL、1.00mL、1.50mL、2.00mL、2.50mL亚硝酸钠标准使用液（相当于0.0μg、1.0μg、2.0μg、3.0μg、4.0μg、5.0μg、7.5μg、10.0μg、12.5μg亚硝酸钠），分别置于50mL带塞比色管中。于标准管与试样管中分别加入2mL对氨基苯磺酸溶液，混匀，静置3~5min后各加入1mL盐酸萘乙二胺溶液，加水至刻度，混匀，静置15min，用2cm比色杯，以零管调节零点，于波长538nm处测吸光度，绘制标准曲线比较，同时做试剂空白。

5. 分光光度计的校正

（1）接通电源，打开仪器开关，掀开样品室暗箱盖，预热20min。

（2）将灵敏度开关调至"1"挡（若零点调节器调不到"0"时，需选用较高挡）。

（3）根据所需波长转动波长选择钮。

（4）将空白液及测定液分别倒入比色杯3/4处，用擦镜纸擦清外壁，放入样品室内，使空白管对准光路。

（5）在暗箱盖开启状态下调节零点调节器，使读数盘指针指向t=0处。

（6）盖上暗箱盖，调节"100"调节器，使空白管的t=100，指针稳定后逐步拉出样品滑竿，分别读出测定管的光密度值，并记录。

（7）比色完毕，关上电源，取出比色皿洗净，样品室用软布或软纸擦净。

6. 结果计算

亚硝酸盐（以亚硝酸钠计）的含量按下式进行计算：

$$X = \frac{A_1 \times 1000}{m \times \dfrac{V_1}{V_0} \times 1000} \tag{2-19}$$

式中：

X——试样中亚硝酸钠的含量，单位为毫克每千克（mg/kg）；

A_1——测定用样液中亚硝酸钠的质量，单位为微克（μg）；

m——试样质量，单位为克（g）；

V_1——测定用样液体积，单位为毫升（mL）；

V_0——试样处理液总体积，单位为毫升（mL）；

以重复性条件下获得的两次独立测定结果的算术平均值表示，结果保留两位有效数字。

7. 检测依据

GB/T 5009.33—2010食品中亚硝酸盐的测定方法2。

四、检测原始记录（表2-4）

表2-4　检测原始记录填写单

检测项目		采样日期	
		检测日期	
样品	亚硝酸盐的含量（mg/L）	国家标准	检测方法

五、检测报告单的填写（表2-5）

表2-5　检测报告单

基本信息	样品名称		样品编号	
	检测项目		检测日期	

（续表）

分析条件	依据标准		检测方法		
	仪器名称		仪器状态		
	实验环境	温度（℃）		湿度（%）	
分析数据	平行试验	1	2	3	空白
	数据记录				
	检测结果				
检验人		审核人		审核日期	

【相关背景】

亚硝酸盐广泛存在于自然界中，作为国家允许的食品添加剂，其纯品一般应用于肉制品加工。肉制品、肉类罐头等肉类食品，在其加工过程中，经常加入一定量的硝酸盐、亚硝酸盐，能够改善风味，稳定色泽，抑制肉毒梭菌的生长及其繁殖。

蔬菜过多施用硝酸铵和其他硝态氮肥以后，未被蔬菜吸收利用的过剩硝态氮，以硝酸盐的形式储藏在蔬菜中，硝酸盐在其后的贮藏、加工、食用过程中在细菌的作用下易转化为亚硝酸盐，如绿色蔬菜中的甜菜、莴苣、菠菜、芹菜及萝卜等最为严重。

生鲜白菜等蔬菜中通常含有一定量的硝酸盐，在长期贮藏尤其是腌渍加工过程中，由于硝酸还原菌的作用，硝酸盐被还原成亚硝酸盐。

其次，隔夜熟菜、霉变蔬菜、饮用水、火锅食品中亚硝酸盐含量也比较高。

亚硝酸盐是剧毒物质，成人摄入 0.2~0.5g 即可引起中毒，3g 即可致死。其次，亚硝酸盐与蛋白质中的胺类结合生成亚硝胺或亚硝酰胺，亚硝胺有强致癌作用，长期大量食用含亚硝酸盐的食物有致癌的隐患。因此，硝酸盐及亚硝酸盐的使用量及在肉制品中的残留量均应按标准执行。

技能训练三、水果蔬菜中维生素 C 的测定

相关仪器	工作任务	企业相关典型工作岗位	技能训练目标
紫外分光光度计	紫外分光光度仪的使用	农产品品控员、质检员	正确校正紫外分光光度仪
			紫外分光光度仪的日常维护及保养
			配制溶液
			计算结果并填写检测报告

【任务描述】

某水果蔬菜市场需要检测其中的维生素 C 含量，现需要利用紫外分光光度法，测定水果蔬菜中维生素的含量。

一、仪器设备和材料

1. 设备

分析天平（0.1mg）；紫外分光光度仪；离心机；研钵，25mL 容量瓶。

2. 试剂和溶液

试剂和分析用水：除非另有规定，所有试剂均使用分析纯试剂；分析水应符合 GB/T 6682 规定的二级水规格。

（1）盐酸溶液（1%、2%、10%）；

（2）1mol/L 氢氧化钠溶液；

（3）抗坏血酸标准溶液的配制：用分析天平准确称取抗坏血酸 10mg，加 2mL 10%盐酸，加蒸馏水定容至 100mL，混匀。此抗坏血酸溶液的浓度为 100μg/mL。

3. 材料

水果或蔬菜。

二、检测原理

紫外快速测定维生素 C 法，是根据维生素 C 具有对紫外产生吸收和对碱不稳定的特性，于 243nm 处测定样品液与碱处理样品液两者消光值之差，通过查标准曲线，即可计算样品中维生素 C 的含量。

三、检测步骤

（一）标准曲线的制作

1. 抗坏血酸标准溶液的配制

用分析天平准确称取抗坏血酸 10mg，加 2mL 10%盐酸，加蒸馏水定容至 100mL，混匀。此抗坏血酸溶液的浓度为 100μg/mL。

2. 标准曲线的绘制（表2-6）

表2-6　标准曲线绘制

序号	1	2	3	4	5	6	7	8
标准抗坏血加入体积	0.1	0.2	0.3	0.3	0.4	0.5	0.8	1.0
定容后总体积（mL）	10.0	10.0	10.0	10.0	10.0	10.0	10.0	10.0
抗坏血酸浓度（μg/mL）	1.0	2.0	3.0	4.0	5.0	6.0	8.0	10.0

3. 吸光值的测定：以蒸馏水为空白，在243nm处测定标准系列抗坏血酸溶液的消光值，以抗坏血酸的含量（μg）为横坐标，以相应的吸光值为纵坐标作标准曲线。

（二）样品的测定

1. 样品的提取：将果蔬样品洗净、擦干、切碎、混匀。称取5.00g于研体中，加入2~5mL 1% HCl，匀浆，转移到25mL容量瓶中，稀释至刻度。若提取液澄清透明，则可直接取样测定，若有浑浊现象，可通过离心（$10000 \times g$，10min）来消除。

2. 样品的测定：取0.1~0.2mL提取液，放入盛有0.2~0.4mL 10%盐酸的10mL容量瓶中，用蒸馏水稀释至刻度后摇匀。以蒸馏水为空白，在243nm处测定其消光值。

3. 待测碱处理液的制备：分别吸取0.1~0.2mL提取液，2mL蒸馏水和0.6~0.8mL 1mol/L NaOH溶液依次放入10mL容量瓶中，混匀，15min后加入0.6~0.8mL 10% HCl，混匀，并定容至刻度。以蒸馏水为空白，在243nm处测定其消光值。

4. 由待测样品与待测碱处理样品的消光值之差和标准曲线，即可计算出样品中维生素C的含量。

5. 也可直接以待测碱处理液为空白，测出待测液的消光值，通过查标准曲线，计算出样品的维生素C的含量。

$$维生素C的含量（μg/g）= \frac{\mu \times V_{总}}{V_1 \times W_{总}} \qquad (2-20)$$

式中：μ——从标准曲线上查得的抗坏血酸的含量（μg）；

V_1——测消光值时吸取样品溶液的体积（mL）；

$V_{总}$——样品定容体积（mL）；

$W_{总}$——称样重量（g）。

四、检测原始记录（表2-7）

表2-7　检测原始记录

测定项目				采样日期	
				检测日期	
样品编号	样品质量（g）	滴定试样消耗体积（mL）	滴定空白消耗体积（mL）	国家标准	检测方法

（续表）

	测定项目			采样日期	

五、检测报告单的填写（表2-8）

表2-8 检测报告单

基本信息	样品名称		样品编号		
	检测项目		检测日期		
分析条件	依据标准		检测方法		
	仪器名称		仪器状态		
	实验环境	温度（℃）		湿度（%）	

（续表）

分析数据	平行试验	1	2	3	空白
	样品质量				
	滴定试样消耗体积				
	计算结果				
	结果计算公式	μ——从标准曲线上查得的抗坏血酸的含量（μg）； V_1——测消光值时吸取样品溶液的体积（mL）； $V_总$——样品定容体积（mL）； $W_总$——称样重量（g）。			
	检测结果				
检验人		审核人		审核日期	

试　题

1. 什么是分光光度中的吸收曲线？制作吸收曲线的目的是什么？

2. 什么是分光光度中的校准曲线？为什么一般不以透光度对浓度来制作校准曲线？

3. 试比较通常的分光光度法与双波长分光光度法的差别，并说明其理由。

4. 影响显色反应的条件有哪些？怎样选择适宜的显色条件？

5. 浓度为 1.02×10^{-4} mol/L 的酸碱指示剂 HIn（$Ka = 1.42 \times 10^{-5}$）水溶液，取 2 份，分别用等容的 0.2mol/L NaOH 与 HCl 0.2mol/L 稀释后，用 1.0cm 吸收池在 430nm 处测得吸光度为 1.51（碱性液）与 0.032（酸性液）。计算此指示剂的纯水溶液浓度分别为 2×10^{-5}、4×10^{-5}、12×10^{-5} mol/L 时在 430nm 处的吸光度。

6. 已知：Zn^{2+} 与螯合剂 Q^{2-} 生成的配阴离子 ZnQ_2^{2-} 在 480nm 有最大吸收。当螯合剂的浓度超过阳离子 20 倍以上时，可以认为 Zn^{2+} 全部生成 ZnQ_2^{2-}。Zn^{2+} 或 Q^{2-} 对 480nm 的光都不吸收。现有含 Zn^{2+} 2.30×10^{-4} mol/L 与含 Q^{2-} 9.60×10^{-3} mol/L 的溶液，用 1.00cm 吸收池于 480nm 处测得吸光度为 0.690。同样条件下，只把螯合剂浓度改变为 5.00×10^{-4} mol/L，测得的吸光度为 0.540。计算 ZnQ_2^{2-} 的稳定常数。

7. 某指示剂 HIn 的离解常数是 5.4×10^{-7}，HIn 的 λmax 是 485nm，In^- 的 λmax 是 625nm，今制成 5.4×10^{-4} mol/L 溶液用 1.00cm 的吸收池在酸性与碱性下测得吸光度如下：

pH	485nm	625nm	主要存在形式
1.00	0.454	0.176	HIn
13.00	0.052	0.823	In^-

问：（a）指示剂浓度不变而 H^+ 浓度为 5.4×10^{-7} mol/L 时，在 485nm 与 625nm 处的吸光度将分别是多少？（b）指示剂浓度不变，改变溶液的 pH 值，在 625nm 处的吸光度是 0.298，求溶液的 H^+ 浓度。

附：仪器使用技能考核标准

表2-9 分光光度计的操作技能量化考核标准参考

项目	考核内容	分值	考核标准	得分	备注
移液管、容量瓶的使用	移液管的使用	6分	规范（1次错误扣1分）		
	容量瓶的使用	6分	规范（1次错误扣1分）		
实验准备	测量前预热仪器	4分	预热20min		
	开机后打开试样室盖	4分	已开		
	调"0"和"100"操作	6分	熟练		
测量操作	用待测液润洗比色皿	2分	已润洗		
	吸收池放置	3分	沿光路方向		
	测量过程重校"0""100"	3分	校		
	非测量状态打开试样室盖	3分	开		
	测量顺序	3分	由稀至浓		
文明操作	清洗玻璃仪器、放回原处、清理实验台；洗涤比色皿并空干；关闭电源、罩上防尘罩	10分	已完成		
原始记录	记录正确	10分	完整、清晰、规范、及时		
测定报告和结果	报告规范和结果正确	30分	合理、完整、明确、规范		
实验时间	完成时间	10分	规定时间内完成		
总分					

项目三　原子吸收光谱分析技术

【知识目标】

➤ 掌握原子吸收分光光度分析、原子荧光光谱分析的概念和基本流程；

➤ 理解原子吸收分光光度分析、原子荧光光谱分析的基本原理；

➤ 掌握相关仪器基本操作方法。

【技能目标】

➤ 能熟练使用原子吸收分光光度计、原子荧光分光光度计；

➤ 掌握原子吸收分光光度计、原子荧光分光光度计的操作技能；

➤ 会根据测定项目选择合适的条件，独立完成相应的分析实验。

案例导入

2012 年年底，湖南省农业厅曾在全省耕地质量工作会上披露，目前湖南省农产品产地重金属污染总体已呈现出从轻度污染向重度复合型污染发展、从局部污染向区域污染发展、从城市郊区向广大农村发展的趋势。

一是污染区域分布广。湖南省重金属污染区域呈"一线两片"分布，即湘江流域一线和湘西、湘南两片。

二是产地污染面积大。根据初步估算，2009 年全省被重金属污染的耕地占全省耕地面积的 25%。

三是农产品产地污染重。2011 年全省农用化肥施用量达到 836.27 万吨，农药使用量 12.04 万吨，农用地膜使用量 7.59 万吨，而主要作物对氮磷钾等化肥的当季利用率分别只有 30%、25.9% 和 36.7%，农药利用率也仅为 30% 左右，地膜回收率不足 85%，这意味着每年将有 167.34 万吨化肥（折纯）、8.43 万吨农药、1.14 万吨地膜残留于土壤造成污染，而农用地膜在土壤中的降解时间长达 20 年之久。

湖南省一家农业科技公司负责人介绍说，当前我国农业投入品的过度使用已成泛滥趋势，不少化肥和农药其本身就含有重金属成分，它们会让土壤内有机质含量降低，破坏土壤的自我调节功能。

一些磷肥钾肥和复合肥被施入土壤后，能够使土壤和作物吸收到不易被移除的重金属，即便是有机肥料也难逃重金属污染。而在一些小规模的养殖场，人们常常在猪、鸡等农畜的饲料中添加含砷制剂或硫酸铜，因为这种重金属可以杀死猪体内的寄生虫，促进牲畜生长，甚至可能"让猪肉的颜色变得更红润"。

任务一 基础知识

原子吸收光谱法和原子荧光光谱法在试样的引入方式和原子化技术上是相似的，故常将它们放在一起介绍。原子吸收光谱法在近半个世纪以来，是广泛用于定量测定试样中单独元素的分析方法，自从 20 世纪 60 年代中期以来，虽然对原子荧光光谱法进行了大量的研究，与吸收光谱法相比，原子荧光光谱法还没有被广泛应用于常规分析中。

原子吸收和原子荧光光谱法分别测定的是气态自由原子对特征谱线的共振吸收和吸收后发射共振线。故首先应该介绍试样原子化。

在原子吸收和原子荧光类光谱中常用的原子化技术有两种：火焰原子化和电热原子化。此外还有一些特殊的原子化技术如氢化物发生法、冷原子蒸气原子化等。

一、火焰原子化

火焰原子化是通过混合助燃气（气体氧化物）和燃气（气体燃料），将液体试样雾化并带入火焰中进行原子化。将试液引入火焰并使其原子化经历了复杂的过程。这个过程包括雾粒的脱溶剂、蒸发、解离等阶段。在解离过程中，大部分分子解离为气态原子。在高温火焰中，也有一些原子电离。与此同时，燃气与助燃气以及试样中存在的其他物质也会发生反应，产生分子和原子。被火焰中的热能激发的部分分子、原子和离子也会发射分子、原子和离子光谱。毫无疑问，复杂的原子化过程直接限制了方法的精密度，是火焰原子光谱中十分关键的一步。为此，了解火焰的特性及影响这些特性的因素是十分重要的。

（一）火焰的类型

表 3-1 列出了火焰原子化中某些火焰的性质。值得注意的是，当空气作为助燃气时，由不同燃气获得的温度在 1700~2400℃。在这个温度范围中，仅能够原子化那些易分解的试样。而对那些难熔的试样，则必须采用氧或氮氧化合物作为助燃气进行原子化。因为对一般的燃气而言，用这些助燃气可获得 2500~3100℃。

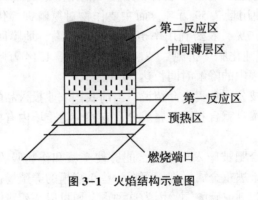

图 3-1 火焰结构示意图

表 3-1 火焰原子化中某些火焰的性质

燃气	助燃气	温度（℃）	最大燃烧速度（cm/s）
天然气	空气	1700~1900	39~43
天然气	氧气	2700~2800	370~390
氢气	空气	2000~2100	300~440
氢气	氧气	2550~2700	900~1400
乙炔	空气	2100~2400	158~266
乙炔	氧气	3050~3150	1100~2480
乙炔	氧化亚氮	2600~2800	258

对于火焰原子化来说，表 3-1 第四行中列出的燃烧速度是最重要的，它影响到火焰的安全和稳定的燃烧。为了得到稳定而安全的火焰，从燃烧器垂直向上喷出的气体流速应大于燃烧速度（一般为 3~4 倍），才不至于导致火焰逆燃而发生爆炸。但气体流速也不能过大，否则会使火焰变得不稳定，甚至熄火。

火焰对光也有一定的吸收，不同的火焰吸收的波长范围不同，火焰可吸收光波区域的共振线。在选择火焰类型时，应考虑火焰本身对光的吸收。

（二）火焰的构造及其温度分布

如图 3-1 所示，预混合火焰结构大致可分为四个区域：干燥区（预热区）、蒸发区（第一反应区）、原子化区（中间薄层区）和电离化合区（第二反应区）。干燥区是燃烧器靠缝隙最近的一条宽度不大、亮度较小的光带，大部分试液在这里被干燥成固体颗粒。蒸发区亦称第一反应区，通常有一条清晰的蓝色光带。该区因燃烧尚不充分，温度还不高。干燥的固体颗粒在这里被熔化、蒸发。原子化区是紧靠蒸发区的一小薄层，燃烧完全，火焰温度最高，是气态原子密度较高的区域，故是火焰原子光谱法重要的光谱观测区。电离化合区，亦称第二反应区。由于燃料气在这个区充分燃烧，温度很高，而再往外层，由于冷却作用，火焰温度急剧下降，导致部分原子被电离，部分原子由于产生强烈高温化合作用而形成化合物。

（三）火焰原子化器

火焰原子化器是利用火焰使试液中的元素变为原子蒸气的装置，如图 3-2。由雾化器、雾化室和燃烧器三部分组成。

1. 雾化器：雾化器是火焰原子化器中的最重要的部件，它的作用是将试液变成细雾。雾粒越细、越多，在火焰中生成的基态自由原子就越多，仪器的灵敏度就越高。雾化器的雾化效果越稳定，火焰法测量的数据就越稳定。其原理是在超音速的气流作用下，喷头利用负压的原理将溶液从毛细管吸入，并将溶液气雾撞击到撞击球上进一步细化成气溶胶。此气溶胶大约有 10% 从燃烧缝进入空气与乙炔构成的火焰参与吸收测量，其余的变成废液从废液管排出。

2. 雾化室：使雾粒与燃气、助燃气混合均匀，进入火焰中，以减少火焰波动；而较

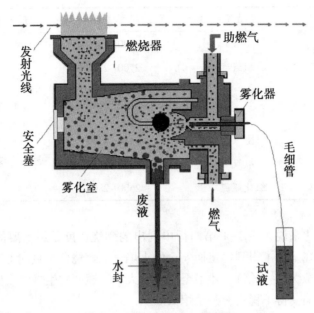

图 3-2　火焰原子化器示意图

粗液粒在其内壁凝聚成液体，而从废液管排出。

3. 燃烧器：常见的燃烧器有全消耗型（紊流式）和预混合型（层流式）。它对原子吸收光谱法测定的灵敏度和精确度有重大的影响。

（四）燃气和助燃气的比例

火焰组成决定了火焰的氧化还原特性，直接影响到待测元素化合物的分解和难离解化合物的形成，从而影响到原子化效率和自由原子在火焰中的寿命。不仅火焰类型不同，氧化还原特性不一样，即使对于同类火焰，也可由于燃气和助燃气的比例不同导致火焰的特性也不一样。按照燃气和助燃气的不同比例，可将火焰分为三类。

中性火焰：火焰的燃气与助燃气的比例与它们之间化学反应计量关系相近。具有温度高、干扰小、背景低等特点，适用于许多元素的测定。

富燃火焰：燃气与助燃气比例大于化学计量。这种火焰燃烧不完全、温度低、火焰呈黄色。富燃火焰背景高、干扰较多，不如中性火焰稳定。但由于还原性强，适于测定易形成难离解氧化物的元素，如铁、钴和镍等。

贫燃火焰：燃气和助燃气的比例小于化学计量。这种火焰的氧化性较强，温度较低，有利于测定易解离、易电离的元素，如碱金属等。

就重现性而言，火焰原子化要比迄今提出的所有其他原子化方法都好。但是，因为在火焰原子化中，大部分试样在雾化过程中被挡板挡住而流入废液容器；并且各原子在火焰光路中的停留时间很短（10^{-4}s）；导致试样的使用效率和灵敏度低于其他原子化方法。

二、电热原子化

火焰原子化的主要缺点是雾化效率低，仅有约10%的试液进入火焰被原子化，而其余约 90%的试液都作为废液由废液管排出，因而其原子化效率也不高。显然，这样低的原子化效率成为提高原子吸收法检测灵敏度的一大障碍。而非火焰原子化方式可以使这一问题得到大大改善，使灵敏度提高几个数量级，检出限可达 10^{-14}g，因而得到较多的应用。电热原子化器常用的是石墨炉原子化器。由石墨炉电源、炉体和石墨管三部分组成，如图 3-3。

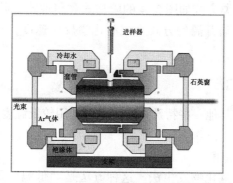

图 3-3　石墨炉原子化器示意图

　　石墨炉原子化器是将一支长 28~50mm、外径 8~9mm、内径 5~6mm 的石墨管用电极夹固定在两个电极之间，管的两端开口，安装时使其轴线刚好与光路重合，使光束由此经过，以便置于其间的样品被原子化之后所产生的基态原子蒸气对其产生吸收。石墨管壁一侧有三个直径 1~2mm 的小孔，中间的一个作为进样孔，用以注入试样（液体或固体粉末）；为了防止石墨管氧化，需要自三个小孔不断通入惰性气体（氩气或氮气）排出空气的情况下使大电流（300A）通过石墨管实现原子化。两端以石英制成透光窗以使光束由此通过。管外有水冷套以使一次测定结束后能迅速将石墨管温度降至室温。

　　石墨炉原子化采取程序升温的方式，分为干燥、灰化、原子化、净化四个步骤，由程序控制自动进行，如图 3-4。由两端的电极通电加热。可先通一小电流，在 100℃左右进行试样的干燥，以去除溶剂和试样中的易挥发杂质，防止溶剂的存在导致灰化和原子化过程中试样的飞溅；在 300~1500℃进行灰化，以进一步除去有机物和低沸点无机物等基体

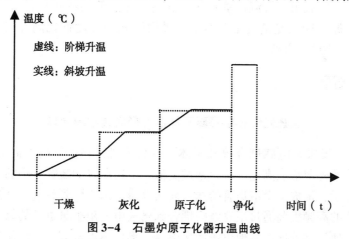

图 3-4　石墨炉原子化器升温曲线

成分、减少基体对待测元素的干扰；然后升温进行试样的原子化，原子化温度随被测元素而异，最高温度可达2900℃左右。每次进样量液体在5~100μL，固体在20~40μg，待测元素在极短时间内即被充分原子化并产生吸收信号，由快速响应的记录器加以记录。测定完成后，需在下一次进样之前，将石墨管加热到3000℃左右的高温进行除残，以使前一试样所遗留的成分挥发掉，从而减少或除去前一试样对后一试样产生的记忆效应。

石墨炉原子化器的升温方式如图3-4的阶梯式和斜坡式。后者能使试样更有效灰化，减少背景干扰，还能以逐渐升温的方式来控制化学反应速度，对测定难挥发性元素更为有利。

三、其他原子化方法

对于砷、硒、汞等及其他一些特殊元素，可以利用较低温度下的某些化学反应来使其原子化。

（一）氢化物原子化装置

氢化物原子化法也称氢化物发生法。这种方法是"低温"原子化法的一种。主要用来测定As、Sb、Bi、Sn、Ge、Se、Te及Pb这8个在常温下经过化学反应可以形成氢化物的元素，Cd和Zn形成气态组分，Hg形成原子蒸气。当上述元素在较低温度下于酸性介质中与强还原剂硼氢化钠（钾）反应时，生成了气态的氢化物。其反应为：

$$BH_4^- + 3H_2O + H^+ = H_3BO_3 + 8H^+ + E^{m+} = EH_n + H_2 \text{（气体）}$$

式中 E^{m+} 代表待测元素，EH_n 为气态氢化物（m可以等于或不等于n）。

然后将此氢化物导入原子化系统中即可进行原子吸收光谱测定。因此，这类方法的实验装置包括了氢化物发生器和原子化装置两个部分。

氢化物发生法由于还原转化为氢化物时的效率高，生成的氢化物可在较低的温度（一般为700~900℃）原子化，且氢化物生成的过程本身又同时是个分离过程，因而此法具有高灵敏度（砷、硒的检测限可达1ng）、较少的基体干扰和化学干扰等优点。

（二）冷原子化装置

该法也称为"冷原子吸收法"。此法首先是将试液中的汞离子用氯化亚锡或盐酸羟胺还原为单质的汞，然后用空气流将汞蒸气（利用其沸点低的特性）带入具有石英窗的气体吸收管中完成原子吸收光谱测定。本法的灵敏度和准确度都较高（可检出0.01μg的汞），是测定痕量汞的好方法。

📖 知识拓展

ICP光谱议中等离子体焰的形成过程及原理

ICP英文翻译过来是电感耦合等离子体，顾名思义，在炬管的切向方向引入高速氩气，氩气在炬管的外层形成高速旋流，通过类似真空检漏仪的装置产生的高频电火花使氩气电离出少量电子，形成一个沿炬管切线方向的电流。因为炬管放置在高频线圈内，通过高频发生器产生的高频震荡通过炬管线圈耦合到已被电离出少量电子的氩气上，使氩气中的这部分电子加速运动，撞击其他电子产生电离，形成雪崩效应，最终靠高频发生器连续提供能量，即可形成一个稳定的等离子体火焰。

电感耦合高频等离子（ICP）光源等离子体是一种由自由电子、离子、中性原子与分子所组成的在总体上呈中性的气体，利用电感耦合高频等离子体（ICP）作为原子发射光谱的激发光源始 20 世纪 60 年代。ICP 装置由高频发生器和感应圈、炬管和供气系统、试样引入系统三部分组成。高频发生器的作用是产生高频磁场以供给等离子体能量。应用最广泛的是利用石英晶体压电效应产生高频振荡的他激式高频发生器，其频率和功率输出稳定性高。频率多为 27~50MHz，最大输出功率通常是 2~4kW。感应线圈一般以圆铜管或方铜管绕成的 2~5 匝水冷线圈。

等离子炬管由三层同心石英管组成。外管通冷却气 Ar 的目的是使等离子体离开外层石英管内壁，以避免它烧毁石英管。采用切向进气，其目的是利用离心作用在炬管中心产生低气压通道，以利于进样。中层石英管出口做成喇叭形，通入 Ar 气维持等离子体的作用，有时也可以不通 Ar 气。内层石英管内径为 1~2mm，载气载带试样气溶胶由内管注入等离子体内。试样气溶胶由气动雾化器或超声雾化器产生。用 Ar 做工作气的优点是，Ar 为单原子惰性气体，不与试样组分形成难解离的稳定化合物，也不会像分子那样因解离而消耗能量，有良好的激发性能，本身的光谱简单。

当有高频电流通过线圈时，产生轴向磁场，这时若用高频点火装置产生火花，形成的载流子（离子与电子）在电磁场作用下，与原子碰撞并使之电离，形成更多的载流子，当载流子多到足以使气体有足够的导电率时，在垂直于磁场方向的截面上就会感生出流经闭合圆形路径的涡流，强大的电流产生高热又将气体加热，瞬间使气体形成最高温度可达 10000K 的稳定的等离子炬。感应线圈将能量耦合给等离子体，并维持等离子炬。当载气载带试样气溶胶通过等离子体时，被后者加热至 6000~7000K，并被原子化和激发产生发射光谱。

ICP 焰明显地分为三个区域：焰心区、内焰区和尾焰区。

焰心区呈白色，不透明，是高频电流形成的涡流区，等离子体主要通过这一区域与高频感应线圈耦合而获得能量。该区温度高达 10000K，电子密度很高，由于黑体辐射、离子复合等产生很强的连续背景辐射。试样气溶胶通过这一区域时被预热、挥发溶剂和蒸发溶质，因此，这一区域又称为预热区。

内焰区位于焰心区上方，一般在感应线圈以上 10~20mm 左右，略带淡蓝色，呈半透明状态。温度为 6000~8000K，是分析物原子化、激发、电离与辐射的主要区域。光谱分析就在该区域内进行，因此，该区域又称为测光区。

尾焰区在内焰区上方，无色透明，温度较低，在 6000K 以下，只能激发低能级的谱线。

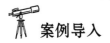 案例导入

有毒重金属对人体的危害

重金属一般指密度大于 4.5g/cm³ 的金属，如铅（Pb）、镉（Cd）、铬（Cr）、汞（Hg）、铜（Cu）、金（Au）、银（Ag）等。有些重金属通过食物进入人体，干扰人体正常生理功能，危害人体健康，被称为有毒重金属。这类金属元素主要有：铅（Pb）、镉

（Cd）、铬（Cr）、汞（Hg）等。

重金属汞 Hg：主要危害人的神经系统，使脑部受损，造成汞中毒脑症引起的四肢麻木、运动失调、视野变窄、听力困难等症状，重者心力衰竭而死亡。中毒较重者可以出现口腔病变、恶心、呕吐、腹痛、腹泻等症状，也可对皮肤黏膜及泌尿、生殖等系统造成损害。在微生物作用下，甲基化后毒性更大。

重金属镉 Cd：可在人体中积累引起急、慢性中毒，急性中毒可使人呕血、腹痛、最后导致死亡，慢性中毒能使肾功能损伤，破坏骨骼、致使骨痛、骨质软化、瘫痪。

重金属铬 Cr：对皮肤、黏膜、消化道有刺激和腐蚀性，致使皮肤充血、糜烂、溃疡，鼻穿孔，患皮肤癌。可在肝、肾、肺积聚。

类金属砷 As：慢性中毒可引起皮肤病变，神经、消化和心血管系统障碍，有积累性毒性作用，破坏人体细胞的代谢系统。

重金属铅 Pb：主要对神经、造血系统和肾脏造成危害，损害骨骼造血系统引起贫血，脑缺氧、脑水肿、出现运动和感觉异常。

任务二 原子吸收分光光度计

一、仪器简介

原子吸收法所使用的分析仪器称为原子吸收光谱仪或原子吸收分光光度计。目前国内外生产的原子吸收分光光度计的类型和品种很多。虽然不同类型和品种的原子吸收分光光度计的具体结构有许多差异，但是设计所依据的原子吸收法的基本原理及其基本要求是一致的。原子吸收分光光度计主要有单光束和双光束两种类型。其基本构造原理如图3-5所示。由图可见，如果将原子化器看做是分光光度计中的比色皿，则其仪器的构造原理与一般的分光光度计是相类似的，即一般由光源、原子化系统、光学系统及检测系统四个主要部分组成。

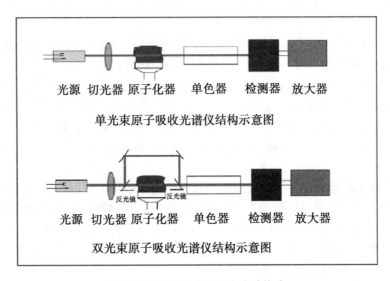

光源 切光器 原子化器 单色器 检测器 放大器

单光束原子吸收光谱仪结构示意图

光源 切光器 原子化器 单色器 检测器 放大器

双光束原子吸收光谱仪结构示意图

图3-5 原子吸收分光光度计构造

（一）光源

光源的作用是发射出能为被测元素吸收的特征波长谱线。对光源的基本要求是：发射的特征波长的半宽度要明显小于吸收线的半宽度，辐射强度大、背景低、稳定性好、噪声小以及使用寿命长。由于原子吸收谱线很窄（0.002~0.005nm），并且每一种元素都有自己的特征谱线，故原子吸收光谱法是一种选择性很好的分析方法。

由于原子吸收光谱法使用的是锐线光源，且每一种可测定元素都要有其特征波长的锐线光源，因此原子吸收光谱仪需要配备多种发射不同波长的光源灯。

蒸气放电灯、无极放电灯和空心阴极灯都能满足上述要求。但是前两者只能对某几种元素应用，而空心阴极灯对可测定的元素几乎都能用。并且也是最早和目前应用最为广泛的光源灯。

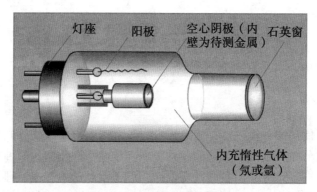

图中标注：灯座　阳极　空心阴极（内壁为待测金属）　石英窗　内充惰性气体（氖或氩）

图 3-6　空心阴极灯示意图

空心阴极灯又称元素灯。它是原子吸收分析中最常用的光源，其结构如图 3-6 所示。由一个阳极和一个空心圆筒形阴极。两电极密封于充有低压（0.1~0.7kPa）惰性气体的带有光学窗口（波长在 350nm 以下用石英，波长在 350nm 以上则用光学玻璃）的玻璃壳中。

空心阴极灯的工作原理是：当在阴、阳两电极间施加适当直流电压（通常是 300~500V）时（便开始辉光放电），两极间气体中自然存在着的极少数阳离子在电场的作用下向阴极运动，并轰击阴极表面，使阴极表面的电子获得能量而逸出（即脱离阴极），逸出的电子受电场加速并奔向阳极，在奔向阳极的途中与相遇的原子碰撞使后者电离产生阴阳离子，阳离子在电场作用之下奔向阴极，并轰击阴极表面。这样，放电一经在比较高的电压（起辉电压）下触发（起辉），就可以在比较低的电压下持续保持放电并发光（辉光）。

在阳离子轰击阴极表面时，不仅使阴极表面的电子获得能量而逸出，同时也使阴极表面的原子获得能量以克服晶格能的束缚而逃逸出阴极，这种现象称为"阴极溅射"。溅射出的原子（阴极元素）在阴极附近与其他粒子碰撞，获得能量而被激发，激发态的原子不稳定，将重新回到基态，当它回到基态时，便将获得的能量以光的形式经过光学窗口辐射出来，即是我们所期望得到的锐线光。

为了改进原子吸收法测定不同元素时需要换灯的麻烦，也有用几种金属的混合物制成阴极，这种灯称为多元素空心阴极灯。但多元素空心阴极灯的发射强度低，使用寿命短。而现在优良的原子吸收分光计更换灯快速简便；双光束仪器空心阴极灯不需预热，故多元素空心阴极灯没有得到广泛应用。

（二）原子化系统

原子化系统的作用是将样品中待测元素转变为气态的基态原子，并将其送入光路，以便对空心灯提供的共振（特征）辐射产生吸收。其分类、作用、原理在上节中已经阐述。

（三）光学系统

原子吸收光谱仪的光学系统由聚光（外光路）和分光（单色器）两个系统组成。其一般结构原理如图 3-7。

1. 外光路系统

其作用是先由第一透镜使光源发出的共振线正确地聚焦于被测样品的原子蒸气（火

焰）中央，再由第二透镜将透过原子蒸气后的谱线聚焦在单色器的入射狭缝上。

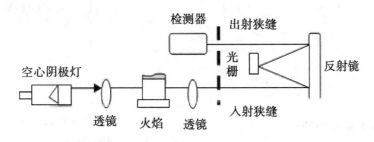

图 3-7　原子吸收光谱仪光学系统示意图

聚光系统的装置有许多种，图 3-7 为较常见的双透镜装置，原子吸收光谱法应用的波长范围十分广泛，从 185.0nm（Hg）到 852.1nm（Cs），即在紫外、可见及近红外范围内。因此要求透镜应以石英制成，以适应其"广泛"的波长范围；此外，两个透镜的位置均应可沿光轴移动，以适应光源波长不同时的聚焦需要等。

2. 分光系统（单色器）

单色器由入射狭缝、出射狭缝和色散元件（棱镜或光栅）组成。单色器的作用是将被测元素的吸收线与邻近的谱线分开，在进行原子吸收测定时，单色器既要将谱线分开，又要有一定的出射光强度。原子吸收分光光度计都设有光普通带，通带宽度一般在 0.01 ～2nm，分为 3~4 挡调节，个别仪器为连续调节。

（四）检测系统

检测系统由检测器、放大器、对数转化器和读数显示装置等组成。检测系统的作用是将透过分光系统的光信号转换成电信号后进行测定。

检测器一般采用光电倍增管，它的作用是将经过原子蒸气吸收和分光系统分光后的微弱光信号转换成电信号。

放大器的作用是将光电倍增管输出的点烟信号放大后送入对数转换器。对数转换器的作用是将检测、放大后的透光度信号，经过运算转换成吸光度信号。

读数显示装置的作用是显示吸光度的读数。

二、原子吸收光谱分析的基本原理

（一）原子吸收光谱的产生及共振线

在一般情况下，原子处于能量最低状态（最稳定态），称为基态（$E_0 = 0$）。当原子吸收外界能量被激发时，其最外层电子可能跃迁到较高的不同能级上，原子的这种运动状态称为激发态（图 3-8）。处于激发态的电子很不稳定，一般在极短的时间（$10^{-8} \sim 10^{-7}s$）便跃回基态（或较低的激发态），此时，原子以电磁波的形式放出能量：

$$\Delta E = E_n - E_0 = h\nu = h\frac{C}{\lambda} \qquad (3-1)$$

共振发射线：原子外层电子由第一激发态直接跃迁至基态所辐射的谱线称为共振发射线；

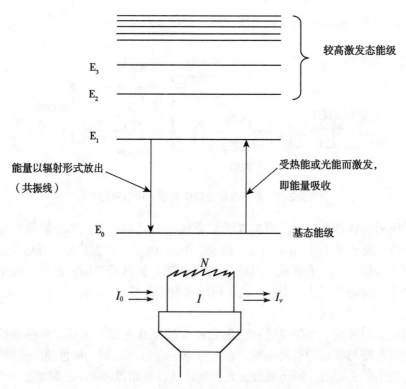

图 3-8　原子光谱的发射和吸收示意图

共振吸收线：原子外层电子从基态跃迁至第一激发态所吸收的一定波长的谱线称为共振吸收线；

共振线：共振发射线和共振吸收线都简称为共振线。

由于第一激发态与基态之间跃迁所需能量最低，最容易发生，大多数元素吸收也最强。因为不同元素的原子结构和外层电子排布各不相同，所以"共振线"也就不同，各有特征，又称"特征谱线"，选作"分析线"。

（二）原子吸收值与原子浓度的关系

1. 吸收线轮廓及变宽

若将一束不同频率，强度为 I_0 的平行光通过厚度为 1cm 的原子蒸气时，一部分光被吸收，透射光的强度 I 仍服从朗伯-比尔定律：

$$I_v = I_0 e^{-K_v l} \qquad\qquad (3-2)$$

$$A = \lg \frac{I_0}{I_v} = 0.434 K_v l \qquad\qquad (3-3)$$

式中：K_v——基态原子对频率为 v 的光的吸收系数，它是光源辐射频率 v 的函数（图 3-9）。

由于外界条件及本身的影响，造成对原子吸收的微扰，使其吸收不可能仅仅对应于一条细线，即原子吸收线并不是一条严格的几何线（单色 λ），而是具有一定的宽度、轮廓，即透射光的强度表现为一个相似于下图的频率分布（图 3-10）：

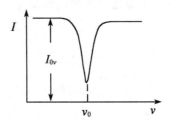

图 3-9　基态原子对光的吸收

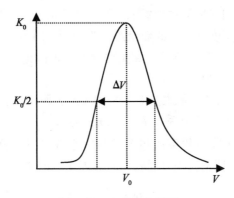

图 3-10　I_v 与 v 的关系

若用原子吸收系数 K 随 v 变化的关系作图得到吸收系数轮廓图：

① K_0：峰值吸收系数或中心吸收系数（最大吸收系数）；

② V_0：中心频率，最大吸收系数 K_0 所对应的波长；

③ ΔV：吸收线的半宽度，$\dfrac{K_0}{2}$ 处吸收线上两点间的距离；

④ $\int K_V d\lambda$：积分吸收，吸收线下的总面积。

引起谱线变宽的主要因素有：

①自然宽度：在无外界条件影响下，谱线本身固有的宽度称为自然宽度。不同谱线的自然宽度不同，它与原子发生能级跃迁时激发态原子平均寿命有关，寿命长则谱线宽度窄。谱线自然宽度造成的影响与其他变宽因素相比要小得多，其大小一般在 $10^{-5}\,\text{nm}$ 数量级。

②多普勒（Doppler）宽度：由于原子无规则运动而引起的变宽。

当火焰中基态原子向光源方向运动时，由于 Doppler 效应而使光源辐射的波数 V_0 增大（ λ_0 变短），基态原子将吸收较长的波长；反之亦反。因此，原子的无规则运动就使该吸收谱线变宽。当处于热力学平衡时，Doppler 变宽可用下式表示：

$$\Delta v_D = \frac{2v_0}{C}\sqrt{\frac{2(\ln 2)RT}{A}} = 0.716 \times 10^{-6} v_0 \sqrt{\frac{T}{A}} \qquad (3-4)$$

即 Δv_D 与 T 的平方根成正比，与相对分子量 A 的平方根成反比。对多数谱线：Δv_D 在

$10^{-3} \sim 10^{-4}$nm，比自然变宽大 $1 \sim 2$ 个数量级，是谱线变宽的主要原因。

③劳伦兹（Lorentz）变宽：原子与其他外来粒子（如气体分子、原子、离子）间的相互作用（如碰撞）引起的变宽。

$$\Delta v_L = 2N_A\sigma^2 P\sqrt{\frac{1}{\pi RT}\left(\frac{1}{A}+\frac{1}{M}\right)} \tag{3-5}$$

式中：P ——气体压力；

M ——气体相对分子量；

N_A ——阿伏加德罗常数；

σ^2 ——为原子和分子间碰撞的有效截面。

劳伦兹宽度与多普勒宽度有相近的数量级，为 $10^{-3} \sim 10^{-4}$nm。实验结果表明：对于温度在 $1000 \sim 3000$K，常压下，吸收线的轮廓主要受 Doppler 和 Lorentz 变宽影响，两者具有相同的数量级，为 $0.001 \sim 0.005$nm。

采用火焰原子化装置时，Δv_L 是主要的；采用无火焰原子化装置时，Δv_D 是主要的。

2. 吸收值的测量——峰值吸收系数 K_0 与积分吸收

积分吸收就是将原子吸收线轮廓所包含的吸收系数进行积分（即吸收曲线下的总面积）。根据经典的爱因斯坦理论，积分吸收与基态原子数的关系为：

$$\int K_v dv = \frac{\pi e^2}{mc}fN_0 \tag{3-6}$$

式中：e ——电子电荷；m ——电子质量；c ——光速；

N_0 ——单位体积原子蒸气中能够吸收波长 $\lambda + \Delta\lambda$ 范围辐射光的基态原子数；f ——振子强度（每个原子中能够吸收或发射特定频率光的平均电子数，f 与能级间跃迁概率有关，反映吸收谱线的强度），在一定条件下，$\frac{\pi e^2}{mc}f$ 为常数，则：

$$\int K_v dv = kN_0 \tag{3-7}$$

即积分吸收与单位体积原子蒸气中能够吸收辐射的基态原子数成正比，这是原子吸收光谱分析的理论依据。

若能测得积分吸收值，则可求得待测元素的浓度。

但①要测量出半宽度 Δv 只有 $0.001 \sim 0.005$nm 的原子吸收线轮廓的积分值（吸收值），需光谱仪的单色器分辨率高达 50 万，这实际上是很难达到的。

②若采用连续光源时，把半宽度如此窄的原子吸收轮廓叠加在半宽度很宽的光源发射线上，实际被吸收的能量相对于发射线的总能量来说极其微小，在这种条件下要准确记录信噪比十分困难。

1955 年，澳大利亚物理学家 A. Walsh 提出以锐线光源为激发光源，用测量峰值吸收系数（k_0）的方法代替吸收系数积分值 $\int K_v dv$ 的方法成功地解决了这一吸收测量的难题。

锐线光源——发射线的半宽度比吸收线的半宽度窄得多的光源，且当其发射线中心频率或波长与吸收线中心频率或波长相一致时，可以认为在发射线半宽度的范围内 K_v 为常数，并等于中心频率 Δv 处的吸收系数 k_0（峰值吸收 k_0 可准确测得）。

理想的锐线光源——空心阴极灯：用一个与待测元素相同的纯金属制成。

由于灯内是低电压，压力变宽基本消除；灯电流仅几毫安，温度很低，热变宽也很小。在确定的实验条件下，用空心阴极灯进行峰值吸收 K_0 测量时，也遵守 Lamber-Beer 定律：

$$A = \lg \frac{I_0}{I_n} = 0.434 K_0 l \tag{3-8}$$

峰值吸收系数 K_0 与谱线宽度有关，若仅考虑多普勒宽度 Δv_D：

$$K_0 = \frac{2}{\Delta v_D} \sqrt{\frac{\lg 2}{\pi}} \cdot \frac{\pi e^2}{mc} \cdot N_0 f \tag{3-9}$$

峰值吸收系数 K_0 与单位体积原子蒸气中待测元素的基态原子数 N_0 成正比：

$$A = \left[0.434 \cdot \frac{2}{\Delta v_D} \sqrt{\frac{\lg 2}{\pi}} \cdot \frac{\pi e^2}{mc} \cdot fl \right] N_0 \tag{3-10}$$

在一定条件下，上式中括号内的参数为定值，则

$$A = K \cdot N_0 \tag{3-11}$$

此式表明：在一定条件下，当使用锐线光源时，吸光度 A 与单位体积原子蒸气中待测元素的基态原子数 N_0 成正比。

3. 基态原子数（N_0）与待测元素原子总数（N）的关系

在进行原子吸收测定时，试液应在高温下挥发并解离成原子蒸气——原子化过程，其中有一部分基态原子进一步被激发成激发态原子，在一定温度下，处于热力学平衡时，激发态原子数 N_j 与基态原子数 N_0 之比服从波尔兹曼分布定律：

$$\frac{N_0}{N_j} = \frac{G_j}{G_0} \cdot e^{-\frac{E_j}{KT}} \tag{3-12}$$

式中：G_j、G_0 分别代表激发态和基态原子的统计权重（表示能级的间并度，即相同能量能级的状态的数目）；

E_j ——激发态能量；

K ——波尔兹曼常数（1.83×10^{-23}J/K）；

T ——热力学温度。

在原子光谱中，一定波长谱线 $\frac{G_j}{G_0}$ 和 E_j 都已知，不同 T 的 $\frac{N_0}{N_j}$ 的可用上式求出。当 $T<3000$K 时，都很小，不超过 1%，即基态原子数 N_0 比 N_j 大得多，占总原子数的 99% 以上，通常情况下可忽略不计，则 $N_0 \approx N$。

若控制条件使进入火焰的试样保持一个恒定的比例，则 A 与溶液中待测元素的浓度成正比，因此，在一定浓度范围内：

$$A = K \cdot c \tag{3-13}$$

此式说明：在一定实验条件下，通过测定基态原子（N_0）的吸光度（A），就可求得试样中待测元素的浓度（c），此即为原子吸收分光光度法定量分析的基础。

三、原子吸收光谱仪的操作技术

以 TAS-990AFG 为例说明火焰原子吸收光谱仪的使用：

（一）按仪器说明书检查仪器各部件，检查电源开关是否处于关闭状态，各气路接口是否安装正确，气密性是否良好。

（二）安装空心阴极灯，TAS-990AFG 型原子吸收分光光度计有回转元素灯架，可以同时安装 8 只空心阴极灯，使用时通过软件控制选择所需元素灯进行试验。

（三）打开电源和电脑，对仪器进行初始化。

1. 打开稳压器开关，打开仪器主机开关，打开电脑进入工作软件：在计算机窗口上双击"AAwin"图标，选择"联机"仪器进行初始化，如果自检各项都"正常"，仪器将自动进入选择工作灯、预热等界面。

2. 系统对仪器进行初始化，初始化主要是对氘灯电机、元素灯电机、原子化器电机、燃烧头电机、光谱带宽电机以及波长电机进行初始化。

（四）选择合适的元素灯，选择最佳测定波长。

1. 选择合适的元素灯，按照提示进行"下一步"操作。对元素灯的特征波长进行寻峰操作。

2. 选择最佳测定波长。

（五）设置实验条件

1. 选择测量方法

单击"仪器"下"测量方法"选择相应的方法：火焰吸收、火焰发射、石墨炉、氢化物，然后点确定。

2. 火焰法燃烧器参数设置

单击"仪器"下"燃烧器参数"选择适当的燃烧器流量与高度（一般以仪器默认为准）。反复调整燃烧器位置（-5～+5），使得元素灯光束从燃烧器缝隙正上方通过。按"确定"退出。

3. 石墨炉

（1）打开石墨炉电源的电源开关，打开氩气总开关，调出口压力为 0.6MPa。

注意事项：如果氩气钢瓶内的压力低于 1MPa 时需更换氩气。

（2）单击工具栏里的"加热"设置相应的干燥温度、灰化温度、原子化温度、净化温度和冷却时间。按"确定"退出。

（3）装好石墨管。单击"仪器"下"原子化器位置"反复调整使原子化器前后位置合适（能量最大）；调整石墨炉原子化器下的白色圆盘使原子化器的高低位置合适（能量最大）。注意事项：如果在火焰法下的能量为 100% 左右时，则在石墨炉调整完后能量应不低于 80%。

（4）单击"仪器"下"扣背景方式"选择"氘灯"后点击"确定"。单击"能量"选择"高级调试"，选择"氘灯反射镜电机"，用"正、反"转调整使红色的背景能量值最大。点击"自动能量平衡"后，关闭此窗口。

4. 氢化物发生器

把吸收管置于燃烧缝上，链接好氢化物的各种管路，并通过调整"仪器"下的"燃烧器参数"，选择适当的"高度"和"位置"使元素灯光斑正好通过吸收管（用牙科镜检查）。

（六）接通气源，点燃空气—乙炔火焰。

（1）检查排水安全联锁装置，开启排风装置电源开关；

（2）排风 10min 后，接通空气压缩机电源，将输出压调至 0.2MPa；

（3）开启乙炔钢瓶总阀，调节乙炔钢瓶减压阀使输出压为 0.05MPa；将燃气流量调节到 2000mL/min，点火（若火焰不能点燃，可重新点火，或适当增加乙炔流量后重新点火）。点燃后，应重新调节乙炔流量，选择合适的分析火焰。

（七）设置测量参数

1. 设置测量参数

点工具条上的"参数"按钮。

（1）火焰法：测量参数选 3 次；测量方式选"自动"，计算方式选"连续"；积分时间选"0.1~1s"；滤波系数选"0.6"。

（2）石墨炉法：计算方式选"峰高"；积分时间选择"3"；滤波系数选"0.1"。

（3）氢化物法：测量方式选"手动"；计算方式选"峰高"，积分时间选"15s"，滤波系数选"0.3"。

2. 设置样品参数

（1）单击"样品"，按照提示设定：一般校正方式为"标准曲线"；曲线方程为"一次方程"；选择浓度单位后点"下一步"。

（2）输入标准样品的相应浓度后点"下一步"。

（3）如果是石墨炉法或氢化物法选择"空白校正"，火焰法全不选，点"下一步"。

（4）如果计算样品的实际含量，则要依次输入"重量系数""体积系数""稀释比率"和"校正系数"。点击"完成"退出。

注意事项："重量系数"是称样质量；"体积系数"是第一次的定容体积，"稀释比率"是测定后浓度太高稀释的倍数；"校正系数"是单位换算，比如：样品重量是 g，浓度单位是 ug/mL，如果样品的实际含量报百分数，则校正系数应为 0.0001。

3. 仪器预热 20~30min

（八）测定

1. 火焰法

（1）打开空气压缩机调出口压力为 0.2~0.25MPa；打开乙炔，调出口压力为 0.05MPa；点击工具栏中的"点火"按钮点火，待火焰预热 10min 后开始测量。

（2）首先看状态栏能量值是否在 100% 左右，如不在则点"能量"，再点"自动能量平衡"。

（3）点工具条上的"测量"按钮，出现测量对话框。

（4）吸入标准空白溶液，等数据稳定后点"校零"，再点"开始"读数。

（5）依次吸入其他标准样品，等数据稳定后点"开始"按钮读数。

（6）吸入样品空白溶液，等数据稳定后点"校零"。

（7）依次吸入其他未知样品，等数据稳定后点"开始"按钮读数。

（8）测定完成后吸喷去离子水 5min。

（9）依次关闭乙炔、空压机。

2. 石墨炉法

（1）打开冷却水开关，冷却水流量应大于 1L/min。

（2）点工具条中的"空烧"以除去石墨管中的杂质。要求不加任何样品测量时 Abs 值应大于 0.020。

（3）首先看状态栏能量值是否在 100% 左右，如不在则点"能量"，再点"自动能量平衡"。

（4）点"校零"按钮。

（5）点"测量"按钮。

（6）用微量进样器依次加入标准和样品溶液，点"开始"进行测量、读数。

（7）测定完成后，关闭冷却水和氩气总开关。

3. 氢化物法

（1）打开吸收管的加热电源，调整加热电压为 90~110V。预热 10min。

（2）打开氩气开关，确认出口压力为 0.25MPa。

（3）把硼氰化钾管和载液管插入相应的溶液中。

（4）把样品管依次插入标准空白、标准样品、未知样品空白、未知样品中，按氢化物上的测定按钮，听到哨声后按软件上的开始按钮开始读数。当信号曲线下降到接近零时，可进行下一样品的测定。

（5）测定完毕把 3 支管全部放入蒸馏水中，按氢化物发生器上的测定按钮清洗至少 10 次。

（6）关闭加热开关和氩气总开关。

（九）数据保存及打印

测量完成后按"保存"或"打印"，依照提示可保存测量数据或打印相应的数据和曲线。

（十）关机

退出"AAwin"操作系统后，依次关掉石墨炉电源、主机、计算机、打印机电源。

四、定量分析方法

（一）标准曲线法

标准曲线法是最常用的方法，适用于共存组分间互不干扰的试样。配一组浓度合适的标准溶液系列（试样浓度尽可能包含在内），由低浓度到高浓度分别测定吸光度；以浓度为横坐标，吸光度为纵坐标作图，绘制 $A-c$ 标准曲线图。在相同条件下，测定试样溶液吸光度，由 $A-c$ 标准曲线求得试样溶液中待测定元素浓度（图 3-11）。

标准曲线法的优点是大批量样品测定非常方便。但不足之处是对个别样品测定仍需配置标准系列，操作比较麻烦，特别是对组成复杂的样品的测定，标准样的组成难以与其相

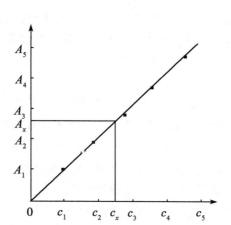

图 3-11　标准曲线法示意图

近，基体效应差别较大，测定的准确度欠佳。

（二）直接比较法

如果样品数量不多，可用比较法进行测定。取已知量的标准物质配置和试样浓度 c_x 相近的标准溶液 c_s，并在相同的条件下测得它们的吸光度 A_x 和 A_s，若有试剂空白吸光度 A_0 需扣除，然后按式 3-14 计算试样浓度 c_x：

$$c_x = \frac{A_x - A_0}{A_s - A_0} \cdot c_s \qquad (3-14)$$

（三）标准加入法

若试样基体组成较复杂，又没有纯净的基体空白，很难配制相类似的标准溶液时，使用标准加入法是适合的。取相同体积的样品空白和待测样品溶液分别移入试管中（C_x），然后将含有待测元素的标准溶液（C_0）按比例顺序加入待测样品的试管中。但注意保留一个待测样品的试管中不加标准溶液。再用同一试剂将上述溶液分别稀释至同样体积，定容后浓度依次为：C_x，$C_x + C_0$，$C_x + 2C_0$，$C_x + 3C_0$，$C_x + 4C_0$……分别测得吸光度为：A_x，A_1，A_2，A_3，A_4……。

以 A 对浓度 C 作图得一条直线，图中 C_x 点即待测溶液浓度（图 3-12）。

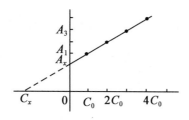

图 3-12　标准加入法示意图

因为这一组溶液中，共存物质的量是完全相同的，如果被测试样中不含被测元素，在正确校正背景之后，曲线应通过原点；如果曲线不通过原点，说明含有被测元素，截距所对应的吸光度就是被测元素所引起的效应。外延曲线与横坐标轴相交，交点至原点的距离所对应的浓度 C_x，即为所求的被测元素稀释后的含量。其斜率与用纯标准溶液制作标准曲线的斜率有所区别，代表了具体干扰的程度。

使用标准加入法时应注意：

（1）采用本方法应在校正曲线呈线性的部分进行测量。

（2）为了得到较为精确的外推结果，最少应采用 4 个点来作外推曲线。

（3）本法能消除基体效应带来的影响，但不能消除背景吸收的影响，这是因为相同的信号，既加到试样测定值上，也加到增量后的试样测定值上，因此只有扣除了背景之后，才能得到待测元素的真实含量，否则将得到偏高结果。

（4）对于斜率太小的曲线（灵敏度差），容易引起较大的误差。所以加入的标准浓度应为样品浓度的 2~5 倍，使校正曲线的斜率接近"1"，以获得较高的测量精度。

（5）本法校正曲线的斜率与纯标准制备的校正曲线斜率间相差不应该超过 20%，如果超过 20%，表明干扰过分严重，分析精度将降低。因此，应事先将共存物质除去，再进行测定。

（6）本法仅适用于测定一个未知样品。

五、分析测定条件的选择

在进行原子吸收分光光度计分析时，为了获得较好的灵敏度、重现性和准确的测定结果，对测定条件的选择也非常重要。

（一）分析吸收线的选择

每种元素的基态原子都有若干条吸收线，为了在测定中获得较高的灵敏度，通常选用其中的最灵敏线（共振吸收线）作为测定分析线。但有时当测定浓度较高时，或为了避免邻近光谱线的干扰，也可以选择次灵敏线（非共振吸收线）作为吸收线。例如，试样中铷的测定，其最佳测定灵敏线为 780.0nm，为了避免钠、钾的干扰，可选用 794.0nm 次灵敏线作为测定吸收线；在测定 As、Se、Hg 等元素时，由于其共振线处于远紫外区，此时火焰的吸收很强烈，因而不宜选用这些元素的共振线作为分析线。有时即使共振线不受干扰，在实际工作中，也未必选用共振线。例如在分析高浓度样品时，为了保证工作曲线的线性范围，选择次灵敏线作为分析线也是不错的选择。最适宜的分析线的选择，应视具体情况通过多次的试验加以确定。表 3-2 列出了常用的元素分析线，供参考选用。

表 3-2　原子吸收分光光度法中常用的元素分析线

元素	灵敏线	次灵敏线	元素	灵敏线	次灵敏线
Ag	328.1	338.3	Er	400.8	415.1, 381.0, 393.7, 397.4
Al	309.3	308.2, 309.3, 394.4, 396.2	Eu	459.4	311.1, 321.1, 462.7, 466.2
As	189.0	193.7, 197.2	Fe	248.3	208.4, 248.6, 252.3, 302.1
Au	242.8	267.6, 274.8, 312.3	Ga	287.4	294.4, 403.3, 417.2
B	249.7	249.8	Gd	368.4	371.4, 371.7, 378.3, 407.9
Ba	553.5	270.3, 307.2, 350.1, 388.9	Ge	265.2	259.3, 271.0, 275.5

（续表）

元素	灵敏线	次灵敏线	元素	灵敏线	次灵敏线
Be	234.9	313.0, 313.1	Hf	307.3	286.6, 290.4, 302.1, 377.8
Bi	223.1	206.2, 222.8, 227.7, 306.8	Hg	185.0*	253.7
Ca	422.7	239.4, 272.2, 393.4, 396.8	Ho	410.4	405.4, 410.1, 412.7, 417.3
Co	240.7	242.5, 304.4, 352.7, 252.1	In	303.9	256.0, 325.6, 410.5, 451.1
Cr	357.9	359.3, 360.5, 425.4, 427.5	Ir	264.0	263.9, 266.5, 285.0, 237.3
Cs	852.1	894.4, 455.5, 459.3	K	766.5	404.4, 404.7, 769.9
Cu	324.8	216.5, 217.9, 218.2, 327.4	La	550.134	357.4, 392.8, 407.9, 495.0
Dy	421.2	419.5, 404.6, 394.5, 394.5	Li	670.8	274.1, 323.3
Mg	385.2	279.6, 202.6, 230.3	Lu	336.0	308.1, 328.2, 331.2, 356.8
Mn	279.5	222.2, 280.1, 403.3, 403.4	Se	196.1	204.0, 206.2, 207.5
Mo	313.3	317.0, 319.4, 386.4, 390.3	Si	251.6	250.7, 251.4, 252.4, 252.9
Na	589.0	330.2, 330.3, 589.6	Sm	429.7	476.0, 520.1, 528.3
Nb	334.4	334.9, 358.0, 408.0, 412.4	Sn	224.6	235.4, 286.3
Nd	463.4	468.4, 489.7, 492.5, 562.1	Sr	460.7	242.80, 256.9, 293.2, 407.8
Ni	232.0	231.1, 231.1, 233.7, 323.2	Ta	271.5	255.9, 264.7, 277.6
Os	290.9	305.9, 790.1	Tb	432.6	390.1, 431.9, 433.8
Pb	217.0	202.2, 205.3, 283.3	Te	214.3	225.9, 238.6
Pd	247.6	244.8, 276.3, 340.5	Ti	364.2	319.0, 363.5, 365.3, 399.7
Pr	495.1	491.4, 504.6, 513.3	Tl	276.8	231.6, 238.0, 258.0, 377.6
Pt	265.9	214.4, 248.7, 283.0, 306.5	U	351.5	355.1, 358.5, 394.4, 415.4
Rb	789.0	420.2, 421.6, 794.8	V	318.4	382.9, 318.5, 437.9
Re	346.0	345.2, 242.8, 346.5	W	255.1	265.7, 268.1, 294.7
Rh	343.5	339.7, 350.3, 369.2, 370.1	Y	407.8	410.2, 412.8, 414.3
Ru	349.9	372.8, 379.9	Yb	398.799	266.5, 267.2, 346.4
Sb	217.6	206.8, 212.7, 231.1	Zn	213.9	202.6, 206.2, 307.6
Sc	391.2	327.0, 290.7, 402.0, 402.4	Zr	360.2	301.2, 303.0, 354.8

注：带有 ＊ 号者为真空紫外线，通常条件下不能应用

（二）光谱通带宽度的选择

光谱通带实际上是指选择狭缝的宽度。光谱通带选择的原则是以吸收线附近无干扰谱线存在并能够分开最近的非共振线。适当放宽狭缝宽度，可以增加测量的能量，提高信噪比和测定的稳定性；而过小的光谱通带使可利用的光强度减弱，不利于测定。在保证有一定强度的情况下，应适当调窄一些，光谱通带一般在 0.5~4nm 范围内选择。

合适的光谱通带宽度可以通过实验的方法确定。具体方法是：逐渐改变单色器的狭缝宽度，使检测器输出信号最强，即吸光度最大为止。当然，还可以根据文献资料进行确定。测定每一种元素都需要选择合适的通带，对谱线复杂的元素，如 Fe、Co、Ni 等就要采用较窄的通带，否则，会使工作曲线线性范围变窄。不引起吸光度减小的最大光谱通带宽度，即为合适的光谱通带宽度。

（三）空心阴极灯灯电流的选择

空心阴极灯的发射特征与灯电流有关，一般为了获得稳定的特征波长，在正式测定前空心阴极灯要预热 10~30min。

空心阴极灯性能参数表中所给出的最大电流，系指可以应用的最大平均电流。在应用调制波形时，峰值电流应限制在 4 倍于最大电流范围之内。使用电流高于最大值将严重缩短灯的寿命或引起永久性损坏。灯的工作电流应是光强度、信噪比和灯的寿命的最佳组合值，对于一些元素在较高电流下可以提供稍好的信噪比和较低的检出限，但这必然引起分析灵敏度的损失和灯寿命的减少。

由于高电流的谱线变宽效应，也可引起校准曲线的严重弯曲。当然，在推荐工作电流值低的电流下工作，虽然灯的寿命可以延长，但光强度降低，信噪比条件变坏。随着使用时间的增加，灯的辐射强度也降低，因此适当地增加使用电流也是必要的。商品空心阴极灯均已标明工作电流和最大使用电流，但此数值仅供使用时参考，因为仪器、供电方式的不同，对灯的使用会产生不同的效果，因此，灯在使用之前，应在给定的灯电流范围内，根据对灯的稳定性、灵敏度等条件的要求做好最佳灯电流的选择实验。工作电流在能够向主机提供足够能量时，尽量用较小的工作电流，这时发射的自吸收较小，使测定灵敏度较高和线性范围扩大，同时也延长灯的寿命。能量大小还取决于单色器的通带宽度（或隙缝宽度），这 3 种因素适当配合，能使灵敏度和稳定性都较优。

（四）原子化条件的选择

1. 火焰原子化条件的选择

（1）火焰的选择

火焰的类型不同，其火焰的最高温度（表 3-3）及对光的透过性均不相同（表 3-4）。测定不同的元素，应选用不同的火焰类型。

表 3-3　常用的火焰类型及其最高温度

火焰类型	最高温度（℃）	火焰类型	最高温度（℃）
空气—乙炔	2500	空气—氢气	2373
氧化亚氮—乙炔	2990	空气—丙烷	2198

表 3-4　不同火焰对 As193.7nm 的吸收

火焰	吸收率	火焰	吸收率
空气—乙炔（氧化性）	0.72	空气—氢气	0.36
空—乙炔（或学计量性）	0.64	氩气—氢气	0.09
空气—乙炔（还原性）	0.56		

空气—乙炔火焰是目前应用最广泛的一种火焰，它燃烧稳定、重复性好、噪声低，除 Al、Ti、Zr、Ta 等之外，对多数元素都有足够的测定灵敏度。但不足之处是对波长在 230nm 以下的辐射有明显的吸收，特别是发亮的富燃火焰，由于存在有未燃烧的碳粒，使

火焰发射和自吸收增强，噪声增大。

氧化亚氮—乙炔的主要特点是燃烧速度低，火焰温度高，适合容易形成难溶氧化物如 B、Be、Al、Sc、Y、Ti、Zr、Hf、Nb、Ta 等元素的测定。同时，氧化亚氮—乙炔火焰的温度高，可以减少测定某些元素时的化学干扰，例如用空气—乙炔火焰测定钙和钡时，磷酸盐有干扰，铝对测定镁有干扰，而用氧化亚氮—乙炔火焰时，100 倍磷也不干扰钙的测定，1000 倍的铝也不干扰镁的测定。

空气—氢气火焰由于温度低、背景小，特别是在 230nm 以下，火焰的自吸收较低，适用于共振线在这一波段的元素，如 Zn、Cd、Pb、Sn 等元素的测定。

空气—丙烷是岩石早期原子吸收光谱分析中常用的一种火焰，其特点是火焰燃烧速度较低，火焰的温度较低，干扰效应较大。这种火焰主要用于生成化合物易于挥发和解离的元素的测定，如 Cd、Zn 等。

（2）燃气—助燃气比的选择

最常用的空气—乙炔火焰，不同的燃气—助燃气比，火焰温度和氧化还原性质也不同。根据火焰温度，可分为贫燃火焰、化学计量火焰和富燃火焰 3 种类型。

燃助比（乙炔/空气）在 1∶4 以上，火焰处于贫燃状态，燃烧充分，温度较高，除了碱金属可以用贫燃火焰外，一些高熔点和惰性金属，如 Ag、Au、Pd、Pt、Rb 等也可以，但燃烧不稳定，测定的重现性较差。

燃助比为 1∶4 时，火焰稳定，层次清晰分明，称为化学计量性火焰，适合于大多数元素的测定。

燃助比小于 1∶4 时为富燃火焰，火焰呈发亮状态，层次开始模糊。此时温度较低，燃烧不充分，火焰中含有大量的 CH、C、CO、CN、NH 等成分，但强还原性，测定 Al、Ba、Cr 时就用此火焰。

铬、铁、钙等元素对燃助比反应敏感，因此在拟定分析条件时，要特别注意燃气和助燃气的流量和压力。

最佳燃助比的实验选择方法：一般是在固定助燃器的条件下，改变燃气流量，绘制吸光度和燃助比的关系曲线（图 3-13）。吸光度大，而且又比较稳定时的燃气流量，就是最佳燃助比。

（3）燃烧器高度和角度的选择

燃烧器高度可大致分 3 个部位：

①光束通过氧化焰区，这一高度是离燃烧器缝口 6~12mm 处。此处火焰稳定、干扰较少，对紫外线吸收较弱，但灵敏度稍低。大多数元素，特别是吸收线在紫外区的元素，适于这种高度。

②光束通过氧化焰和还原焰，这一高度是离燃烧器缝口 4~6mm 处。此高度火焰稳定性比前一种差、温度稍低、干扰较多，但灵敏度高。适于 Be、Pb、Se、Sn、Cr 等元素分析。

③光束通过还原焰，这一高度大约是离燃烧器缝口 4mm 以下。此高度火焰稳定性最差、干扰多，对紫外线吸收最强，但吸收灵敏度较高。适于长波段元素的分析。

燃烧器高度可通过实验方法来选择。通常是在固定燃助比的条件下，测定标准溶液在

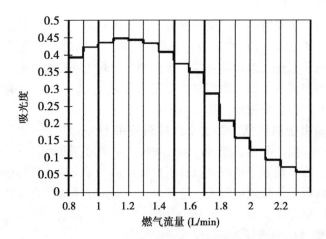

图 3-13 吸光度随燃气流量的变化曲线

不同燃烧器高度时的吸光度，绘制燃烧器高度与吸光度曲线，以选择吸光度最大的燃烧器高度为最佳条件。

燃烧器的角度的调节也是不能忽略的，在通常情况下，总是使燃烧器的缝口与光轴的方向保持一致，即角度为 0，此时光源通过火焰的光程最大，即有最高的灵敏度。当测定最高浓度的样品时，可旋转燃烧器的角度，以减少光源光束通过火焰的光程长度，借以降低灵敏度；另外，通过旋转燃烧器角度，还可以扩展曲线的线性范围，改善线性关系。

（4）试样提升量的选择

试样提升量受吸入毛细管内径和长度（图 3-14）以及压缩空气压强和样品的黏度等因素的影响，应仔细调节与选择。若吸入样品量太少，样品雾化进入火焰中的气溶胶也少，测量灵敏度下降；若吸入样品量太多，导致雾化效率下降。一般情况下，样品的提升量应控制在 4~6mL/min。

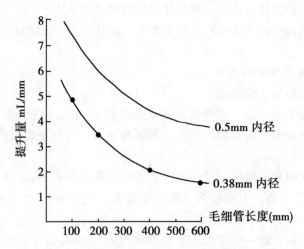

图 3-14 提升量随毛细管的内径和长度变化曲线

提升量的测量方法：用 1 支 10mL 的量筒，加样品到刻度，开始吸喷即计时，求出每分钟吸入的毫升数，便得到样品的提升量。

提升量的调节方法：首先选用适当粗细的毛细管，对于黏度小的有机溶剂或水—有机混合溶剂的样品宜用细的毛细管，对于黏度大些的酸性水溶液则用较粗的毛细管。当毛细管选定后，可调节压缩空气的压强来调节提升量到所需要的数值。

此外，撞击球的位置也显著影响雾化效率（图 3-15），进而影响灵敏度，当灵敏度不合适时，也可调节撞击球位置来加以改善。

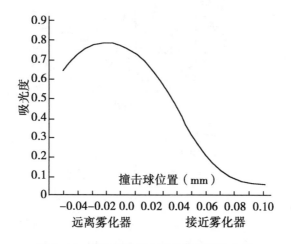

图 3-15　吸光度随撞击球位置的变化曲线

2. 非电热原子化条件的选择

（1）石墨管的选择

目前常用的石墨管有：普通石墨管、热解石墨管和石墨管平台。可根据测定元素以及待测样品基体的复杂程度而选用。

①普通石墨管。这种石墨管最高使用温度为 3000 ℃，适用于一般中低温原子化的元素（比如 Li、Na、K、Rb、Cs、Ag、Al、Be、Mg、Zn、Cd、Hg、A1、Ga、In、Tl、Si、Ge、Sn、Pb、As、Sb、Bi、Se、Te 等）。普通石墨管由于具有碳活性，对于通过碳还原而原子化的元素（如 Ge、Si、Sn、Al、Ga、P）测定十分有利。但是，某些元素在高温下同石墨结合产生碳化物，具有很高的沸点并且难以解离，所以在测定这一部分元素时应尽量避免采用普通石墨管，同时，由于金属元素原子在炽热的石墨中有所损失，致使测定的灵敏度有所损失。

②热解石墨管可显著提高中挥发元素（如 Cr、Ni 和 Fe）以及难挥发元素（如 Mo 和 V）的灵敏度，适用于易形成碳化物元素（如 Ba、Ca、Co、Cr、Cu、Li、Mn、Mo、Ni、Pd、Pt、Rh、Sr、Ti、V 和稀土元素）的分析。这是因为热解石墨管表面超高密度的碳涂层大大抑制了碳化物的形成，同时使金属元素原子不能渗入石墨层，这样也增加了原子吸收测定的灵敏度。

③石墨管平台考虑到管壁蒸发的温度不均匀性，L′vov 将以全热解石墨片置于石墨管中，与管壁紧密接触，在加热石墨管时，平台油管内壁辐射加热，置于平台上的样品，由

于其加热时间是滞后的，因此，样品在平台的蒸发和原子化也会滞后于常规石墨管壁的原子化过程，见图3-16。

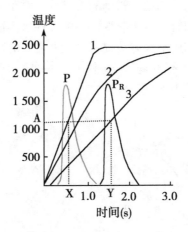

1. 管壁温度；2 气相温度；3 平台温度

P. 管壁蒸发的峰；P_R：平台蒸发的峰

图3-16　管壁和平台的蒸发曲线

　　由于样品滞后加热，蒸发到温度高和稳定的气相中（图3-16），有利于待测元素原子化合与基体的分离，便于积分测量。所以石墨炉平台适用于基体复杂的元素的分析。

　　W. Slavin 等将 L'vov 平台实现了商品化，Perkin-Elmer 公司制作了商品化的热解石墨炉平台，见图3-17。

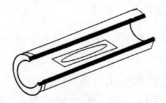

图3-17　Perkin-Elmer 的热解石墨炉平台

　　（2）升温方式和升温速率的选择

　　升温方式有阶梯和斜坡两种方式，选择的原则如下。

　　干燥阶段一般选择斜坡升温，可以避免干燥期间试样喷溅流失。对于多组分混合样品，干燥温度太高会使沸点组分过分受热而发生喷溅，干燥温度过低又会使高沸点组分蒸发不完全，进行到灰化时发生喷溅。另外温度陡然上升，往往使试样流散造成样品不集中，吸收灵敏度降低。而斜坡升温能克服这一缺点，它使多组分样品中的每一组分都受到加热，溶剂逐步蒸发，处理完全，斜坡升温还能避免一些黏度较大的样品"冒泡"。

　　灰化阶段一般选择斜坡升温，可以有效消除分子吸收的影响。在灰化阶段，采用阶梯式灰化程序，由于温度陡然上升，往往造成"灰化"损失（易挥发元素尤为严重）。而且不能很好去除分子吸收因素，在原子化期间，使被测信号叠加有分子吸收信号，结果偏差。而采用斜坡升温就能在不同温度下有效地灰化不同组分，大大改善分子吸收因素的

"残留"，分子吸收干扰被测信号得到有效消除。

原子化阶段使用阶梯升温还是斜坡升温方式，应根据背景吸收的大小去选择。阶梯方式在一般测量中使用，斜坡方式一般在背景吸收超过能扣除范围时采用，如待测元素和共存物质的蒸发温度几乎没有什么差别或共存物质的蒸发温度高于待测元素；在原子化阶段，当共存物质完全蒸发时而待测元素部分蒸发时，采用斜坡升温方式可以分开共存物质的蒸发和待测元素的蒸发。这种分离效果可以通过降低升温速率而增强，降低共存物质的蒸发速度也能较好地降低背景吸收。

对于待测元素的干燥和灰化，一般采用较慢的升温方法（用电流或电压控制温度）。对于待测元素的原子化，最好采用快速升温方法（用光学温度控制方式，图3-18）。因为原子化加快有利于原子云密度的提高，从而提高灵敏度。用于原子化的温度不应太超过所需的原子化温度，因为在较高的温度下，吸收物质通过扩散而造成的损失将会增加。最理想的是采用"无限"快的升温速率升至刚超过所需的原子化温度。快速升温的主要优点是：

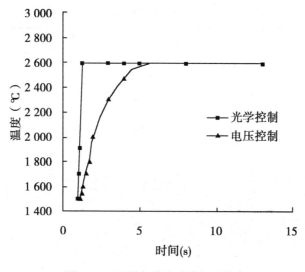

图3-18　不同加热方式的温度轮廓

降低原子化的温度，见图3-19，铜采用超快速升温在温度为2200℃达到最高灵敏度，而采用电压控制加热，2700℃还未达到最高灵敏度；

对于难熔元素，快速升温可增加峰高和峰面积吸光度；而对于易挥发元素，快速升温可提高峰高吸光度而降低峰面积吸光度，减少干扰效应。

（3）干燥温度和时间的选择

干燥的目的是除去试样中的溶剂，包括水分，使试样在石墨管内壁形成一薄层细微的溶质结晶，防止试验在灰化和原子化阶段暴沸以及渗入石墨管壁的溶液突然蒸发引起的试样飞溅。通常对水溶液，每微升试样在100℃左右需2~3s才能蒸发。故通常选择的干燥温度为80~120s。干燥阶段（斜坡方式）常出现的症状及其解决见表3-5。

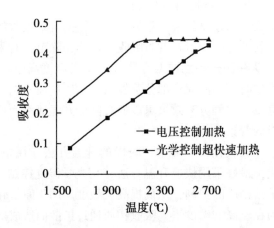

图3-19　Cu（4ng）的原子化曲线

表3-5　干燥阶段常出现的症状及其解决（斜坡方式）

症状	解决办法
在干燥阶段出现暴沸	如果暴沸发生在设定时间的前一半，则降低起始温度（每次5℃），如果暴沸发生在设定时间的后一半，则降低最终温度（每次5℃），也可以在发生暴沸的温度多设一个干燥步骤
在灰化阶段发生暴沸	分别将起始温度和最终温度抬高5℃，或者在最终温度后增加一个干燥步骤
在设定时间的前一半时间内干燥就完成了（这可通过观察干燥过程判断）	将起始温度和最终温度分别降低（每次5℃），干燥时间也适当减少
通过改进干燥阶段克服了暴沸，但在随后阶段发生暴沸	采用不至于发生暴沸的上限干燥温度；以10s间隔延长干燥时间

（4）灰化温度和时间的选择

灰化的作用是蒸发共存有机物和低沸点无机物来减少原子化阶段的共存物和背景吸收的干扰。

灰化温度的选择通常通过实验来确定，即根据吸收信号随温度的变化曲线（灰化曲线）来选定，如图3-20所示。选择的原则是在不损失待测元素的前提下，选择最高的温度（在实际应用中，考虑到石墨管状态差异，灰化温度应有所保留）。值得指出的是既要绘制标准溶液的灰化曲线，也要绘制样品溶液的灰化曲线，因为基体不同，灰化的最佳温度也可能是不同的，而后者实用意义更大。灰化时间的确定可在规定灰化温度下，仅改变灰化时间，借以观察不同灰化时间下背景减少程度，以获得最佳的背景校正，起码应减少到背景校正器能准确校正的范围内。灰化阶段的效果和要点如下：

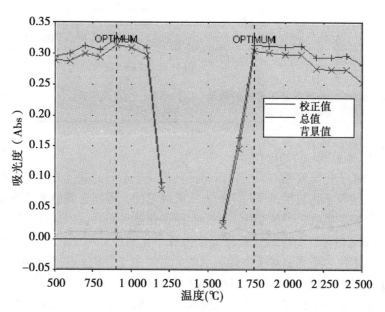

图 3-20 灰化原子化曲线

①应尽可能使用高的灰化温度,应降低背景吸收,蒸发共存物质。

②除某些低熔点的元素外（如 Pb、Cd、Tl 等）,灰化温度低于 500~600℃,一般不会引起待测元素的损失;

③待测元素的蒸发温度会随它的化学形态的改变而改变。

④灰化时间应该与试样体积成正比。

⑤如果待测元素以卤化物这种低蒸发温度形式存在,可把硝酸或过氧化氢等氧化剂加入试样溶液中,待测元素通常在灰化阶段会转化成热稳定的氧化物,这样可以使用较高的灰化温度。

⑥当背景吸收主要由有机物质的烟雾引起时,应提高灰化温度或尽可能稀释样品溶液。

⑦当灰化效果经优化又仍然不能满足要求时,可考虑添加基体改进剂。

⑧灰化阶段（斜坡方式）常出现的症状及其解决办法见表 3-6。

表 3-6　灰化阶段（斜坡方式）常出现的症状及其解决办法

症状	解决办法
灰化阶段发生暴沸	（a）以 10℃ 间隔降低终止温度；（b）以 10s 间隔延长斜坡时间；（c）或稀释样品；（d）减少进样体积
原子化阶段背景吸收超过校正的范围	以 10℃ 间隔提高灰化温度
灰化温度升高到原子化阶段的背景吸收处可校正的范围使待测元素损失	（a）将温度升到待测元素还没有开始损失的临界温度,并作以下测量:稀释试样,减少进样体积,原子化阶段通载气；（b）加基体改进剂

（续表）

症状	解决办法
灰化阶段的背景吸收回到基线前，原子化阶段即开始	以 10s 间隔延长灰化时间
灰化时间已延长到 99s，还出现灰化阶段的背景吸收回到基线前，原子化阶段即开始	（a）增加一个灰化阶段；（b）稀释试样；（c）减少进样体积

（5）原子化温度和时间的选择

不同元素的原子化温度是不同的，而同种元素处于不同的基体成分中，它的原子化温度也会改变。最佳原子化温度是通过实验方法来确定的，即固定其他条件不变，仅改变原子化温度，观测原子吸收信号的变化，并绘制原子化温度曲线，以选择吸收信号随温度变化而不变（或变化相对较小）的较低温度作为原子化温度。原子化时间应能保证待测元素完全蒸发和原子化为原则，对于中低熔点的元素，原子化时间一般为 3~5s，对于高熔点元素，原子化时间一般为 5~12s。过高的温度和过长的时间会使石墨管的寿命缩短，但过低的温度和不足的原子化时间，也会使吸收信号降低，并使记忆效应增大。设定原子化温度的要点是：

①较高的原子化温度会使原子吸收信号的轮廓变锐并十分高灵敏对增加。

②在分析 V、Cr、或 Mo 等高熔点元素时，原子化温度过低会造成原子化不完全、较低的原子吸收峰和较大的记忆效应。

③分析共振线处于长波范围（>400nm）的元素时，过高的原子化温度会造成石墨管辐射并使石墨碳粒飞溅而使基线不稳。

④原子化时间内吸收信号引回到基线。

⑤尽管在原子化阶段信号回到基线，但在清初阶段仍有较高的原子吸收值，这可能使石墨锥受到污染，应及时清洁石墨锥。

原子化阶段常出现的症状及其解决办法见表 3-7 和表 3-8。

表 3-7 原子化阶段（阶梯升温方式）常出现的症状及其解决办法

症状	解决办法
原子化吸收信号出现太早，重复测定精度差	以 100℃ 间隔降低温度
在清初阶段也出现原子化峰	以 100℃ 间隔升高温度或以 2s 间隔延长时间
即使使用最高温度和 15s 时间在清初阶段仍出现吸收信号	更换新的石墨管和石墨锥
在原子吸收信号回到基线前清初阶段就开始	以 2s 间隔延长时间
时间延长到 15s，仍出现在原子吸收信号回到基线前清初阶段就开始	（a）以 100℃ 间隔升高温度；（b）稀释样品；（c）减少样品注入体积；（d）原子化不停气；（e）用其他类型的石墨原子化器
背景吸收超过校正范围	（a）通载气；（b）减少样品注入体积

（续表）

症状	解决办法
即使通载气和减少样品注入体积，背景吸收仍超过校正范围	（a）稀释样品；（b）通过前处理分解和消除有机物；（c）通过加基体改进剂（升华剂）降低背景；（d）改用斜坡升温方式

表 3-8　原子化阶段（斜坡升温方式）常出现的症状及其解决办法

症状	解决办法
背景吸收同原子吸收信号分不开，或背景吸收超过校正范围	（a）以 2s 间隔延长时间或降低温度上升的斜率；（b）调整开始和终止温度之差，且改变温度上升斜率
采取各个措施后，背景吸收同原子吸收信号仍分不开	（a）处理分离和消除试样中的有机物；（b）通过加基体改进剂（升华剂）降低背景

（6）净化温度和时间的选择

为了消除记忆效应，在原子化之后，增加一步净化操作，目的是将存在石墨管中的基体和未完全蒸发的待测元素除去，为下一次分析做好准备。净化温度一般应高于原子化温度 200~400℃，时间一般为 2~5s。

（7）载气类型和流量的选择

载气的作用是防止石墨管与石墨锥接触的氧化损耗，造成石墨表面疏松多孔，同时也保护热解的自由原子不再被氧化。目前，商品仪器大多采用高纯度的氩（例如 99.996%）为载气，这是由于氩气原子量大，扩散系数对比氮气小，故灵敏度较高。商品仪器大多采取内外单独供气方式。外部供气在整个工作期间是连续不断的，流量较大，一般为 1~5L/min。但内部气体供应的流量一般较小，大多为 100~300mL/min。在原子化期间可以自动切断气源，以降低自由原子的扩散，提高测定的灵敏度。通常内气流量的控制随元素不同而异，要通过试验确定，一般来说，对易挥发元素，宜用小流量，会有较高的灵敏度；对难挥发元素，可适当增大流量。

值得指出的是许多仪器的内气流也提供灵活选择，比如在测定有机物含量高的样品时，在灰化阶段通入适当的氧气，可使有机物迅速完全分解，达到降低背景吸收的目的。

（8）基体改进剂的选择

所谓基体改进技术即往石墨炉中或试液中加入一种或一种以上化学物质，使基体形成易挥发化合物在原子化前驱除，或使待测元素在基体挥发前原子化，或降低待测元素的挥发性以防止灰化过程的损失，从而避免待测元素的共挥发。

基体改进剂已广泛应用于石墨炉原子吸收测定生物和环境样品的痕量金属元素及其化学形态。目前约有无机试剂、有机试剂和活性气体三大种类 50 余种（详见表 3-9）。在实际应用中应根据基体情况进行选择，并进行加标回收验证。

表 3-9 石墨炉分析元素与基体改进剂

元素	基体改进剂	元素	基体改进剂
Al	硝酸镁、Triton X-100、氢氧化铁、硫酸铵	In	氧气
Sb	Ni、Cu、Po、Pd、H₂、硫酸	Pb	硝酸铵、磷酸二氢铵、硝酸镧、Po、Pd、Au、抗坏血酸、酒石酸、草酸、EDTA
As	Ni、Mg、Pd、Pd+硝酸镁	Li	硫酸、磷酸
Be	Ca、硝酸镁	Mn	硝酸铵、EDTA、硫脲
Bi	Ni、Pd、EDTA/O₂	Hg	Ag、Pd、硫酸铵、硫酸钠
B	Ca、Mg、Ba	Pd	La
Ca	硝酸	Si	Ca
Cr	磷酸二氢铵	Ag	EDTA
Co	抗坏血酸	Sb	Ni、Po、Pd
Cu	抗坏血酸、EDTA、硫酸铵、磷酸铵、硝酸铵、硫脲、磷酸、过氧化钠	Tl	硝酸、酒石酸+硫脲、Pd
Ga	抗坏血酸	Sn	抗坏血酸、磷酸二氢铵、Pd
Ge	硝酸、氢氧化钠	V	Ca、Mg
Au	硝酸铵、Triton X-100+Ni	Zn	硝酸铵、EDTA、柠檬酸

基体改进剂主要通过以下 7 个途径来降低基体干扰：

①使基体形成易挥发的化合物——降低背景吸收。氯化物的背景吸收，可借助硝酸铵来消除，原因在于石墨炉内发生如下化学反应

$$NH_4NO_3+NaCl \rightarrow NH_4Cl+NaNO_3$$

NaCl 的熔点近 800℃，加入基体改进剂 NH₄NO₃ 反应后，产生的 NH₄Cl、NaNO₃ 及过剩的 NH₄NO₃ 在 400℃都挥发，在原子化阶段减少了 NaCl 的背景吸收。

生物样品中 Pb、Cd、Au 和天然水中 Pb、Mn 和 Zn 等元素测定中，加入硝酸铵同样可获得很好的效果；硝酸可降低碱金属氯化物对铅的干扰；磷酸和硫酸这些高沸点酸，可消除氯化铜等金属氯化物对铅和镓等元素的干扰。

②使基体形成难解离的化合物——避免分析元素形成易挥发难解离的卤化物，降低灰化损失和气相干扰。如 0.1% NaCl 介质中铊的测定，加入 LiNO₃ 基体改进剂，使其生成解离能大的 LiCl，对铊起了释放作用。

③使分析元素形成较易解离的化合物——避免形成热稳定碳化物，降低凝相干扰。石墨管碳是主要元素，因此对于易生成稳定碳化物的元素，原子吸收峰低而宽。石墨炉测定水中微量硅时加入 CaO，使其在灰化过程中生成 CaSi，降低了原子化温度。钙可以用来提高 Ba、Be、Si、Sn 的灵敏度。

④使分析元素形成热稳定的化合物——降低分析元素的挥发性，防止灰化损失。镉是

易挥发的元素，硫酸铵对牛肝中的镉测定有稳定作用，使其灰化温度提高到650℃。银可稳定多种易挥发的元素，特别是测定As、Se、Ni（NO_3）$_2$，可把Se的允许灰化温度从300℃提高到1200℃，其原因是生成了稳定的硒化物。

⑤形成热稳定的合金——降低分析元素的挥发性，防止灰化损失。加入某种熔点较高的金属元素，与易挥发的待测金属元素在石墨炉内生成热稳定的合金，提高了灰化温度。贵金属如Po、Pd、Au对As、Sb、Bi、Pb和Se、Te有很好的改进效果。

⑥形成强还原性环境——改善原子化过程。许多金属氧化物在石墨炉中生成金属原子是基于碳还原反应的机理。结果导致原子浓度的迅速增加。抗坏血酸、EDTA、硫脲、柠檬酸和草酸可降低Pb、Zn、Cd、Bi及Cu的原子化温度。

⑦改善基体的物理特性——防止分析元素被基体包藏，降低凝相干扰和气相干扰如过氧化铀作为基体改进剂，使海水中铜在石墨管中生成黑色的氧化铜，而不宜进入氯化物的结晶中。海水在干燥后留下清晰可见的晶体，加入抗坏血酸和草酸等有机试剂，可起到助熔作用，使液滴的表面张力下降，不再观测到盐类残渣。

基体改进剂加入模式有手工加入和自动进样器自动加入，自动进样器自动加入又分为湿—湿混合、干加在前和干加在后三种。一般情况下应选用手工加入，因为手工加入混合更为均匀，当样品量较少或基体改进剂较为昂贵时（如Pd）选择自动进样器自动加入。在自动进样器加入的三种模式中，效果基本相近，"干加在前"一般用于易形成碳化物元素的测定，其他情况下一般选择"湿—湿混合"。

（9）背景校正方式的选择

目前原子吸收所采用的背景校正方法主要有氘灯背景校正、塞曼效应背景校正和自吸收背景校正。

三种背景校正的特点是：

①氘灯连续光源扣背景。灵敏度高，动态线性范围宽，消耗低，适合于90%的应用。仅对紫外区有效，扣除通带内平均背景而非分析线背景，不能扣除结构化背景与光谱重叠。

②塞曼效应扣背景。利用光的偏振特性，可在分析线扣除结构化背景与光谱重叠，全波段有效。灵敏度较氘灯扣背景低，线性范围窄，仅使用于原子化，费用高。

③自吸收效应扣背景。使用同一光源，可在分析线扣除结构化背景与光谱重叠。灵敏度低，特别对于那些自吸效应弱或不产生自吸效应的元素，如Ba和稀土元素，灵敏度降低高达90%以上。另外，空心阴极灯消耗大。

目前，许多仪器都提供两种背景校正模式，在应用时应根据各自的特点和分析的需要加以灵活应用。

（五）测量方式的选择

原子吸收中的测量方式一般为：积分法、峰高法和峰面积法。积分法一般用于火焰原子法中，而峰高法和峰面积法一般用于石墨炉原子吸收法以及火焰原子吸收的微量分析中。

在石墨炉原子吸收分析中，在保证较低的基线噪声下，应尽量采用峰面积为测量方式。因为采用峰高测量方式时，基体改变会引起原子化速率改变，则导致峰高信号的改变，而且要较高的原子化温度，分析曲线的线性范围较窄。而峰面积测量方式可使用较低的原子化温度，分析曲线的浓度线性范围较宽，受基体影响相对少些，对某些元素的绝对灵敏度高些，测量精度已有所改善。

六、干扰及其消除

原子吸收法特点之一就是干扰少、选择性较好。这是由方法本身的特点所决定的。在原子吸收分光光度计中，使用的是锐线光源，应用的是共振线吸收，而吸收线的数目要比发射线数目少得多，谱线相互重叠的概率较小，这是光谱干扰小的重要原因。原子吸收跃迁的起始是基态，基态的原子数目，受温度波动影响很小，除了易电离元素的电离效应之外，一般说来，基态原子数近似地等于总原子数，这是原子吸收法干扰少的一个基本原因。但是实践证明，原子吸收法虽不失为一种选择性较好的分析方法，但其干扰因素仍然不少。甚至在某些情况下，干扰还是很严重的，因此就应当了解可能产生干扰的原因有哪些，以及应采取哪些相应措施加以消减（抑制）。

原子吸收法的干扰因素大体可分为物理干扰、光谱干扰和化学干扰等。

（一）物理干扰

物理干扰是指试样在转移、蒸发和原子化过程中，由于试样任何物理特性的变化而引起的吸光度下降的效应。它主要是指溶液的黏度、溶剂的蒸气压、雾化气体的压力、试液中盐的浓度改变等物理性质对溶液的抽吸、雾化、蒸发过程的影响。物理干扰对试样中各元素的影响基本上是相似的，属非选择性。

在一定条件下，溶液的黏度是影响抽提量的主要因素。除吸液毛细管的直径、长度及浸入试样溶液中的深度外，试样的黏度和雾化气压的变化，也会直接改变进样速度。为了克服溶液黏度对抽吸率的影响，可采用如下方法：

（1）稀释试样溶液，以减小黏度的变化；

（2）尽量保持试样溶液和标准溶液的黏度一致；

（3）采用标准加入法进行分析。

试样喷雾时的物理过程对原子吸收法的灵敏度和选择性有较大的影响。雾化时，雾粒的大小分布和雾化效率除与喷雾气体或溶剂的性质有关外，还与试样溶液的表面张力、密度和黏度有关。溶剂蒸气压影响试样溶液的蒸发速率和凝聚损失，使进入火焰的被测元素的原子数量发生变化。溶液的黏度、密度等物理性质与温度有关，因此溶液温度的改变必然引起抽吸量及雾化效率的改变。为了克服这种干扰，绘制校正曲线时，应使标准溶液的组成与试样溶液相似。

在火焰中脱溶剂，不仅与火焰的温度有关，还与雾滴大小、溶剂的沸点和蒸发热有关。脱溶剂后，颗粒的大小及其物理性质决定了气化速率。显然，为了使颗粒迅速蒸发。雾粒必须越小越好。因此，在满足灵敏度的条件下，可以采用稀释试样，仔细调节试样的抽吸量，或用有机溶剂来改善溶液的表面张力等措施减小雾滴粒度。

（二）光谱干扰

在某些情况下，测定中使用的分析线与干扰元素的发射线不能完全分开，或分析线有时会被火焰中待测元素的原子以外的其他成分所吸收。

消除的方法是减小狭缝宽度或选用其他的分析线；使标准试样和分析试样的组成更接近以抑制干扰的发生。

（三）化学干扰

化学干扰是指试样溶液转化为自由基态原子的过程中，待测元素与其他组分之间的化学作用而引起的干扰效应。它主要影响待测元素化合物的熔融、蒸发和解离过程，这种效应可以是正效应，增强原子吸收信号；也可以是负效应，降低原子吸收信号。化学干扰是一种选择性干扰，它不仅取决于待测元素与共存元素的性质，而且还与火焰类型、火焰温度、火焰状态及观测部位等因素有关。

化学干扰是火焰原子吸收中干扰的主要来源，其产生的原因是多方面的。待测元素与共存元素之间形成热力学更稳定的化合物，使参与吸收的基态原子数减少而引起负干扰；自由基态原子自发地与火焰中的其他原子或基团反应生成了氧化物、氢氧化物或碳化物而降低了原子化效率。由于化学干扰的复杂性，目前尚无一种通用的消除这种干扰的方法，需针对特定的样品、待测元素和实验条件进行具体分析。

1. 利用高温火焰

火焰温度直接影响着样品的熔融、蒸发和解离过程，许多在低温火焰中出现的干扰，在高温火焰中可部分或完全消除。例如：在空气—乙炔火焰中测定钙，有磷酸根时，因其和钙形成稳定的焦磷酸钙而干扰钙的测定。有硫酸根存在时，干扰钙和镁的测定。若改用 N_2O—乙炔火焰，这些干扰可完全消除。

2. 利用火焰气氛

对于易形成难熔难挥发氧化物的元素，如硅、钛、铝、铍等，如果使用还原性气氛很强的火焰，则有利于这些元素的原子化。N_2O—乙炔火焰中有很多半分解产物 CN、CH、OH 等，它们都有可能抢夺氧化物中的氧而有利于原子化。利用空气—乙炔火焰测定铬时，火焰气氛对铬的灵敏度的影响非常明显，若选择适当的助燃比使火焰具有富燃性，由于 CrO 通过还原反应原子化，则灵敏度明显提高。火焰各区域由于温度和区域不一样，因此在不同观测高度所出现的干扰程度也不一样，通过选择观测高度，也可减少或消除干扰。

3. 加入释放剂

待测元素和干扰元素在火焰中形成稳定的化合物时，加入另一种物质使之与干扰元素反应，生成更难挥发的化合物，从而使待测元素从干扰元素的化合物中被释放出来，加入的这种物质称为释放剂。

常用的释放剂有氯化镧、氯化锶等。例如，磷酸根干扰钙的测定，加入镧和锶后，由于它们与磷酸根结合成稳定的化合物而将钙释放出来，避免了钙与磷酸根的结合，则消除了磷酸根的干扰作用。

采用加入释放剂以消除干扰，必须注意释放剂的加入量。加入一定量的释放剂才能起释放作用，但也有可能因加入量过多而降低吸收信号。最佳加入量应通过实验加以确定。

4. 加入保护剂

加入一种试剂使干扰元素不与待测元素生成难挥发的化合物，可保证待测元素不受干扰，这种试剂称为保护剂。保护剂的作用机理有 3 种：一是保护剂与待测元素起作用形成稳定络合物，阻止干扰元素与待测元素之间生成难挥发化合物；二是保护剂与干扰元素形成稳定的络合物，避免待测元素与干扰元素形成难挥发的化合物；三是保护剂与待测元素和干扰元素均形成各自的络合物，避免待测元素和干扰元素之间生成难挥发的化合物。

例如：以 EDTA 作保护剂抑制磷酸根对钙的干扰属第一条机理；以 8-羟基喹啉作保护剂可抑制铝对镁的干扰属第二条机理；以 EDTA 作保护剂可抑制铝对镁的干扰属第三条机理。此外，葡萄糖、蔗糖、乙二醇、甘油、甘露醇都已用作保护剂。应当指出使用有机保护剂，因有机络合物更易解离能使待测元素更易原子化。

5. 加入缓冲剂

于试样和标准溶液中均加入一种过量的干扰元素，使干扰影响不再变化，而抑制或消除干扰元素对测定结果的影响，这种干扰物质称为缓冲剂。例如：测定钙时，在试样和标准溶液中加入相当量的 Na^+ 和 K^+，可消除 Na^+ 和 K^+ 的影响。需要指出的是，缓冲剂的加入量，必须大于吸收值不再变化的干扰元素最低限量。应用这种方法往往显著降低灵敏度。

如果样品组成比较确定，亦可在标准溶液中加入同样基体消除干扰，即所谓消除基体干扰效应。

6. 加入助熔剂

氯化铵对很多元素都有增感效应。它可以抑制铝、硅酸根、磷酸根和硫酸根的干扰。其对待测元素吸收信号的增感通过三方面的作用：一是氯化铵的熔点低，在火焰中很快熔融，对一些高熔点的待测物质起助熔作用；二是氯化铵的蒸气压高，有利于雾滴细化和熔融蒸发；三是氯化物的存在使待测元素转变为氯化物的倾向增大，有利于原子化。

7. 采用标准加入法

标准加入法只能消除"与浓度无关"的化学干扰，而不能消除"与浓度有关"的化学干扰。由于标准加入法在克服化学干扰方面的局限性，因此在实际工作中要求采用一种简单实用的方法来判断标准加入法测定结果的可靠性。稀释的方法常用来检查测定的结果，即观察稀释前后最终结果是否一致。这种方法的实质只改变试液中待测元素和干扰元素的含量而不改变二者的比例关系。若经稀释后的测定结果与未经稀释的测定结果一致，则说明利用标准加入法可消除干扰和测定结果可靠。可以在同一稀释倍数的样品中，加入不同含量标准的方法来检查测定结果的可靠性。即在同一试液中，加入几组不同含量的标准溶液，若测得试液中待测元素的含量不一致，则表明标准加入法不能完全消除这类化学干扰。实际上是通过加标回收试验来判断结果的可靠性。磷酸根对钙的干扰，不仅与磷钙比有关，而且与磷钙的绝对含量有关。这样既可用稀释的方法，也可用在同一稀释倍数的试液中加标回收试验来检查测定结果的可靠性。

（四）其他影响因素

除了化学干扰、光谱干扰、物理干扰以外，还有其他一些干扰因素，比如电离干扰。

电离干扰就是指待测元素在原子化过程中发生电离，使基态原子数减少而导致吸光度和测定的灵敏度下降的现象。火焰中元素的电离度与火焰温度和该元素的电离电位有密切关系，火焰温度越高，元素的电离电位越低，则电离度越大。因此，电离干扰主要发生在电离电位较低的碱金属和碱土金属。另外，电离度随金属元素总浓度的增加而减小，故工作曲线向纵轴弯曲。

提高火焰中离子的浓度、降低电离度是消除电离干扰的最基本途径。

最常用的方法是加入消电离剂，常用的是碱金属元素，其电离电位一般较待测元素低；但有时加入的消电离剂的电离电位比待测元素的电离电位还高，由于加入的浓度较大，仍可抑制电离干扰；富燃火焰由于燃烧不充分的碳粒电离，增加了火焰中离子的浓度，也可抑制电离干扰；利用温度较低的火焰降低电离度，可消除电离干扰。提高溶液的喷吸速率，因蒸发而消耗大量的热使火焰温度降低，也可降低电离干扰；此外，标准加入法也可在一定程度上消除某些电离干扰。

七、原子吸收分析仪日常维护及常见故障排除

（一）原子吸收的日常维护

原子吸收分光光度计是一种精密的分析仪器，为了保证正常工作和良好的工作精度，应该定期进行维护。

1. 元素灯（空心阴极灯）

元素灯使用时应注意以下几个方面。

（1）窗玻璃十分干净，若被弄脏（灰尘或油脂）将严重影响透光。此时应用蘸有无水酒精和丙酮混合物（1∶1）的脱脂棉球轻轻擦去污物。

（2）插、拔灯时应一手捏住脚座，一手捏住灯管金属壳部插入或拔出，不可在玻璃壳体上用力，小心断裂。

（3）绝对避免使用最大灯电流工作，灯不用时应装入灯盒内。

（4）空心阴极灯需要一定预热时间。灯电流由低到高慢慢升到规定值，防止突然升高，造成阴极溅射。

（5）有些低熔点元素灯如 Sn、Pb 等，使用时防止振动，工作后轻轻取下，阴极向上放置，待冷却后再移动装盒。

（6）空心阴极灯发光颜色不正常，可用灯电流反向器（相当于一个简单的灯电源装置），将灯的正、负相反接，在灯最大电流下点燃 20~30min；或在大电流 100~150mA 下点燃 1~2min，使阴极红热，阴极上的钛丝或钽片是吸气剂，能吸收灯内残留的杂质气体，这样可以恢复灯的性能。

（7）闲置不用的空心阴极灯，定期在额定电流下点燃 30min。

2. 燃烧头和石墨管

（1）日常分析完毕，应在不灭火的情况下喷雾蒸馏水，对喷雾器、雾化室和燃烧器进行清洗。

（2）喷过高浓度酸、碱后，要用水彻底冲洗雾化室，防止腐蚀。

（3）吸喷有机溶液后，先喷有机熔剂和丙酮各 5min，再喷 1% 硝酸和蒸馏水各 5min。

（4）燃烧器如有盐类结晶，火焰呈锯齿形，可用滤纸或硬纸片轻轻刮去，必要时卸下燃烧器，用 1∶1 乙醇—丙酮清洗，用毛刷蘸水刷干净。

（5）如有熔珠，可用金相砂纸轻轻打磨，严禁用酸浸泡。

（6）石墨管长期使用后会在进样口周围沉积一些污物，应及时用软布擦去，炉两端的窗玻璃最容易被样品弄脏而影响吸光度，应随时观察窗玻璃的清洁程度，一旦积有污物

应拆下窗玻璃（小心打碎）用蘸有无水酒精软布擦净后重新安装好。

3. 空气压缩机

应经常放出空气压缩机内的积水。积水过多会严重影响火焰的稳定性，并可能将积水带入仪器管道、流量计内，严重影响仪器正常操作。

（二）仪器常见故障及排除

原子吸收分光光度计常见故障、产生原因及排除方法（表3-10）。

表3-10　原子吸收分光光度计常见故障、产生原因及排除方法

故障现象	故障可能原因	排除方法
1. 样品不进入仪器或进样速度缓慢	(1) 进样毛细管和雾化器堵塞 (2) 空气压力低 (3) 样品溶液黏度较大 (4) 温度过低，喷雾器无法正常工作	(1) 观察毛细管内气泡提升状态可大致断定进样毛细管或雾化器是否被堵塞，如被堵塞，可更换毛细管或用10%硝酸进行清洗 (2) 检查空气管路的气密性，如有漏气密闭好即可 (3) 适当地对样品溶液进行稀释处理，如果故障未能解除，应重新对样品进行处理 (4) 仪器的环境温度应在10~30℃，若温度过低，低温高速气体将使样品无法雾化，甚至结成冰粒，遇到此故障可提高气温予以解决
2. 火焰异常	燃气不稳或纯度不够	首先要排除气路故障，应检查燃气和助燃气通道是否漏气或气路堵塞。钢瓶中的乙炔是溶解于吸收在活性炭上的丙酮中的，由于丙酮的挥发导致燃烧火焰变红，遇到此故障更换乙炔瓶即可。另外，周围环境的干扰，也会使火焰异常。当空气流动严重或者有灰尘干扰时，应及时关闭门窗，以免对测定结果造成影响
3. 仪器没有吸收或吸光度值不稳定	(1) 空心阴极灯使用时不亮或灯闪 (2) 工作电流过大 (3) 雾化系统内管路不畅通 (4) 样品前处理不彻底	(1) 空心阴极灯使用一段时间或长时间不用，会因为气体吸附、释放等原因而导致灯内气体不纯或损坏，导致发射能力的减弱。因此，不经常使用的灯，每隔三四个月取出点燃2~3h。每次使用时应充分预热灯30min以上，如果因电压不稳导致灯闪，应立即关闭电源以免造成空心阴极灯损坏。连接稳压电源，待电压稳定后再开机使用。如未能解决，应更换空心阴极灯 (2) 对于空心阴极较小的元素灯，工作电流过大，使灯丝发热温度较高，导致原子发射线的热变宽和压力变宽，同时空心阴极灯的自吸增大，使辐射的光强度降低，导致无吸收。因此，空心阴极灯发光强度在满足需要的条件下，应尽可能地采用较小的工作电流 (3) 吸入浓度较高或分子量较大的测试液造成，清洗雾化器即可 (4) 观察样品中有无沉淀或悬浮物，如有沉淀，应重新对样品进行处理
4. 燃烧器火焰成V字形燃烧	燃烧器缝口有污渍或水滴导致火焰不连续燃烧	仪器关闭后，可用柔软的刀片轻轻刮去燃烧器缝口的污渍或擦干燃烧器内腔及缝口的水滴

（续表）

故障现象	故障可能原因	排除方法
5. 波长偏差增大	准直镜左右产生位移或光栅起始位置发生了改变	利用空心阴极灯进行校准波长
6. 电气回零不好	（1）阴极灯老化 （2）废液不畅通，雾化室积水 （3）燃气不稳定，使测定条件改变 （4）毛细管太长	（1）更换新灯 （2）及时排除 （3）调节燃气，使之符合条件 （4）剪去多余的毛细管
7. 输出能量低	可能是波长超差；阴极灯老化；外光路不正；透镜或单色器被严重污染；放大器系统增益下降等	若是在短波或者部分波长范围内输出能量较低，则应检查灯源及光路系统的故障。若输出能量在全波长范围内降低，应重点检查光电倍增管是否老化，放大电路有无故障
8. 重现性差	（1）原子化系统无水封 （2）废液管不通畅，雾化筒内积水 （3）撞击球与雾化器的相对位置不当 （4）雾化系统调节不好 （5）雾化器堵塞，引起喷雾质量不好 （6）雾化筒内壁被油脂污染或酸蚀 （7）被测样品浓度大，溶解不完全 （8）乙炔管道漏气	（1）可加水封，隔断内外气路通道 （2）可疏通废液管道排出废液 （3）重新调节撞击球与雾化器的相对位置 （4）重新调整雾化系统或选雾化效率高、喷雾质量好的喷雾器 （5）仪器长时间不用，盐类及杂物堵塞或有酸类锈蚀，可用手指堵住节流管，使空气回吹倒气，吹掉赃物 （6）可用酒精、乙醚混合液擦干雾化筒内壁，减少水珠，稳定火焰；火焰呈锯齿形，可用刀片或滤纸清除燃烧缝口的堵塞物 （7）引入火焰后，光散射严重，可根据实际情况，对样品进行稀释，减少光散射 （8）检查乙炔气路，防止事故发生
9. 标准曲线弯曲	（1）光源灯失气 （2）光源内部的金属释放氢气太多 （3）工作电流过大，由于"自蚀"效应使谱线增宽 （4）光谱狭缝宽度选择不当 （5）废液流动不畅通 （6）火焰高度选择不当，无最大吸收 （7）雾化器未调好，雾化效果不佳 （8）样品浓度太高，仪器工作在非线性区域	（1）更换光源灯或作反接处理 （2）更换光源灯 （3）减小工作电流 （4）选择合适的狭缝宽度 （5）采取措施，使之畅通 （6）选择合适的火焰高度 （7）调好撞击球和喷嘴的相对位置，提高喷雾质量 （8）减小试样浓度，使仪器工作在线性区域

（续表）

故障现象	故障可能原因	排除方法
10. 分析结果偏高	(1) 溶液中的固体未溶解，造成假吸收 (2) 由于"背景吸收"造成假吸收 (3) 空白未校正 (4) 标准溶液变质 (5) 谱线覆盖造成假吸收	(1) 调高火焰温度，使固体颗粒蒸发离解 (2) 在共振线附近用同样的条件再测定 (3) 做空白校正试验 (4) 重新配制标准溶液 (5) 降低试样浓度，减少假吸收
11. 分析结果偏低	(1) 试样挥发不完全，细雾颗粒大，在火焰中未完全离解 (2) 标准溶液配制不当 (3) 被测试样浓度太高，仪器工作在非线性区域 (4) 试样被污染物或存在其他物理化学干扰	(1) 调整撞击球和喷嘴的相对位置，提高喷雾质量 (2) 重新配制标准溶液 (3) 减小试样浓度，使仪器工作在线性区域 (4) 消除干扰因素，更换试样
12. 不能达到预定的检测限	(1) 使用不适当的标尺扩展和积分时间 (2) 由于火焰条件不当或波长选择不当，导致灵敏度太低 (3) 灯电流太小影响其稳定性	(1) 正确使用标尺扩展和积分时间 (2) 重新选择合适的火焰条件或波长 (3) 选择合适的灯电流

知识拓展

色谱—原子吸收连用技术

将原子吸收分析法直接用于某项具体分析工作时，有时样品都不够该怎么办？选择另一种更灵敏的方法当然是解决问题的优选途径，但有时难于现实，因为较之原子吸收法更灵敏的方法不多。因此保留原子吸收方法，设法与分离富集样品，使待测元素含量达到方法可测量的范围，仍不失为有效途径。近年来仪器连用技术发展很快，比如气相色谱法（GC）与原子吸收法（AAS）联用或液相色谱法（LC）与原子吸收法（AAS）联用就可达到这目的。

虽然早在20世纪70年代原子吸收方法发展的初期就有人将其作为气相色谱的检测器，测定了汽油中的烷基铅，但这种GC-AAS联用的思路直到20世纪80年代才引起重视。现在这种联用技术已用于环境、生物、医学、食品、地质等领域，分析元素也由原来的铅、砷、硒、锡等扩展到20多种。色谱—原子吸收联用的方法已不仅用于测定有机金属化合物的含量，而且可进行相应元素的形态分析。

虽然目前色谱—原子吸收联用尚无定型的仪器，但原子吸收分光光度计与色谱仪的连接较简单，某些情况下，一支保温金属管自色谱仪出口引入原子吸收仪器即可实现联用目的。

色谱—原子吸收连用方法可以综合色谱和原子吸收两种方法各自的特点，是金属有机化合物和化学形态分析强有力的分析方法之一，它在生命科学中揭示微量的毒理和营养作用及在环境科学中正确评价环境质量等方面将会得到更为广阔的发展。

任务三　原子荧光分光光度计

自 1966 年以来，人们在研究原子荧光光谱法的原理和应用方面做了大量的工作。这些研究表明，原子荧光光谱法为定量测定许多元素提供了一种有用而简便的方法。然而，迄今为止，由于原子荧光光谱法还不能成功地超过原子发射光谱法，特别是原子吸收光谱法，故没有得到广泛的应用。

原子荧光光谱法，特别是采用电热原子化时，对大约 11 种元素的灵敏度要比原子发射和原子吸收法高。同时对许多元素来说，此法灵敏度较差，且线性范围小。在性能相近时，荧光光谱仪也要比前两种仪器更复杂，成本和维护费用也较高。

一、仪器装置

原子荧光光谱仪有色散型和非色散型，如图 3-21。非色散型是用散光片将待测元素发射的荧光与其他可能干扰的辐射分开。原子荧光光谱仪的结构与原子吸收光度计很多部件是相同的，如原子化器（火焰或石墨炉）、单色器、检测器（光电倍增管）等。其主要区别是在原子荧光分析中，为了避免激发光源的光线直接键入检测器，光源和检测器不能在同一轴线上，但所产生的原子荧光辐射强度在各个方向几乎相同，因此可以从任何角度来检测荧光信号，在理论上，原子荧光仪器可同时进行多道测定。

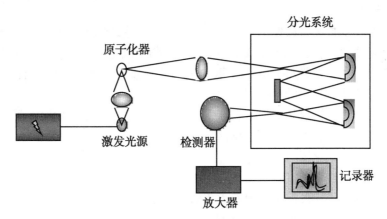

图 3-21　原子荧光光谱仪基本结构示意图

氢化物发生和原子荧光光谱分析技术的联用，而产生的氢化物发生器—原子荧光仪器是目前原子荧光光谱分析中最具实用价值的仪器，其中尤以氢化物发生—无色散原子荧光仪器为主（图 3-22）。

氢化物发生—无色散原子荧光仪器的测量原理为：将被测元素的酸性溶液引入氢化物发生器中，加入还原剂后即发生氢化反应生成被测元素的氢化物；元素氢化物进入原子化器后即离解成被测元素的原子；原子受特征光源的照射后产生荧光；荧光信号通过光电检测器被转变成电信号，由检测系统检出。氢化物发生—无色散原子荧光仪器原理图见图 3-22。

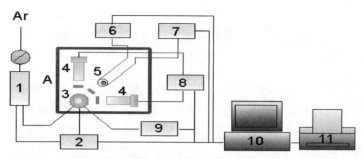

1. 气路系统 2. 氢化物发生系统 3. 原子化器 4. 激发光源 5. 光电倍增管 6. 前放 7. 负高压 8. 灯电源 9. 炉温控制 10. 控制及数据处理系统 11. 打印机 Ar. 光学系统

图 3-22　AFS-930 氢化物发生双道原子荧光光度计仪器原理图

（一）激发光源

激发光源是原子荧光光谱仪的主要组成部分，其作用是提供激发待测定元素原子的辐射能。一种理想的光源必须具备的条件是：①强度大、无自吸；②稳定性好、噪声小；③辐射光谱重现性好、操作简便；④价格低廉、使用寿命长；⑤适用于各种元素分析，即能制造出各种元素的同类型的灯。

在原子荧光光谱仪分析中，曾经使用的光源有：蒸气放电灯、电感耦合等离子体及其他等离子体、温度梯度可控原子光谱灯、可调谐染料激光、无极放电灯和空心阴极灯。目前应用较多的是空心阴极灯。

（二）原子化器

原子化器是提供待测自由原子蒸气的装置。一个理想的用于原子荧光光谱仪的原子化器应具有的要求主要有：①原子化效率高；②没有物理或化学干扰；③在测量波长处具有较低的背景辐射；④稳定性好；⑤为获取最大的荧光量子效率，不应含有高浓度的淬灭剂；⑥在光路中原子有较长的寿命等。

与原子吸收分光光谱仪相类似，在原子荧光分析中采用的原子化器主要有火焰原子化器和电热原子化器两类，如火焰原子化器，高频电感耦合等离子焰（ICP）石墨炉，以及可形成氢化物元素原子化器等。

（三）分光系统

由于原子荧光光谱比较简单，因而方法对所采用的分光系统要求有较高集光本领，而对色散率要求不高。由于在原子荧光测量中，激光光源与检测器不在同一光路上（避免激发光源等对原子荧光信号的影响），因而在特殊情况下也可以不用单色器。常用的分光器还是光栅和棱镜。

（四）检测系统

对于无色散系统的原子荧光光谱仪，为了消除日光的影响，必须采用工作波长为160～320nm的日盲光电倍增管外，其余仪器目前还是以光电倍增管为主。此外，也有用光电摄像管和光电二极管阵列作检测器。

二、原子荧光光谱分析的基本原理

（一）原子荧光的产生

原子蒸气吸收特定波长的光辐射的能量而被激发，受激发原子在去激发过程中射出一定波长的光辐射称为原子荧光，利用这一物理现象发展起来的分析方法即原子荧光光谱分析法。

（二）原子荧光的类型

原子荧光类型达14种之多，又可归纳为3种基本类型：共振荧光、非共振荧光（直跃线荧光、阶跃线荧光、anti-Stokes荧光）、敏化荧光。

1. 共振荧光

气态原子吸收共振线被激发后，再发射与原吸收线波长相同的荧光即是共振荧光。它的特点是激发线与荧光线的高低能级相同，其产生过程见图3-23。如锌原子吸收213.86nm的光，它发射荧光的波长也为213.861nm。若原子受热激发处于亚稳态，再吸收辐射进一步激发，然后再发射相同波长的共振荧光，此种原子荧光称为热助共振荧光。

2. 非共振荧光

当荧光与激发光的波长不相同时，产生非共振荧光。非共振荧光又分为直跃线荧光、阶跃线荧光、anti-Stokes（反斯托克斯）荧光。

（1）直跃线荧光

激发态原子跃迁回至高于基态的亚稳态时所发射的荧光称为直跃线荧光，见图3-23。由于荧光的能级间隔小于激发线的能级间隔，所以荧光的波长大于激发线的波长。例如铅原子吸收283.31nm的光，而发射405.78nm的荧光。它是激发线和荧光线具有相同的高能级，而低能级不同。如果荧光线激发能大于荧光能，即荧光线的波长大于激发线的波长称为Stokes荧光；反之，称为anti-Stokes荧光。直跃线荧光为Stokes荧光。

（2）阶跃线荧光

有两种情况，正常阶跃荧光为被光照激发的原子，以非辐射形式去激发返回到较低能级，再以发射形式返回基态而发射的荧光。很显然，荧光波长大于激发线波长。例如钠原子吸收330.30nm光，发射出588.99nm的荧光。非辐射形式为在原子化器中原子与其他粒子碰撞的去激发过程。热助阶跃荧光为被光照射激发的原子，跃迁至中间能级，又发生热激发至高能级，然后返回至低能级发射的荧光。例如铬原子被359.35nm的光激发后，会产生很强的357.87nm荧光。阶跃线荧光产生见图3-23。

（3）anti-Stokes荧光

当自由原子跃迁至某一能级，其获得的能量一部分是由光源激发能供给，另一部分是热能供给，然后返回低能级所发射的荧光为anti-Stokes荧光。其荧光能大于激发能，荧光波长小于激发线波长。例如铟吸收热能后处于一较低的亚稳能级，再吸收451.13nm的光后，发射410.18nm的荧光，见图3-23中。

（4）敏化荧光

受光激发的原子与另一种原子碰撞时，把激发能传递给另一个原子使其激发，后者再以发射形式去激发而发射荧光即为敏化荧光。火焰原子化器中观察不到敏化荧光，在非火

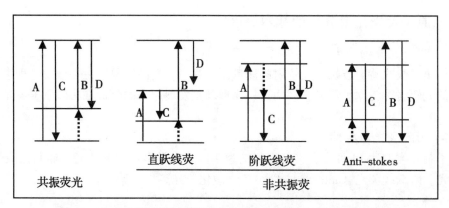

图 3-23   激发态原子跃迁回至高于基态的亚稳态时所发射的荧光

焰原子化器中才能观察到。在以上各种类型的原子荧光中，共振荧光强度最大，最为常用。

（三）原子荧光光谱分析中的定量关系

1. 荧光强度与被测物浓度之间的关系

原子荧光光谱分析法是用激发光源照射含有一定浓度的待测元素的原子蒸气，从而使基态原子跃迁到激发态，然后去激发回到较低能态或基态，发出原子荧光，测定原子荧光的强度即可求得待测样品中该元素的含量。设光源发出激发光强度 I_0，则荧光强度 I_F 与吸收光强度 I_A 成正比，即

$$I_F = \varphi I_A \tag{3-15}$$

式中，φ 是荧光过程中的量子效率。根据朗伯—比尔定律，可得：

$$I_F = \varphi I_0 (1 - e^{\varepsilon LN}) \tag{3-16}$$

式中，ε 为原子吸收系数；L 为吸收光程长；N 为原子蒸气中能吸收辐射线的基本原子浓度，将式 3-16 展开，整理后得：

$$I_F = \varphi I_0 \varepsilon LN \tag{3-17}$$

实验条件一定时，试液中待测元素的浓度 c 与原子蒸气中基态原子浓度 N 成正比，即

$$N = ac \tag{3-18}$$

将式 3-18 代入式 3-17 得：

$$I_F = \varphi I_0 \varepsilon Lac \tag{3-19}$$

试验条件一定时，φ、I_0、ε、L 和 a 均可视为常数，则原子荧光强度与试液中待测元素浓度成正比，式 3-19 为原子荧光光谱法定量分析的基本关系式。

2. 荧光淬灭

处于激发态的原子寿命是十分短暂的，当它以光辐射的方式去激发时，将发出原子荧光。但是，除了发光过程以外，原子还可能与其他分子、原子或电子发生非弹性碰撞而丧失能量，产生非辐射去激发过程，在这种情况下，荧光将减弱或完全不发生，这种现象称为荧光的淬灭现象。

荧光淬灭过程将导致荧光量子效率降低，荧光强度减弱，因而严重影响原子荧光分析。为了减小淬灭的影响，应尽量降低原子化器中淬灭粒子的浓度，特别是淬灭截面大的

粒子浓度。另外，还要注意减少原子蒸气中二氧化碳、氮和氧等气体的浓度，氩气气氛中荧光的淬灭最小。

三、原子荧光光谱仪的操作技术

以 TAS-990AFG 为例说明火焰原子吸收光谱仪的使用（图 3-24）：

（一）基本操作

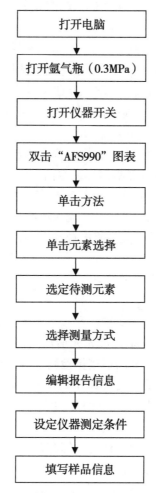

打开电脑

↓

打开氩气瓶（0.3MPa）

↓

打开仪器开关

↓

双击"AFS990"图表

↓

单击方法

↓

单击元素选择

↓

选定待测元素

↓

选择测量方式

↓

编辑报告信息

↓

设定仪器测定条件

↓

填写样品信息

图 3-24 火焰原子吸收光谱仪的基本操作

（二）标准曲线法测定步骤

（1）将待测元素的空心阴极灯安装在灯架上，并将灯的插头座连接好，开启稳压电源，待电压稳定后开启打印机、电脑、仪器，双击桌面上的 AFS-990 图标，进入应用程序。

（2）出现自检测画面后，点检测，全部正常后，点返回。

（3）点击点火图标，原子化器炉丝点亮。

（4）单击元素表，A、B 道自动识别元素灯。（若单道测量，则点击另一道手工设置，选成 None），然后点确定。

（5）单击仪器条件，设置仪器参数，然后点确定。

（6）点击标准系列，在自动配制前打上对钩（此方法用于自动配制曲线），双击 S1~S5 输入 A、B 道所测做元素标准曲线各点浓度和码放位置号，点击确定。

（7）单击样品参数，单击样品空白，有几个样品空白，则在序号后面的方框里打几个对勾，并设定好各个空白的码放位置号，点击确定。点击添加样品，依次输入样品的个数、样品的名称、稀释因子（前框为取样量，后框为定容体积）、位置号，并选定所需扣除的样品空白号。点击确定。

（8）单击测量窗口，出现测量画面。

（9）点击预热，仪器需要预热 30min 以上（测汞预热 1h 以上）。

（10）点击检测，出现另存为画面，输入新建文件名，（新建一个文件，当前所做数据全部保存在这个文件当中，不要与以前的文件同名否则会替换以前的文件）。文件名例如："水 05-11-25As&Hg"。然后点保存。

（11）确定载流，还原剂，标准系列，样品都已码放好，压紧泵压块，单击检测，依次测量标准空白，标准曲线 S1~S5 各点，样品空白，样品。

（12）单击数据，报告，工作曲线，根据需要进行打印。

（13）使用后清洗，点击清洗程序，把载流、还原剂毛细管放入超纯水中，点清洗。

（14）点熄火，然后关闭软件，关主机电源和顺序注射电源，关气，松开泵压块，关电脑。

（15）处理废液并将实验台面清理干净。

四、原子荧光分析中注意事项

原子荧光光度计是应用氢化物原子荧光光谱法对砷、汞、锑、锡、硒、铅、锌等 11 种金属元素进行测量的灵敏度非常高的痕迹量检测仪器，在进行氢化物—原子荧光光谱分析时，应特别注意各种污染发生的可能性，以免造成结果偏差。

（1）在分析过程中，必须使用高纯度的蒸馏水、去离子水或者纯度更高的水，去离子水必须保存在惰性的塑料容器中，使用时应通过硅胶管移取。某些玻璃器皿有可能含有极少量的砷、锑等元素，应用时一定要注意。锌存在于各种材料中，如胶皮管中，所以在进行锌的测定时，必须特别注意被锌污染。

（2）原子荧光光度计测定的元素含量为痕量级，分析过程中使用的化学试剂是造成污染的重要原因，因此必须使用足够纯度的酸及其他试剂。盐酸中常含有砷，硫酸中常含有硒，故在测量砷、硒时都要注意这些试剂可能带来的影响。每次更换新批量的酸时，可对其进行空白测定，以用来进行杂质的检查。

（3）特别要注意工作中不要带来人为的污染，仪器操作中涉及的玻璃器皿一定要经过 10%硝酸的浸泡，以消除污染的可能。样品之间由于浓度相差太大而造成交叉污染的情况也必须注意，测定前最好对样品的含量有个大致的了解，以免样品含量过大对仪器进样系统管路和原子化器造成污染，甚至对实验室的环境造成污染。其中汞的污染要特别注意，管路一旦被污染，短时间内很难清除，必要时必须更换被污染的部件。

（4）实验室的环境对仪器也有较大影响，在刚装修过的实验室内进行样品测量，环境残留的汞蒸气会造成汞的空白猛增，给测量造成很大影响。实验室中其他仪器也可能带来影响，笔者曾发现，原子吸收光谱仪工作时会使仪器的空白值升高。

五、仪器常见故障及排除方法

在日常原子荧光光谱分析中，特别是当仪器使用时间长、频率高时，常会出现一些问题，常见的有：灵敏度突然降低；无荧光信号；空白信号很高；荧光信号不稳定；工作曲线线性差；图形不正常等情况。这些现象的出现通常与以下因素有关。

（一）空心阴极灯

由于受到设计和制造工艺的限制，目前生产的高强度空心阴极灯在稳定性和使用寿命方面还存在一些问题，尤其是 Hg、Bi、Te、Se 灯。因此，在原子荧光光谱分析中要特别注意由空心阴极灯引起的问题。

（1）灵敏度降低；稳定性差，空心阴极灯老化。适当提高灯电流或负高压；更换空心阴极灯。

（2）新购置的空心阴极灯，但基线空白不稳定。空心阴极灯预热时间不够。空心阴极灯应预热 30min，并空载运行 10~20min。

（3）测定灵敏度变化较大。双道不平衡，空心阴极灯照射氩氢火焰的位置不正确。用调光器调节空心阴极灯至合理位置。

（4）没有信号。空心阴极灯未点燃。点燃空心阴极灯。

（二）光路系统

光路系统的问题主要是由空心阴极灯的聚焦和照射氩氢火焰的位置引起，常出现基线信号值很高的现象，特别是在测定 Hg 和 Pb 的时候。主要是因为石英炉的高度和透镜聚焦点没有调节到最佳位置。另一个光路系统的问题是双道干扰。

（1）基线信号值很高，原子化器的高度不合适。调节原子化器高度。

（2）一些元素灵敏度很低，透镜聚焦点不合适。调节透镜聚焦点。

（3）一道荧光信号很强，另一道测定结果偏高或低。双道干扰改用单道测定。

（三）管道系统

原子荧光光谱分析中，管道系统是仪器非常重要的部分，也是使用中常出问题的部分。特别是仪器使用频率高、工作量大时，由于硅胶老化、破裂、管道积水和反应沉淀物堵塞管道系统等原因，经常使仪器不能正常工作。

（1）灵敏度降低；信号图形改变；积分时间增加。泵管老化、破裂。压紧泵管或更换泵管。

（2）没有荧光信号或很低；图形有尖峰状。气路系统积水、漏气、堵塞；连接件破裂。清洗、疏通或更换管道；更换连接件。

（3）图形有锯齿状，不稳定。通风口风量太大。调小通风口风量。

（4）稳定性差；灵敏度降低；"记忆效应"严重。石英炉芯、气液分离器、反应模块玷污。取下用 15%HCl 煮沸 30min。

（四）试剂空白

原子荧光光谱法常用于痕量元素分析中，试剂空白是影响分析质量的重要因素，特别是在汞、锑、硒、铅和镉的测定中，试剂空白的影响尤其突出。使用时必须对所用试剂进行检查，选择生产厂家、试剂级别和生产批号。

知识拓展

原子荧光及形态分析仪技术

同一元素的不同形态具有不同的物理化学性质和生物活性，如无机砷化合物的毒性比较大，有机砷化合物的毒性较小或者基本没有毒性。因此，对于某些元素，只了解总量是不够的，我们在了解总量的同时，更希望了解某元素的形态组成，"元素形态分析"作为一个崭新的应用研究领域应运而生。痕（微）量元素的化学形态信息在环境科学、生物医学、中医医学、食品科学、营养学、微量元素医学以及商品中有毒元素限量新标准等研究领域中起着非常重要的作用。

经过近30年发展，元素形态分析目前已经成为分析科学领域的一个重要分支。元素形态分析，传统化学法用的比较少，使用较多的是仪器联机分析方法，其实质是分离技术与检测技术的联用。所使用的联机分析法主要是液相色谱（LC）、气相色谱（GC）、毛细管电泳（CE）、离子色谱（IC）等分离设备和电感耦合等离子体质谱（ICP-MS）、电感耦合等离子体发射光谱仪（ICP-OES）、原子荧光（AFS）、原子吸收（AAS）等元素检测仪器联用。随着有机质谱的发展，GC-MS 和 LC-MS/MS 也越来越多地应用于元素形态分析。

任务四　技能训练

技能训练一、原子吸收标准加入法测定水样中铜

相关仪器	训练任务	企业相关典型 工作岗位	技能训练目标
火焰原子吸收 分光光度计	火焰原子吸收分光 光度计的使用	自来水厂、污水厂 品控员、质检员	火焰原子吸收法最佳测定条件的选择
			原子吸收分光光度计的使用维护及保养
			标准溶液的配制
			计算结果并填写检测报告

【任务描述】

测定污水厂污水中铜含量是否达到排放标准。

一、仪器设备和材料

所用玻璃仪器均以硝酸（10%）浸泡24h以上，用水反复冲洗，最后用去离子水冲洗晾干后，方可使用。

（1）火焰原子吸收分光光度计。

（2）容量瓶，50mL 5个；100mL 1个。

（3）吸量管，5mL 2个。

（4）烧杯，25mL 2个。

（5）标准Cu储备液（1mg/mL）：准确称取1.0000g金属铜（99.99%），分次加入硝酸（4+6）溶解，总量不超过37mL，移入1000mL容量瓶中，用去离子水稀释至刻度。储备液每毫升相当于1.0mg铜。

二、检测原理

当试样组成复杂，配制的标准溶液与试样组成之间存在较大差别，试样的基体效应对测定有影响或干扰不易消除，用标准加入法定量比较好。首先将试样等分成若干份（比如四份），然后依次准确地加入相同浓度不同体积的待测元素的标准溶液，定容并充分摇匀后，置于仪器中测定各溶液的吸光度。以吸光度A对测试液中待测元素浓度的增量Co绘制标准曲线，延长直线与横轴相交，交点至原点间的距离所相应的浓度即为测试液中待测元素的浓度。

三、检测步骤

1. 标准使用溶液配制

取 Cu 标准储备液 5mL 移入 100mL 容量瓶中，用去离子水稀释至刻度，摇匀备用，此溶液 Cu^{2+} 含量为 $50\mu g/mL$。

2. 测试溶液的配制

分别吸取 10mL 试样溶液 5 份于 5 个 50mL 容量瓶中，各加入 Cu 标准使用溶液 0.00mL，1.00mL，2.00mL，3.00mL，4.00mL，用去离子水稀释至刻度，摇匀备用。

3. 最佳测定条件的选择

（1）打开仪器并按所用仪器使用说明书的具体要求进行下述参数设定。

火焰（气体类型）：乙炔流量（L/min）；空气流量（L/min）；空心阴极灯（mA）；狭缝宽度/光谱带宽（mm/nm）；燃烧器高度（mm）；吸收线波长（nm）。

（2）测量参数的选择。

灯电流的选择：在已设定的条件下，喷入铜标准测试溶液并读取吸光度数值，然后在此设定值前 2mA，在后不超过最大允许使用电流值 2/3 范围内，每改变 1~2mA 灯电流，测定一次铜标准测试溶液的吸光度，重复测定 4 次，计算平均值和标准偏差，并绘制吸光度—灯电流关系曲线，从曲线中选择灵敏度高、稳定性好的灯电流值作为最佳灯电流。

狭缝宽度的选择：参照灯电流的选择实验，在仪器规定的狭缝宽度/光谱带宽参数的前后各取几个点，测定铜标准测试溶液的吸光度，重复测定 3 次，取平均值，并绘制吸光度—狭缝宽度/光谱带宽关系曲线，以不应期吸光度值减小的最大狭缝宽度/光谱带宽为最佳狭缝宽度/光谱带宽。

燃烧器高度的选择：参照上述实验，在 2~12nm 燃烧器高度范围内，每增加 1mm 测定一次铜标准测试溶液的吸光度值，重复测量 3 次，计算平均值，并绘制吸光度—燃烧器高度的关系曲线，从中选定最佳燃烧器高度。

助燃比的选择：当气体的种类确定后，助燃比的不同也会影响到火焰的性质、吸收灵敏度和干扰的消除等。同种火焰的不同燃烧状态，其温度与气氛也有所不同。分析工作中应根据待测元素的性质选择适宜气体的种类及其助燃比。具体参照上述实验。固定助燃气（空气）的流量，在相应规定的燃气流量前后一定范围内改变燃气（乙炔）流量，并测定铜标准测试溶液的吸光度，重复测定 3 次，计算平均值，并绘制吸光度—燃气流量关系曲线，从曲线上选定最佳助燃比。

4. 测试溶液的测定

（1）待仪器稳定后，用空白溶剂调零。将配制好的测试溶液依浓度由低到高顺序喷入火焰中，并读取和记录吸光度值，重复测定 3 次，计算平均值并在直角坐标纸上用平均值绘制 A~c 关系曲线（即铜的标准曲线）。在相同条件下，测定和记录水样中铜的吸光度，在到标准曲线上查得水样中铜的浓度和含量。

（2）测定完毕后，吸喷去离子水 5min，依次关闭乙炔、空压机。

四、检测原始记录（表3-11）

表3-11 检验原始记录填写单

检测项目		采样日期	
		检测口期	
样品	Cu²⁺含量（mg/L）	国家标准	检测方法

五、检测报告单的填写（表3-12）

表3-12 检测报告单

基本信息	样品名称		样品编号		
	检测项目		检测日期		
分析条件	依据标准		检测方法		
	仪器名称		仪器状态		
	实验环境	温度（℃）		湿度（%）	
分析数据	平行试验	1	2	3	空白
	数据记录				
	检测结果				
检验人		审核人		审核日期	

技能训练二、食品中总汞的测定——原子荧光光谱分析

相关仪器	训练任务	企业相关典型工作岗位	技能训练目标
原子荧光光度计	原子荧光光度计的使用	食品厂、自来水厂、污水厂品控员、质检员	标准曲线法在实际测定中的应用
			正确设置原子荧光光谱仪相关参数
			原子荧光光谱仪的使用维护及保养
			计算结果并填写检测报告

【任务描述】

某乳制品企业生产的巴氏杀菌奶需要检测其中的痕量汞含量，现需要利用原子荧光光谱法，测定巴氏杀菌奶中汞的含量。

一、仪器设备和材料

(1) 氢氧化钾溶液 (5g/L)：量取 5.0g 氢氧化钾，溶于水中，稀释至 1000 mL，混匀。

(2) 硼氰化钾溶液 (5g/L)：称取 5.0g 硼氰化钾，溶于 5.0g/L 的氢氧化钾溶液中，并稀释至 1000mL，混匀，现用现配。

(3) 硫酸+硝酸+水 (1+1+8)：量取 10mL 硝酸和 10mL 硫酸，缓缓倒入 80mL 水中，冷却后小心混匀。

(4) 硝酸溶液 (1+9)：量取 50mL 硝酸，缓缓倒入 450mL 水中，混匀。

(5) 汞标准储备溶液：精密称取 0.1354g 干燥过的二氧化汞，加硫酸+硝酸+水混合酸 (1+1+8) 溶解后移入 100mL 容量瓶中，并稀释至刻度，混匀，此溶液每毫升相当于 1mg 汞。

(6) 汞标准使用溶液：用移液管吸取汞标准储备液 (1mg/mL) 1mL 与 100mL 容量瓶中，用硝酸溶液 (1+9) 稀释至刻度，混匀，此溶液浓度为 10μg/mL。再分别吸取 10μg/mL 汞标准溶液 1mL 于 100mL 容量瓶中，用硝酸溶液 (1+9) 稀释至刻度，混匀，溶液浓度为 100ng/mL。

二、检测原理

在酸性介质中，汞被硼氰化钾或硼氢化钠还原成原子态汞，由载气（氩气）带入石英原子化器中，在特制汞空心阴极灯照射下，基态汞原子被激发至高能态，在去活化回到基态时，发射出特征波长的荧光，其荧光强度与汞含量成正比，与标准系列比较定量。

三、检测步骤

(1) 按仪器操作方法启动仪器并预热 20min，根据仪器性能调至最佳状态。参考仪器（AFS-930 型）操作参数如下：光电倍增管负高压 240V；汞空心阴极灯电流 30mA；原子化器，温度 300℃，高度 8.0mm；氩气流速，载气 500mL/min，屏蔽气 1000mL/min；测

量方式，标准曲线法；读数方式，峰面积；读数延迟时间 1.0s；读数时间 10.0s；硼氰化钾溶液加液时间 8.0s；标液或样液加液体积 2mL。

（2）标准曲线的制作。设定好仪器最佳条件，在试样参数画面输入以下参数：试样质量或体积（g 或 mL），稀释体积（mL），并选择结果的浓度单位，逐步将炉温升至所需温度后，稳定 10~20min 后开始测量。连续用硝酸溶液（1+9）进样，待读数稳定后，转入标准系列测定，绘制标准曲线。

（3）样品测定。

四、检测原始记录（表3-13）

表 3-13　检验原始记录填写单

检测项目		采样日期	
		检测日期	
样品	Hg 含量（ng/L）	国家标准	检测方法

五、检测报告单的填写（表3-14）

表 3-14　检测报告单

基本信息	样品名称		样品编号		
	检测项目		检测日期		
分析条件	依据标准		检测方法		
	仪器名称		仪器状态		
	实验环境	温度（℃）		湿度（%）	
分析数据	平行试验	1	2	3	空白
	数据记录				
	检测结果				
检验人		审核人		审核日期	

习 题

1. 用原子吸收光谱法测定铷时，加入1%的钠盐溶液，其作用是（　）。

A. 减小背景　　　B. 释放剂　　　C. 消电离剂　　　D. 提高火焰温度

2. 原子吸收光谱法中物理干扰用下述哪种方法消除？（　）

A. 释放剂　　　B. 保护剂　　　C. 标准加入法　　　D. 扣除背景

3. 原子吸收光度法的背景干扰标线为下述哪种形式？（　）

A. 火焰中被测元素发射的谱线　　　B. 火焰中干扰元素发射的谱线

C. 光源产生的非共振线　　　D. 火焰中产生的分子吸收

4. 非火焰原子吸收法的主要缺点是（　）

A. 检测限高　　　B. 不能检测难挥发元素

C. 精密度低　　　D. 不能直接分析黏度大的试样

5. 原子吸收法的定量方法——标准加入法，消除了下列哪种干扰？（　）

A. 基体效应　　　B. 背景吸收　　　C. 光散射　　　D. 电离干扰

6. 简要叙述原子吸收光谱分析的基本原理，简要说明原子吸收光谱分析定量测定的基本关系式及其应用条件。

7. 原子吸收分光光度分析有何特点？

8. 简述原子吸收分光光度计的基本组成，并简要说明各部件的作用？

9. 原子吸收光谱分析中干扰有几种类型？如何消除？

10. 如何提高原子吸收光谱分析的灵敏度和准确度？原子吸收光谱分析的操作主要有哪些？如何选择最佳的测定条件？

11. 如何正确使用与维护原子吸收分光光度计？

12. 原子吸收分光光度计光源的作用是什么？对光源有哪些要求？空心阴极灯的工作原理及特点是什么？

13. 称取某含镉食品样品2.5115g，经溶解后移入25mL容量瓶中稀释至标线。依次分别移取此样品溶液5.00mL，置于4个25mL容量瓶中，再向此4个容量瓶中依次加入浓度为0.5μg/mL的镉标准溶液0mL、5.00mL、10.00mL、15mL，并稀释至标线，在火焰原子吸收光谱仪上测得吸光度分别为0.06、0.18、0.30、0.41。求样品中镉含量。

14. 吸取0mL、1.00mL、2.00mL、3.00mL、4.00mL，浓度为10μg/mL的镍标准溶液，分别置于25mL容量品种，稀释至标线，在火焰原子吸收分光光度计上测得吸光度分别为0.00、0.06、0.12、0.18、0.23。另取镍合金试样0.3125g，经溶解后移入100mL容量瓶中，稀释至标线。准确吸取此溶液2.00mL，放入另一个25mL容量瓶中，稀释至标线，在与标准曲线相同的测定条件下，测得溶液的吸光度为0.15。求试样中镍含量。

附：仪器使用技能考核标准

表 3-15　火焰原子吸收分光光度计的操作技能量化考核标准参考

项目	考核内容	分值	考核标准	得分	备注
配制标准溶液	标准储备液、标准使用液的配制	10分	移液管的正确使用；容量瓶的正确使用；标液不得污染；能够精密移取，达到熟练程度		
开机	正确开机及仪器正确操作	30分	能够正确仪器操作，正确开关气体和点火；操作熟练安全		
测定	测定标样、样液、空白液	30分	正确测量标样、样品液和空白液；操作熟练安全		
原始记录	记录正确	10分	完整、清晰、规范、及时		
测定报告和结果	报告规范和结果正确	10分	合理、完整、明确、规范		
实验时间	完成时间	10分	规定时间内完成		
总分					

项目四　红外吸收光谱分析技术

【知识目标】

➤ 掌握分析原理和流程；

➤ 掌握傅里叶红外光谱仪的基本构造和操作方法；

➤ 了解红外光谱产生的条件，分子中基团的基本振动形式，影响峰位变换的因素；

➤ 掌握红外光谱与分子结构的关系，有机化合物不饱和度的计算，主要基团（羰基、羧基、羟基、烯）的特征吸收峰，红外光谱的一般解析方法。

【技能目标】

➤ 能够熟练操作傅里叶红外光谱仪；

➤ 能够根据样品的形态、性质选择合适的样品处理方法；

➤ 能够根据谱图确定常见有机化合物的结构；

➤ 能对仪器进行日常维护保养工作。

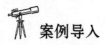 案例导入

2006 年，齐齐哈尔第二制药厂用二甘醇代替了丙二醇生产的假药亮菌甲素注射液导致多名患者肾功能衰竭的事件发生。

调查了解到，齐齐哈尔第二制药有限公司对药品的原料、成品等检验环节存在较大漏洞，检验人员没有按照国家对药品生产的规定，对药品从原料加工到成品的每个环节都进行检验，而且化验室 11 名职工中竟无一人会进行图谱的分析操作，最终导致假药流入了市场。据了解，在药品成品前的诸多检验项目中，"鉴别"环节最为重要，它要求本品的红外光图谱应与对照的标准图谱一致。而通过对齐齐哈尔第二制药有限公司化验员的询问，该公司根本无标准的药品红外光谱集，因此无法进行对比。

任务一 红外吸收光谱法基础知识

一、红外吸收光谱法概述

红外光谱（Infrared Spectroscopy，IR）是一种吸收光谱，是研究红外光与物质间相互作用的科学，即以连续变化的各种波长的红外光为光源照射样品时，引起分子振动和转动能级之间的跃迁，所测得的吸收光谱为分子的振转光谱，又称红外光谱。

电磁波谱按波长从短到长的顺序大致可以分为：宇宙射线→γ射线→X射线→紫外光→可见光→红外光→微波→无线电波等。红外辐射是介于可见光和微波之间的电磁辐射，其波长范围约为 0.75~1000μm，波数范围约为 13333~10cm^{-1}。习惯上将红外光区分为三个区域，即近红外光区、中红外光区、远红外光区。每一个光区的大致范围及主要跃迁类型如表 4-1。

表 4-1 红外光谱的划分及跃迁类型

区域名称		波长（μm）	波数（cm^{-1}）	能级跃迁类型
近红外区	泛频区	0.75~2.5	13333~4000	OH、NH、CH 键的倍频吸收
中红外区	基本振动区	2.5~25	4000~400	分子振动/伴随转动
远红外区	分子转动区	25~300	400~10	分子转动

绝大多数的有机化合物的红外吸收带出现在中红外区，而且在该区域红外光谱吸收最强，因此一般的红外吸收光谱主要是指中红外区，波数在 400~4000cm^{-1}。本项目主要讲授中红外区的分光光度技术。

当物质分子中某个基团的振动频率与红外光的频率一致时，分子就吸收红外光的能量，从原来的基态振动能级跃迁到能量较高的振动能级。吸收光的程度常用吸光度或透光率表示。物质对红外光的吸收曲线称为红外吸收光谱，根据试样的红外吸收光谱进行定性、定量分析和结构分析的方法称为红外吸收光谱法。

红外吸收光谱多用 $\tau-\nu$ 曲线描述。坐标轴的横坐标为波数 ν（cm^{-1}，最常见）或波长 λ（μm），纵坐标为透射比 τ（%）或吸光度。$\tau-\nu$ 曲线上的"谷"是光谱吸收峰。如图 4-1 所示。

波长 λ 与波数 ν 之间的关系为：

$$\nu(cm^{-1}) = \frac{10^4}{\lambda(\mu m)} \tag{4-1}$$

紫外、可见吸收光谱常用于研究不饱和有机化合物，特别是具有共轭体系的有机化合物，而红外吸收光谱法主要研究在振动中伴随有偶极矩变化的化合物（没有偶极矩变化的振动在拉曼光谱中出现），他们之间的区别如表 4-2。因此，除了单原子和同核分子如

Ne、He、O_2、和 H_2 等之外，几乎所有的有机化合物在红外光区都有吸收。除光学异构体、某些高相对分子质量的高聚物以及在相对分子质量上只有微小差异的化合物外，凡是结构不同的两个化合物，一定不会有相同的红外光谱。通常，红外吸收带的波长位置与吸收谱带的强度，反映了分子结构上的特点，可以用来鉴定未知物的结构组成或确定其化学基团；而吸收谱带的吸收强度与分子组成或其化学基团的含量有关，可用以进行定量分析和纯度鉴定。

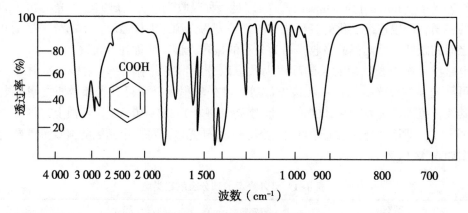

图 4-1 苯甲酸的红外光谱

由于红外光谱分析特征性强，对气体、液体、固体试样都可以测定，并且有用量少、分析速度快、不破坏试样的特点，因此，红外光谱法不仅与其他许多分析方法一样，能进行定性和定量分析，而且该法是鉴定化合物和测定分子结构最有用的方法之一，在高聚物的构型、构象、力学性质的研究，以及物理、天文、气象、遥感、生物、医学等领域，也广泛应用红外光谱（表 4-2）。

表 4-2 紫外可见吸收光谱和红外吸收光谱的不同点

不同点	紫外、可见吸收光谱	红外吸收光谱
光源	紫外、可见光	红外光
起源	电子能级跃迁	振动、转动能级跃迁
研究范围	不饱和有机化合物共轭双键、芳香族等	几乎所有有机化合物；许多无机化合物
特色	反映生色团、助色团的情况	反映各个基团的振动及转动特性

二、红外吸收光谱法基本原理

（一）分子的振动

1. 双原子分子的振动

双原子分子是简单的分子，振动形式也很简单，仅有一种振动形式，伸缩振动，即两原子之间距离（键长）的改变。这种振动可以近似的看作为简谐振动（图 4-2）。把 A 和

B 原子视为两个刚性小球，连接两原子的化学键设想为无质量的弹簧，弹簧长度 r_e 又是分子化学键的长度。

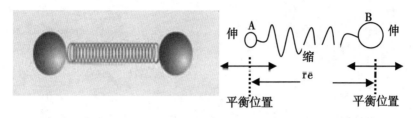

图 4-2　双原子分子简谐振动模型

根据量子力学能量公式和胡克定律，并且一般极性分子吸收红外光属于基态到第一激发态的能力跃迁，可得该体系基本振动频率计算公式为

$$\bar{\nu} = \frac{1}{2\pi c}\sqrt{\frac{K}{\mu}} \qquad (4-2)$$

式中：$\bar{\nu}$——波数，cm^{-1}；

　　　c——光速；

　　　K——化学键的力常数，N/cm；

　　　μ——原子的折合质量，$\mu = m_1 m_2 / (m_1 + m_2)$。

由上述公式可见，影响波数的直接因素是构成化学键原子的相对原子质量及化学键的力常数。化学键的力常数越大，折合原子质量越小，则化学键的振动频率越高，吸收峰将出现在高波数区；反之，则出现在低波数区（表4-3）。

表 4-3　某些键的化学力常数

键	分子	K	键	分子	K
H—F	HF	9.7	H—C	$CH_2—CH_2$	5.1
H—Cl	HCl	4.8	H≡C	CH≡CH	5.9
H—Br	HBr	4.1	C—Cl	CH_3Cl	3.4
H—I	HI	3.2	C—C		4.5~5.6
H—O	H_2O	7.8	C=C		9.5~9.9
H—S	H_2S	4.3	C≡C		15~17
H—N	NH_3	6.5	C—O		12~13
H—C	CH_3X	4.7~5.0	C=O		16~18

2. 多原子分子的振动

多原子分子的振动。不仅包括双原子分子沿其核—核方向的伸缩振动，还有参加的各种可能变形振动。因此，基本振动类型可分为两类：伸缩振动和弯曲振动。

（1）伸缩振动：用 ν 表示，是指原子沿着键轴方向伸缩，使键长发生周期性的变化而键角不变的振动。伸缩振动可以分为对称伸缩振动（用符号 v_s 表示）和非对称伸缩振动（用符号 v_{as} 表示）。

对称伸缩振动v_s 　　　　　　　　　　不对称伸缩振动v_{as}

图4-3　伸缩振动

（2）变形振动：用 δ 表示，又叫弯曲振动或变角振动。一般是指基团键角发生周期性的变化的振动或分子中原子团对其余部分做相对运动。弯曲振动的力常数比伸缩振动的小，因此同一基团的弯曲振动在其伸缩振动的低频区出现，另外弯曲振动对环境结构的改变可以在较广的波段范围内出现，所以一般不把它作为基团频率处理。变形振动又分为面内和面外振动两种。而且面内振动有剪式振动和面内摇摆振动两种形式，面外变形有面外摇摆和扭曲振动两种形式。

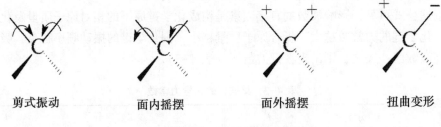

剪式振动 　　　　　面内摇摆 　　　　　面外摇摆 　　　　　扭曲变形

图4-4　变形振动

3. 分子的振动自由度

在研究多原子分子时，常把多原子的复杂振动分解为许多简单的基本振动（又称简谐振动），这些基本振动数目称为分子的振动自由度，简称分子自由度。

对于一个原子数为 N 的分子来说，总共具有 3N 个运动自由度，需要 3 个空间坐标来确定这个分子质心的位置，如果这个分子是非直线的，则需要 3 个坐标来确定分子在空间的取向；如果是直线分子，2 个坐标就可以确定分子在空间的取向。因此需要 6 个坐标确定非线性分子的平动和转动自由度，5 个坐标确定线性分子的平动和转动自由度。在确定分子的平动和转动自由度数量后，剩下的就是分子的振动自由度。从以上的讨论可以看出，一个非线性（非直线）分子具有 3N-6 个振动自由度，线性（直线）分子具有 3N-5 个振动自由度。

（二）分子吸收红外光的条件

红外光谱由于分子振动能级（同时伴随转动能级）跃迁而产生的，物质吸收红外辐射应满足两个条件。

1. 辐射光具有的能量与发生振动跃迁时所需的能量相等。当辐射光照射分子时，如辐射光的能量与分子振动的两能级差相等，该频率的辐射光就被该分子吸收，从而引起分子对应能级的跃迁，宏观表现为透射光强度变小。这是物质产生红外吸收光谱必须满足的条件之一，这决定了吸收峰出现的位置。

2. 辐射与物质之间有偶合作用。为满足这个条件，分子振动必须伴随偶极矩的变化。只有发生偶极矩变化（$\Delta\mu \neq 0$）的振动才能引起可观测的红外吸收光谱，该分子称之为红外活性的；$\Delta\mu = 0$ 的分子振动不能产生红外振动吸收，称为非红外活性的。对称性分子，没有偶极矩变化，辐射不能引起共振，无红外活性，比如：N_2、O_2、Cl_2 等。非对称性分子，有偶极矩变化，具有红外活性。

三、集团频率和特征吸收峰

（一）红外光谱区域的划分

红外光谱图一般以百分透过率（T%）为纵坐标，以波数（cm^{-1}）为横坐标。$4000 \sim 400cm^{-1}$ 的中红外区的红外光谱通常划分为官能团区和指纹区。

1. 集团频率区（$4000 \sim 1300cm^{-1}$）

又称为官能团区、特征频率区，在该区域内的红外吸收均是各种基团的特征吸收峰，吸收峰比较稀，容易辨认，一般可用于鉴定官能团的存在，是化学键和基团的特征振动频率区。例如 $2500 \sim 1600cm^{-1}$ 称为不饱和区，是辨认 $C\equiv N$、$C\equiv C$、$C=O$、$C=C$ 等基团的特征区，其中 $C\equiv N$ 和 $C=O$ 的吸收特征性更强。$1600 \sim 1450cm^{-1}$ 是由苯环骨架振动引起的区域，是辨认苯环存在的特征吸收区。

基团频率区可分为 3 个区域：

（1）$4000 \sim 2500cm^{-1}$ 为 $X-H$ 伸缩振动区，X 可以是 O、H、C 或 S 等原子。

$O-H$ 基的伸缩振动出现在 $3650 \sim 3200cm^{-1}$ 范围内，它可以作为判断有无醇类、酚类和有机酸类的重要依据。当醇和酚溶于非极性溶剂（如 CCl_4），浓度为 0.01mol/L 时，在 $3650 \sim 3580cm^{-1}$ 处出现游离 $O-H$ 基的伸缩振动吸收，峰形尖锐，且没有其他吸收峰干扰，易于识别。当试样浓度增加时，羟基化合物产生缔合现象，$O-H$ 基的伸缩振动吸收峰向低波数方向位移，在 $3400 \sim 3200cm^{-1}$ 出现一个宽而强的吸收峰。胺和酰胺的 $N-H$ 伸缩振动也出现在 $3500 \sim 3100cm^{-1}$，因此，可能会对 $O-H$ 伸缩振动有干扰。

$C-H$ 的伸缩振动可分为饱和和不饱和两种。饱和的 $C-H$ 伸缩振动出现在 $3000cm^{-1}$ 以下，约 $3000 \sim 2800\,cm^{-1}$，取代基对它们影响很小。如 $-CH_3$ 基的伸缩吸收出现在 $2960cm^{-1}$ 和 $2876\,cm^{-1}$ 附近；$-CH_2$ 基的吸收在 $2930\,cm^{-1}$ 和 $2850\,cm^{-1}$ 附近；CH（不是炔烃）基的吸收峰出现在 $2890\,cm^{-1}$ 附近，但强度很弱。不饱和的 $C-H$ 伸缩振动出现在 $3000\,cm^{-1}$ 以上，以此来判别化合物中是否含有不饱和的 $C-H$ 键。苯环的 $C-H$ 键伸缩振动出现在 $3030\,cm^{-1}$ 附近，它的特征是强度比饱和的 $C-H$ 键稍弱，但谱带比较尖锐。

不饱和的双键 $=C-H$ 的吸收出现在 $3010 \sim 3040cm^{-1}$ 范围内，末端 $=CH_2$ 的吸收出现在 $3085\,cm^{-1}$ 附近。三键 CH 上的 $C-H$ 伸缩振动出现在更高的区域（$3300cm^{-1}$）附近。

（2）$2500 \sim 1900cm^{-1}$ 为三键和累积双键区。

主要包括$-C\equiv C$、$-C\equiv N$等三键的伸缩振动，以及$-C=C=C$、$-C=C=O$等累积双键的不对称性伸缩振动。对于炔烃类化合物，可以分成$R-C\equiv CH$和$R'-C\equiv C-R$两种类型，$R-C\equiv CH$的伸缩振动出现在$2100\sim2140cm^{-1}$附近，$R'-C\equiv C-R$出现在$2190\sim2260cm^{-1}$附近。如果是$R-C\equiv C-R$，因为分子呈对称，则为非红外活性。$-C\equiv N$基的伸缩振动在非共轭的情况下出现在$2240\sim2260cm^{-1}$附近。当与不饱和键或芳香核共轭时，该峰位移到$2220\sim2230cm^{-1}$附近。若分子中含有C、H、N原子，$-C\equiv N$基吸收比较强而尖锐。若分子中含有O原子，且O原子离$-C\equiv N$基越近，$-C\equiv N$基的吸收越弱，甚至观察不到。

（3）$1900\sim1300cm^{-1}$为双键伸缩振动区。

该区域主要包括三种伸缩振动：

①$C=O$伸缩振动出现在$1900\sim1650cm^{-1}$，是红外光谱中很特殊的且往往是最强的吸收，以此很容易判断酮类、醛类、酸类、酯类以及酸酐等有机化合物。酸酐的羰基吸收带由于振动耦合而呈现双峰。

②$C=C$伸缩振动。烯烃的$C=C$伸缩振动出现在$1680\sim1620cm^{-1}$，一般很弱。单核芳烃的$C=C$伸缩振动出现在$1600\ cm^{-1}$和$1500\ cm^{-1}$附近，有两个峰，这是芳环的骨架结构，用于确认有无芳核的存在。

③苯的衍生物的泛频谱带，出现在$2000\sim1650cm^{-1}$范围，是$C-H$面外和$C=C$面内变形振动的泛频吸收，虽然强度很弱，但它们的吸收面貌在表征芳核取代类型上是有用的。

2. 指纹区（$1300\sim400cm^{-1}$）

指纹区出现的吸收峰比较密集，不容易辨认，但特征性强，一般可用于区别不同化合物结构上的微小差异。例如$1000\sim650cm^{-1}$称为面外弯曲振动区，是确定不饱和化合物取代类型和位置的重要区域。所以指纹区对于化合物来说就犹如人的"指纹"，没有两个不同的人具有相同的指纹，没有两个不同的化合物具有相同的指纹区吸收光谱。

指纹区可以分为两个区域：

（1）$1800（1300）\sim900cm^{-1}$区域是$C-O$、$C-N$、$C-F$、$C-P$、$C-S$、$P-O$、$Si-O$等单键的伸缩振动和$C=S$、$S=O$、$P=O$等双键的伸缩振动吸收。其中$1375\ cm^{-1}$的谱带为甲基的$C-H$对称弯曲振动，对识别甲基十分有用，$C-O$的伸缩振动$1300\sim1000cm^{-1}$，是该区域最强的峰，也较易识别。

（2）$900\sim650cm^{-1}$区域的某些吸收峰可用来确认化合物的顺反构型。例如，烯烃的$=C-H$面外变形振动出现的位置，很大程度上取决于双键的取代情况。对于$R-CH=CH_2$结构，在$990cm^{-1}$和$910cm^{-1}$出现两个强峰；对于$RC=CRH$结构，其顺、反构型分别在$690cm^{-1}$和$970cm^{-1}$出现吸收峰，可以共同配合确定苯环的取代类型。

（二）常见官能团的特征吸收频率

官能团的吸收频率对判断有机化合物的类型和分析其他子结构有重要的参考价值。常见官能团的特征频率数据见表4-4。

表4-4　官能团红外吸收峰特征

类别	键和官能团	拉伸	说明
卤代烃	C—F C—Cl C—Br C—I	$1350 \sim 1100 cm^{-1}$（强） $750 \sim 700 cm^{-1}$（中） $700 \sim 500 cm^{-1}$（中） $610 \sim 485 cm^{-1}$（中）	1. 如果同一碳上卤素增多，吸收位置向高波数位移 2. 卤化物，尤其是氟化物与氯化物的伸缩振动吸收易受邻近基团的影响，变化较大 3. δ_{C-Cl} 与 δ_{C-H}（面外）的值较接近
醇	—OH	游离：$3650 \sim 3610 cm^{-1}$（峰尖，强度不定） 分子内缔合：$3500 \sim 3000 cm^{-1}$ 分子间缔合 　二聚：$3600 \sim 3500 cm^{-1}$ 　多聚：$3400 \sim 3200 cm^{-1}$	1. 缔合体峰形较宽（缔合程度越大，峰越宽，越向低波数移） 2. 一般羟基吸收峰出现在比碳氢吸收峰所在频率高的部位，即大于 $3000 cm^{-1}$，故大于 $3000 cm^{-1}$ 的吸收峰通常表示分子中含有羟基
		伯醇 $\delta_{OH} 1500 \sim 1260 cm^{-1}$ 仲醇 $\delta_{OH} 1350 \sim 1260 cm^{-1}$ 叔醇 $\delta_{OH} 1410 \sim 1310 cm^{-1}$	—OH 的面内变形振动在，吸收位置与醇的类型、缔合状态、浓度有关（稀释时稀释带移向低波数）
		在解谱时要注意，H_2O 和 N 上质子的伸缩振动也会在—OH 的伸缩振动区域出现，如 H_2O 的 ν_{OH} 在 $2400 \sim 3400 cm^{-1}$，ν_{NH} 会在 $3500 \sim 3200 cm^{-1}$ 出峰	
	C—O	$1200 \sim 1100 \pm 5 cm^{-1}$ 伯醇 $\nu_{C-O} 1070 \sim 1000 cm^{-1}$ 仲醇 $\nu_{C-O} 1120 \sim 1030 cm^{-1}$ 叔醇 $\nu_{C-O} 1170 \sim 1100 cm^{-1}$	1. 这也是分子中含有羟基的一个特征吸收峰 2. 有时可根据该吸收峰确定醇的级数，如： 三级醇：$1200 \sim 1125 cm^{-1}$ 二级醇、烯丙型三级醇、环三级醇：$1125 \sim 1085 cm^{-1}$ 一级醇、烯丙型二级醇、环二级醇：$1085 \sim 1050 cm^{-1}$
酚	O—H	极稀溶液：$3611 \sim 3603 cm^{-1}$（尖锐） 浓溶液：$3500 \sim 3200 cm^{-1}$（较宽）	多数情况下，两个吸收峰并存
	C—O	$1300 \sim 1200 cm^{-1}$	
醚	C—O	$1275 \sim 1020 cm^{-1}$	醚的特征吸收为碳氧碳键的伸缩振动 ν_{C-O-C}^{as} 和 ν_{C-O-C}^{as}
		脂肪族醚 $1275 \sim 1020 cm^{-1}$（ν_{C-O-C}^{as}）	脂肪族醚中 ν_{C-O-C}^{s} 太小，只能根据 ν_{C-O-C}^{as} 来判断
		芳香族和乙烯基醚 $1310 \sim 1020 cm^{-1}$（ν_{C-O-C}^{as}）（强）$1075 \sim 1020 cm^{-1}$（ν_{C-O-C}^{as}）（较弱）	$Ph—O—R$、$Ph—O—Ph$、$R—C=C—O—R'$ 都具有 ν_{C-O-C}^{as} 和 ν_{C-O-C}^{s} 吸收带。由于 O 原子未共用电子对与苯环或烯键的 p-π 共轭，使=C—O 键级升高，键长缩短，力常数增加，故伸缩振动频率升高

（续表）

类别	键和官能团		拉伸	说明
醚	C—O	饱和环醚　　　as　　s 六元双氧环　1124　878 六元单氧环　1098　813 五元单氧环　1071　913 四元单氧环　983　1028 三元单氧环　839　1270		饱和六元环醚与非环醚谱带位置接近。环减小时，ν^{as}_{C-O-C} 频率降低，而 ν^{as}_{C-O-C} 频率升高
		环氧化合物　8μ 峰 1280~1240cm^{-1} 11μ 峰　950~810cm^{-1} 12μ 峰　840~750cm^{-1}		环氧化合物有三个特征吸收带，即所谓的 8μ 峰、11μ 峰、12μ 峰
	一般情况下，只用 IR 来判断醚是困难的，因为其他一些含氧化合物，如醇、羧酸、酯类都会在 1250~1100cm^{-1} 范围内有强的 ν_{C-O} 吸收			
醛、酮	C=O		1750~1680cm^{-1}	鉴别羰基最迅速的一个方法
	RCHO C=C—CHO ArCHO R$_2$C=O C=C—C（R）=O ArRC=O		1740~1720cm^{-1}（强） 1705~1680cm^{-1}（强） 1717~1695cm^{-1}（强） 1725~1705cm^{-1}（强） 1685~1665cm^{-1}（强） 1700~1680cm^{-1}（强）	1. 酮羰基的力常数较醛的小，故吸收位置较醛的低，不过差别不大，一般不易区分。—CHO 中 C—H 键在 ≈2720 cm^{-1} 区域的伸缩振动吸收峰可用来区别是否有—CHO 存在 2. 羰基与苯环共轭时，芳环在 1600 cm^{-1} 区域的吸收峰分裂为两个峰，即在 ≈1580 cm^{-1} 位置又出现一个新的吸收峰，称为环振吸收峰
	醛	醛有 $\nu_{C=O}$ 和醛基质子 ν_{CH} 的两个特征吸收带		
		醛的 $\nu_{C=O}$ 高于酮。饱和脂肪醛 $\nu_{C=O}$ 1740~1715cm^{-1}；α，β-不饱和脂肪醛 $\nu_{C=O}$ 1705~1685cm^{-1}；芳香醛 $\nu_{C=O}$ 1710~1695cm^{-1}		
		醛基质子的伸缩振动	醛基的在 2880~2650cm^{-1} 出现两个强度相近的中强吸收峰，一般这两个峰在 ≈2820cm^{-1} 和 2740~2720cm^{-1} 出现，后者较尖，是区别醛与酮的特征谱带。这两吸收是醛基质子 ν_{CH} 与 δ_{CH} 倍频的费米共振产生	
		C—C—C（O）面内弯曲振动	脂肪醛在 695~665cm^{-1} 有此中强吸收，当 α 位有取代基时则移动到 665~635cm^{-1}	
		C—C=O 面内弯曲振动	脂肪醛在 535~520cm^{-1} 有一强谱带，当 α 位有取代基时则移动到 565~540cm^{-1}	

（续表）

类别	键和官能团	拉伸	说明
醛、酮	酮	酮的特征吸收为 $\nu_{C=O}$，常是第一强峰。饱和脂肪酮的 $\nu_{C=O}$ 在 1725~1705cm^{-1}	
		α-C 上有吸电子基团将使 $\nu_{C=O}$ 升高	
		羰基与苯环、双键或炔键共轭时，使羰基的双键性减小，力常数减小，使吸收峰吸收向低波数位移	
		环酮中 $\nu_{C=O}$ 随张力的增大波数增大	
		α-二酮 R—CO—CO—R' 在 1730~1710cm^{-1} 有一强吸收。β-二酮 R—CO—CH$_2$—CO—R' 有酮式和烯醇式互变异构体。酮式中因两个羰基偶合效应，在 1730~1690 cm^{-1} 有两个强吸收；烯醇式中在 1640~1540cm^{-1} 出现一个宽且很强的吸收	
	C—CO—C 面内弯曲振动	脂肪酮当 α 位无取代基时在 630~620cm^{-1} 有一强吸收，当 α 位有取代基时移到 580~560cm^{-1} 有一中强吸收。芳香酮类除芳香甲酮在 600~580cm^{-1} 有一强吸收外，其他芳香酮无此谱带与结构的关系	
	C—C=O 面内弯曲振动	脂肪酮当 α 位无取代基时在 540~510cm^{-1} 出现一谱带，α 位有取代时，在 560~550cm^{-1} 有一强度有变化的吸收。甲基酮则在 530~510cm^{-1} 有一中强吸收。环酮在 505~480cm^{-1} 有一吸收带	
羧酸	C=O	RCOOH：单体，1770~1750cm^{-1}；二缔合体，≈1710cm^{-1} CH$_2$=CH—COOH：单体，≈1720cm^{-1}；二缔合体，≈1690cm^{-1}。ArCOOH：单体，1770~1750cm^{-1}；二缔合体，≈1745cm^{-1}	1. 二缔合体 C=O 的吸收，由于氢键的影响，吸收位置向低波数位移 2. 芳香羧酸，由于形成氢键及与芳环共轭两种影响，更使 C=O 吸收向低波数方向位移
		$\nu_{C=O}$ 高于酮的 $\nu_{C=O}$，这是 OH 的作用结果	
	OH	气相（游离）：≈3550cm^{-1} 液/固（二缔合体）：3200~2500cm^{-1}（宽而散，以 3000cm^{-1} 为中心。此吸收在 2700~2500cm^{-1} 常有几个小峰，因为此区域其他峰很少出现，故对判断羧酸很有用，这是由于伸缩振动和变形振动的倍频及组合频引起）	羧酸的 O—H 在 ≈1400cm^{-1} 和 ≈920cm^{-1} 区域有两个比较强且宽的弯曲振动吸收峰，这可以作为进一步确定存在羧酸结构的证据
	CH$_2$ 的面外摇摆吸收	晶态的长链羧酸及其盐在 1350~1180cm^{-1} 范围内出现峰间距相等的特征吸收峰组，峰的个数与亚基的个数有关。当链中不含不饱和键时，长链脂肪酸及其盐内若含有 n 个亚基，若为 n 偶数，谱带数为 n/2 个；若为 n 奇数，谱带数为（n+1）/2 个。一般 n>10 时可使用此法计算	
		在 955~915cm^{-1} 有一特征性宽峰，是酸二聚体中 OH⋯O= 的面外变形振动引起的，可用于确认羧基的存在	
		$\nu_{C=O}$ 高于酮的 $\nu_{C=O}$，这是 OH 的作用结果	
		羧酸盐中的 —COO$^-$ 无 $\nu_{C=O}$ 吸收。COO$^-$ 是一个多电子的共轭体系，两个 C=O 振动偶合，故在两个地方出现其强吸收，其中反对称伸缩振动在 1610~1560cm^{-1}；对称伸缩振动在 1440~1360cm^{-1}，强度弱于反对称伸缩振动吸收，并且常是两个或三个较宽的峰	

（续表）

类别	键和官能团	拉伸	说明
酯	$C=O$	1735cm^{-1}（强）	1. 在1300~1050cm^{-1}区域有两个C-O伸缩振动吸收，其中波数较高的吸收峰比较特征，可用于酯的鉴定 2. 芳香酯在1605~1585cm^{-1}区域还有一个特征的环振吸收峰
		>C=C-COOR 或 ArCOOR 的 C=O 吸收因与 C=C 共轭移向低波数方向，在≈1720cm^{-1}区域-COOC=C<或 RCOOAr 结构的 C=O 则向高波数方向位移，在≈1760cm^{-1}区域吸收	
	酯有两个特征吸收，即 $\nu_{C=O}$ 和 ν_{C-O-C}		
	ν_{C-O-C}在1330~1050cm^{-1}有两个吸收带，即 $\nu^{as}_{C=O}$ 和 ν^{s}_{O-C}。其中 $\nu^{as}_{C=O}$ 在1330~1150cm^{-1}，峰强大且宽，在酯的红外光谱中常为第一强峰。酯的 $\nu^{as}_{C=O}$ 与结构有关		
	内酯的 $\nu_{C=O}$ 与环的大小及共轭基团和吸电子取代基团的连接位置有关。羰基与双键共轭时，$\nu_{C=O}$ 频率减小；内酯的氧原子与双键连接时 $\nu_{C=O}$ 增大。α，β-不饱和内酯和 γ-内酯常有两个 $\nu_{C=O}$ 吸收带，分别在≈1780，≈1755cm^{-1}附近。这是羰基的 α 位的 δ_{CH}（881cm^{-1}附近）倍频与 $\nu_{C=O}$ 发生费米共振的结果		
酸酐	$C=O$	1860~1800cm^{-1}（强） 1800~1750cm^{-1}（强）	1. 反对称、对称的两个C=O伸缩振动吸收峰往往相隔60cm^{-1}左右 2. 对于线性酸酐，高频峰较强于低频峰，而环状酸酐则反之
	$C-O$	1310~1045cm^{-1}（强）	各类酸酐在1250cm^{-1}都有一中强吸收
		饱和脂肪酸酐：1180~1045cm^{-1}；环状酸酐：1300~1200cm^{-1}	
酰卤	$C=O$	脂肪酰卤：1800cm^{-1}（强）	如 C=O 与不饱和基共轭，吸收在1800~1750cm^{-1}区域
		芳香酰卤：1785~1765cm^{-1}（两强峰）	波数较高的是 C=O 伸缩振动吸收，在1785~1765cm^{-1}（强）；较低的是芳环与 C=O 之间的 C-C 伸缩振动吸收（≈875cm^{-1}）的弱倍频峰，由于在强峰附近而被强化，吸收强度升高，在1750~1735cm^{-1}区域
	$C-C$（O）	脂肪酰卤在965~920cm^{-1}，芳香酰卤在890~850cm^{-1}。芳香酰卤在1200cm^{-1}还有一吸收	

（续表）

类别	键和官能团	拉伸	说明
酰胺	C＝O	一级酰胺 $RCONH_2$：游离，$\approx 1690cm^{-1}$（强）；缔合体，$\approx 1650cm^{-1}$	
		二级酰胺 $RCONHR'$：游离，$\approx 1680cm^{-1}$（强）；缔合体，$\approx 1650cm^{-1}$（强）	
		三级酰胺 $RCONR'R''$：$\approx 1650cm^{-1}$（强）	
	N－H	1° 在无极性稀的溶液：$\approx 3520cm^{-1}$ 和 $\approx 3400cm^{-1}$；1° 在浓溶液或固态：$\approx 3350cm^{-1}$ 和 $\approx 3180cm^{-1}$	N－H 的弯曲振动吸收在 $1640cm^{-1}$ 和 $1600cm^{-1}$ 是一级酰胺的两个特征吸收峰
		2°游离：$\approx 3400cm^{-1}$；缔合体（固态）：$\approx 3300cm^{-1}$	N－H 弯曲振动吸收在 $1550cm^{-1}\sim 1530cm^{-1}$ 区
	C－N	1° $\approx 1400cm^{-1}$（中）	
	伯酰胺	ν_{NH}：NH_2 的伸缩振动吸收在 $3540\sim 3180cm^{-1}$ 有两个尖的吸收带。当在稀的 $CHCl_3$ 中测试时，在 $3400\sim 3390cm^{-1}$ 和 $3530\sim 3520cm^{-1}$ 出现	
		$\nu C＝O$：即酰胺 I 带。由于氮原子上未共用电子对与羰基的 p-π 共轭，使 $\nu C＝O$ 伸缩振动频率降低。出现在 $1690\sim 1630cm^{-1}$	
		NH_2 的面内变形振动：即酰胺 II 带。此吸收较弱，并靠近 $\nu C＝O$。一般在 $1655\sim 1590cm^{-1}$	
		ν_{C-N} 谱带：在 $1420\sim 1400cm^{-1}$ 内有一个很强碳氮键伸缩振动的吸收带。在其他酰胺中也有此吸收	
		NH_2 的摇摆振动吸收：伯酰胺在 $\approx 1150cm^{-1}$ 有一个弱吸收，在 $750\sim 600cm^{-1}$ 有一个宽吸收	
	仲酰胺	ν_{NH} 吸收：在稀溶液中伯酰胺有一个很尖的吸收，在仪器分辨率很高时，可以分裂为相似的双线，是由于顺反异构产生。在压片法或浓溶液中，仲酰胺的 ν_{NH} 可能会出现几个吸收带，这是由于顺反两种异构产生的靠氢键连接的多聚物所致	
		$\nu_{C＝O}$：即酰胺I带。仲酰胺在 $1680\sim 1630cm^{-1}$ 有一个强吸收是 $\nu_{C＝O}$，叫酰胺I带	
		δ_{NH} 和 ν_{C-N} 之间耦合造成酰胺 II 带和酰胺 III 带。酰胺 II 带在 $1570\sim 1510cm^{-1}$。酰胺 III 带在 $1335\sim 1200cm^{-1}$	
		其他：在附近还会有酰胺的 IV、V、VI 带，但应用上不如前面谱带那么重要	
	叔酰胺	叔酰胺的氮上没有质子，其唯一的特征谱带是 $\nu C＝O$，在 $1680\sim 1630cm^{-1}$	
腈	C≡N	$2260\sim 2210cm^{-1}$	特征吸收峰
胺	RNH_2 NH_2 R_2NH NH	$3500\sim 3400cm^{-1}$（游离），缔合降低 100；$3500\sim 3300cm^{-1}$（游离），缔合降低 100	

四、基团频率的影响因素

分子中各基团不是孤立的，它要受到邻近基团和整个分子结构的影响，即同一基团不同化学环境吸收频率不同，了解基团峰位的影响因素有利于对分子结构的准确判定。

（一）内部因素

1. 电子效应

包括诱导效应、共轭效应和中介效应，它们都是由于化学键的电子分布不均匀引起的。

①诱导效应（I 效应）

由于取代基具有不同的电负性，通过静电诱导作用，引起分子中电子分布的变化。从而改变了键力常数，使基团的特征频率发生了位移。

例如，一般电负性大的基团或原子吸电子能力强，与烷基酮羰基上的碳原子相连时，由于诱导效应就会发生电子云由氧原子转向双键的中间，增加了 C＝O 键的力常数，使 C＝O 的振动频率升高，吸收峰向高波数移动。随着取代原子电负性的增大或取代数目的增加，诱导效应越强，吸收峰向高波数移动的程度越显著。

②中介效应（M 效应）

当含有孤对电子的原子（O、S、N 等）与具有多重键的原子相连时，也可起类似的共轭作用，称为中介效应。由于含有孤对电子的原子的共轭作用，使 C＝O 上的电子云更移向氧原子，C＝O 双键的电子云密度平均化，造成 C＝O 键的力常数下降，使吸收频率向低波数位移。对同一基团，若诱导效应和中介效应同时存在，则振动频率最后位移的方向和程度，取决于这两种效应的综合结果。当诱导效应大于中介效应时，振动频率向高波数移动，反之，振动频率向低波数移动。

2. 氢键的影响

氢键的形成使电子云密度平均化，从而使伸缩振动频率降低。游离羧酸的 C＝O 键频率出现在 $1760cm^{-1}$ 左右，在固体或液体中，由于羧酸形成二聚体，C＝O 键频率出现在 $1700cm^{-1}$。分子内氢键不受浓度影响，分子间氢键受浓度影响较大。

3. 振动耦合

当两个振动频率相同或相近的基团相邻具有一公共原子时，由于一个键的振动通过公共原子使另一个键的长度发生改变，产生一个"微扰"，从而形成了强烈的振动相互作用。其结果是使振动频率发生变化，一个向高频移动，另一个向低频移动，谱带分裂。振动耦合常出现在一些二羰基化合物中，如羧酸酐。

4. Fermi 共振

当一振动的倍频与另一振动的基频接近时，由于发生相互作用而产生很强的吸收峰或发生裂分，这种现象称为 Fermi 共振。

（二）外部因素

（1）溶剂的极性：溶剂的极性越大，极性基团的伸缩振动频率越低。

（2）红外光谱仪色散元件性能优劣影响相邻峰的分辨率。

（3）样品所处物态、制备样品的方法、结晶条件、吸收池厚度以及测试温度等。

五、红外吸收光谱分析

（一）试样的制备

对样品的要求：①样品的纯度>98%；②样品应不含水分；③选择符合所测光谱波段

要求的溶剂配制溶液；④试样浓度和厚度要适当。

1. 固体样品

（1）压片法。压片法是测定固体样品应用最广的一种方法。取供试品与干燥 KBr （KCl）粉末混合（样品与 KBr 比例约为 1：200），置玛瑙乳钵中研磨均匀，装入压片模具中制备供试品 KBr（KCl）片。以空白 KBr（KCl）片为参比，放入光路，测定供试品的红外吸收光谱。KBr（KCl）应为干燥的光谱纯试剂。

（2）糊法。取供试品约一定量，置玛瑙研钵中，滴入几滴液体石蜡或其他适宜溶剂，研磨成均匀糊剂。取适量的供试品糊剂夹于两块空白 KBr 片中，以空白 KBr 片为参比，放入光路，测定供试品的红外吸收光谱。

（3）膜法。取固体供试品用易挥发的溶剂溶解，然后将溶液涂于空白 KBr 片或其他适宜的窗片上，待溶剂完全挥发后，测定供试品红外吸收光谱。测完用溶剂冲洗窗片以除去薄膜，吹干，贮存在干燥器内。

2. 液体样品

测定红外光谱选用的溶剂，应具有在测定波段区间无强吸收，通常在 $4000 \sim 1350 cm^{-1}$ 之间用 CCl_4 为溶剂，在 $1350 \sim 600 cm^{-1}$ 之间用 CS_2，具有对溶质的溶解度大、红外透过性好、不腐蚀窗片等特点。将供试品溶解在适当溶剂中，制成浓度为 1% ~ 10% 的溶液，置于装有岩盐窗片的液体池中，并以溶剂作空白，测定红外光谱。另外液体样品也可用夹片法和涂片法测定红外光谱。

（二）红外光谱解析

1. 结构分析的一般步骤

（1）了解样品的来源、性质、纯度、分子式及其他相关分析数据。

了解样品的这些性质对化合物光谱解析有很大的帮助，特别是化合物的分子式，可确定不饱和度，对分子结构的确定非常重要。不饱和度是指分子结构中距离达到饱和所缺一价元素的"对数"。它反映了分子中含环及不饱和键的总数，其计算公式如下：

$$\Omega = (2n_4 + 2 + n_3 - n_1)/2$$

n_4：四价元素（C）的原子个数，n_3：三价元素（N）的原子个数，n_1：一价元素（H、X）的原子个数。当 $\Omega = 0$ 时分子为链状饱和结构，当 $\Omega = 1$ 时分子结构可能含有一个双键或一个脂肪环。分子结构中含有三键时，$\Omega \geq 2$。分子结构含有六元芳环时，$\Omega \geq 4$。

（2）检查红外光谱图是否有 H_2O 的吸收（$3400 cm^{-1}$，$1640 cm^{-1}$，$650 cm^{-1}$）、CO_2 的吸收（$2349 cm^{-1}$，$667 cm^{-1}$）、重结晶溶剂峰、平头峰。基线的透光率是否满足要求等。

（3）通过对红外光谱中特征吸收的位置、强度及峰形的逐一解析，找出与结构有关的信息，确定化合物所含的基团及化学键的类型。

（4）通过已确定化合物所含的基团及化学键的类型，结合其他相关分析数据，确定化合物的可能结构。

（5）对已确定的化合物与该化合物标准图谱进行比较，最后确定化合物结构。常用的标准图谱有 Sadtler 红外图谱集，由美国 Sadtler 实验室于 1947 年开始编制出版，现已收集包括棱镜、光栅和傅里叶变换的光谱图 10 万余张，是一套收集图谱最全、数量最多的红外图谱集。另外，中国国家药典委员会于 1985 年开始编制出版《药品红外光谱集》，作为药品鉴别用红外对照图谱。凡在《中国药典》收载红外鉴别或检查的品种，本光谱集均有相应收载。

2. 红外光谱解析程序

根据"先特征，后指纹；先最强峰，后次强峰；先粗查，后细找；先否定，后肯定；一抓一组相关峰"的程序进行图谱解析（见例题）。在解析过程中，采用"先否定，后肯定"方法，以缩小未知物结构的范围，因为吸收峰的不存在否定官能团的存在要比吸收峰的存在肯定一个官能团的存在要容易得多。"抓住"一组相关峰，互为佐证提高图谱解析的可信度，避免孤立解析造成结论的错误。

对于复杂化合物或新化合物，红外光谱解析困难时要结合紫外光谱、核磁共振光谱、质谱等手段进行综合光谱解析，结论要与标准光谱对照。

3. 光谱解析实例

例 1　由 C、H 组成的液体化合物，相对分子量为 84.2，沸点为 63.4℃。其红外吸收光谱见图 4-5，试通过红外光谱解析，判断该化合物的结构。

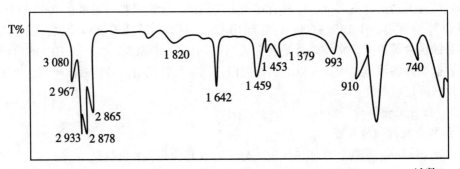

图 4-5　C、H 化合物的红外吸收光谱

解：1. 由化合物的分子量 84.2、又只由 C、H 组成，可推断分子式为 C_6H_{12}，不饱和度为：$\Omega = (2 \times 6 + 2 - 12)/2 = 1$。

2. 特征区的第一强峰 1642 cm^{-1}，经粗查为烯烃的 $\nu_{C=C}$ 特征吸收，可确定是烯烃类化合物。用于鉴定烯烃类化合物的吸收峰有 $\nu_{=CH}$、$\nu_{C=C}$ 和 $\gamma_{=CH}$。细找表 4-4：①$\nu_{=CH}$ 3080 cm^{-1} 强度较弱。②$\nu_{C=C}$ 非共轭发生在 1642 cm^{-1}，强度中等。③$\gamma_{=CH}$ 出现在 910 cm^{-1} 范围内，强度较强，为同碳双取代结构，该化合物为端基烯。特征区的第二强峰 1459 cm^{-1}，粗查为饱和烃的 δ_{CH}^{as}，用于鉴定烷烃类化合物的吸收峰有 ν_{-CH}、δ_{CH}^{as}。细找：①ν_{-CH} 2967 cm^{-1}、2933 cm^{-1}、2878 cm^{-1}、2865 cm^{-1} 强度较强，②δ_{CH}^{as} 1459 cm^{-1}，δ_{CH}^{s} 1379 cm^{-1}，有端甲基，此峰未发生分裂，证明端基只有一个甲基。ρ_{CH_2} 740 cm^{-1}，该化合物中有直链 —$(CH_2)_n$—结构。所以化合物结构为 $CH_2=CH(CH_2)_3CH_3$。

峰归属：$\nu_{=CH}$ 3080 cm^{-1}，ν_{-CH} 2967 cm^{-1}、2933 cm^{-1}、2878 cm^{-1}、2865 cm^{-1}，$\nu_{C=C}$ 1642 cm^{-1}，δ_{CH}^{as} 1459 cm^{-1}，δ_{CH}^{s} 1379 cm^{-1}，$\gamma_{=CH}$ 993 cm^{-1}、910 cm^{-1}，ρ_{CH_2} 740 cm^{-1}。

经标准图谱核对，并对照沸点等数据，证明结论正确。

例 2　分子式为 C_8H_8O 的化合物的 IR 光谱见图 4-6，沸点 202℃，试通过解析光谱，判断其结构。

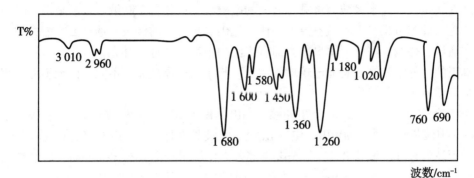

图 4-6 C_8H_8O 化合物的红外吸收光谱

解：$\Omega = (2 \times 8 + 2 - 8)/2 = 5$，在 $3500 \sim 3300 cm^{-1}$ 区间内无任何吸收（$3400 cm^{-1}$ 附近吸收为水干扰峰），证明分子中无 $-OH$。在 $2830 cm^{-1}$ 与 $2730 cm^{-1}$ 没有明显的吸收峰，可否认醛的存在。$\nu_{C=O}1680 cm^{-1}$ 说明是酮，且发生共轭。$3000 cm^{-1}$ 以上的 $\nu_{\varphi-H}$ 及 $1600 cm^{-1}$、$1580 cm^{-1}$、$1450 cm^{-1}$ 的 $\nu_{\varphi=C}$ 等峰的出现，泛频区弱的吸收证明为芳香族化合物，而 $\gamma_{\varphi-H}$ 的 $760 cm^{-1}$ 及 $690 cm^{-1}$ 出现进一步提示为单取代苯。$2960 cm^{-1}$ 及 $1360 cm^{-1}$ 出现提示有 $-CH_3$ 存在。

综上所述，化合物结构是苯乙酮，结构式为：

峰归属：$\nu_{\varphi-H}>3000 cm^{-1}$，$\nu_{CH}<3000 cm^{-1}$，$\nu_{C=O}1680 cm^{-1}$，$\nu_{\varphi=C}1600 cm^{-1}$，$1580 cm^{-1}$，$1450 cm^{-1}$，$\delta_{CH}^{as}1450 cm^{-1}$，$\delta_{CH}^{s}1360 cm^{-1}$，$\nu_{C-O-C}1260 cm^{-1}$，$\beta_{\varphi-H}1180 cm^{-1}$，$1020 cm^{-1}$，$\gamma_{\varphi-H}760 cm^{-1}$、$690 cm^{-1}$。

经标准图谱核对，并对照沸点等数据，证明结论与事实完全相符。

📖 知识拓展

红外线

红外线是太阳光线中众多不可见光线中的一种，由德国科学家赫歇尔于 1800 年发现，又称为红外热辐射，他将太阳光用三棱镜分解开，在各种不同颜色的色带位置上放置了温度计，试图测量各种颜色的光的加热效应。结果发现，位于红光外侧的那支温度计升温最快。因此得到结论：太阳光谱中，红光的外侧必定存在看不见的光线，这就是红外线。也可以当作传输媒介。太阳光谱上红外线的波长大于可见光线，波长为 $0.75 \sim 1000 \mu m$。红外线可分为三部分，即近红外线，波长为 $(0.75-1) \sim (2.5-3) \mu m$；中红外线，波长为（2.5-3）~（25-40）μm；远红外线，波长为（25-40）~1000μm。

红外线是波长介乎微波与可见光之间的电磁波，波长在750纳米至1毫米之间，是波长比红光长的非可见光。覆盖室温下物体所发出的热辐射的波段。透过云雾能力比可见光强。在通讯、探测、医疗、军事等方面有广泛的用途，俗称红外光。

真正的红外线夜视仪是光电倍增管成像，与望远镜原理完全不同，白天不能使用，价格昂贵且需电源才能工作。

医用治疗红外线主要为近红外线（NIR，IR－ADIN）、短波红外线（SWIR，IR－BDIN）、中波长红外线（MWIR，IR－CDIN）、长波长红外线（LWIR，IR-CDIN）。近红外线或称短波红外线，波长0.76~1.5μm，穿入人体组织较深，约5~10mm；远红外线或称长波红外线，波长1.5~400μm，多被表层皮肤吸收，穿透组织深度小于2mm。

任务二　红外光谱仪

色散型红外光谱仪和傅里叶变换红外光谱仪是目前主要使用的两类红外光谱仪。其基本组成部件有：光源、吸收池、单色器、检测器和记录仪。

一、色散型红外光谱仪

色散型红外光谱仪的原理可用图4-7说明。从光源发出的红外辐射，分成两束，一束通过试样池，另一束通过参比池，然后进入单色器。在单色器内先通过以一定频率转动的扇形镜（斩光器），其作用与其他的双光束光度计一样，是周期地切割二束光，使试样光束和参比光束交替地进入单色器中的色散棱镜或光栅，最后进入检测器。随着扇形镜的转动，检测器就交替地接受这两束光。

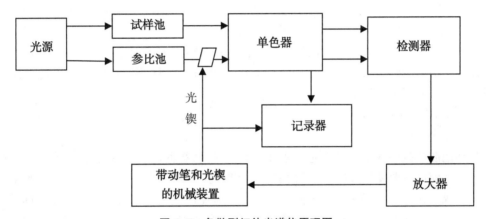

图4-7　色散型红外光谱仪原理图

假定从单色器发出的为某波数的单色光，而该单色光不被试样吸收，此时两束光的强度相等，检测器不产生交流信号；若试样对该波数的光产生吸收，则两束光的强度有差异，此时就在检测器上产生一定频率的交流信号（其频率决定于斩光器的转动频率）。通过交流放大器放大，此信号即可通过伺服系统驱动参比光路上的光楔（光学衰减器）进行补偿，此时减弱参比光路的光强，使投射在检测器上的光强等于试样光路的光强。试样对某一波数的红外光吸收越多，光楔也就越多地遮住参比光路以使参比光强同样程度地减弱，使两束光重新处于平衡。试样对各种不同波数的红外辐射的吸收有多有少，参比光路上的光楔也相应地按比例移动以进行补偿。记录笔与光楔同步，因而光楔部位的改变相当于试样的透射比，它作为纵坐标直接被描绘在记录纸上。由于单色器内棱镜或光栅的转动，使单色光的波数连续地发生改变，并与记录纸的移动同步，这就是横坐标。这样在记录纸上就描绘出透射比 T 对波数（或波长）的红外光谱吸收曲线。

由上述可见，红外光谱仪与紫外—可见分光光度计类似，也是由光源、单色器、吸收池、检测器和记录系统等部分所组成。但由于红外光谱仪与紫外—可见分光光度计工作的波段范围不同，因此，光源、透光材料及检测器等都有很大的差异。现将中红外光谱仪的主要部件简要介绍如下。

1. 光源

红外光谱仪中所用的光源通常是一种惰性固体，用电加热使之发射高强度连续红外辐射。常用的有能斯特灯和硅碳棒两种。

能斯特灯（Nernst glower）是由氧化锆、氧化钇和氧化钍烧结制成，是一直径为 1～3mm，长约 20～50mm 的中空棒或实心棒，两端绕有铂丝作为导线。在室温下，它是非导体，但加热至 800℃时就成为导体并具有负的电阻特性，因此，在工作之前，要由一辅助加热器进行预热。这种光源的优点是发出的光强度高，使用寿命可达 6 个月至 1 年，但机械强度差，稍受压或受扭就会损坏，经常开关也会缩短其寿命。

硅碳棒（globar）一般为两端粗中间细的实心棒，中间为发光部分，其直径约 5mm，长约 50mm。硅碳棒在室温下是导体，并有正的电阻温度系数，工作前不需预热。和能斯特灯比较，它的优点是坚固、寿命长、发光面积大；缺点是工作时电极接触部分需用水冷却。

2. 吸收池

分析气体时用气体池；分析液体使用液体池；分析固体用固体支架。各类吸收池都有岩盐窗片。最常用的是 KBr，因为 KBr 在 4000～400cm^{-1} 光区不产生吸收，因此可绘制全波段光谱图。使用中要注意防潮。

也可用 KI、KCl、NaCl 等。

3. 单色器

与其他波长范围内工作的单色器类似，红外单色器也由一个或几个色散元件（棱镜或光栅，目前已主要使用光栅），可变的入射和出射狭缝，以及用于聚焦和反射光束的反射镜所构成。在红外仪器中一般不使用透镜，以避免产生色差。另外，应根据不同的工作波长区域选用不同的远光材料来制作棱镜（以及吸收池窗口，检测器窗口等）。常用的红外光学材料和它们的最佳使用区见表 4-5。

由于大多数红外光学材料易吸湿（KRS-5 不吸湿），因此使用时应注意防湿。

表 4-5　一些红外光学材料的透光范围

材料	透光范围 λ/μm
玻璃	0.3～2.5
石英	0.2～3.6
氟化锂 LiF	0.2～6
氯化钠 NaCl	0.2～17
氯化钾 KCl	0.2～21
氯化银 AgCl	0.2～25
溴化钾 KBr	0.2～25

（续表）

材料	透光范围 $\lambda/\mu m$
溴化铯 CsBr	1~38
KRS-5（溴化铊与碘化铊结晶 1∶1）	1~45
碘化铯 CsI	1~50

4. 检测器

紫外—可见分光光度计中所用的光电管或光电倍增管不适用于红外区，因为红外光谱区的光子能量较弱，不足以引致光电子发射。常用的红外检测器有真空热电偶、热释电检测器和汞镉碲检测器。

真空热电偶是色散性红外光谱仪中最常用的一种检测器。它利用不同导体构成回路时的温差电现象，将温差转变为电位差。它以一小片涂黑的金箔作为红外辐射的接受面。在金箔的一面焊有两种不同的金属、合金或半导体作为热接点，而在冷接点端（通常为室温）连有金属导线（冷接点在图中未画出）。此热电偶封于真空度约为 $7 \times 10^{-7} Pa$ 的腔体内。为了接受各种波长的红外辐射，在此腔体上对着涂黑的金箔开一小窗，黏以红外透光材料，如 KBr（至 $25\mu m$）、CsI（至 $50\mu m$）、KBS-5（至 $45\mu m$）等。当红外辐射通过此窗口射到涂黑的金箔上时，热接点温度升高，产生温差电势，在闭路的情况下，回路即有电流产生。由于它的阻抗很低（一般 10Ω 左右），在和前置放大器耦合时需要用升压变压器。

热释电检测器：是傅里叶变换红外光谱仪中常用检测器，是利用硫酸三苷肽的单晶片作为检测元件。硫酸三苷肽（TGS）是铁电体，在一定的温度下，能产生很大的极化反应，其极化强度与温度有关，温度升高，极化强度降低。将 TGS 薄片正面真空镀铬（半透明），背面镀金，形成两电极。当红外辐射光照射到薄片上时，引起温度升高，TGS 极化度改变，表面电荷减少，相当于"释放"了部分电荷，经放大，转变成电压或电流方式进行测量。

二、傅里叶（Fourier）变换红外光谱仪（FT-IR）

Fourier 变换红外光谱仪：没有色散元件，主要由光源（硅碳棒、高压汞灯）、迈克尔逊（Michelson）干涉仪、样品室、检测器、计算机和记录仪组成。核心部分为 Michelson 干涉仪，它将光源发出的光分成两光束后，再以不同的光程差重新组合，发生干涉现象；将光源来的信号以干涉图的形式送往计算机进行傅里叶变化的数学处理，最后将干涉图还原成光谱图（图 4-8）。

它与色散型红外光度计的主要区别在于干涉仪和电子计算机两部分。

Fourier 变换红外光谱仪的特点有以下几点：

1. 扫描速度极快

Fourier 变换红外光谱仪是在整个扫描时间内同时测定所有频率的信息，一般只要 1s 左右即可。因此，它可用于测定不稳定物质的红外光谱。而色散型红外光谱仪，在任何一

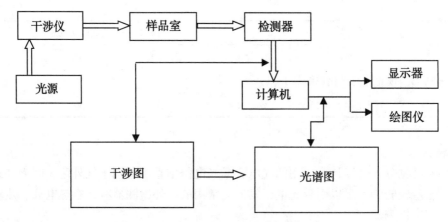

图 4-8　傅里叶变换红外光谱仪结构框图

瞬间只能观测一个很窄的频率范围，一次完整扫描通常需要 8s、15s、30s 等。

2. 具有很高的分辨率

通常 Fourier 变换红外光谱仪分辨率达 $0.1 \sim 0.005\text{cm}^{-1}$，而一般棱镜型的仪器分辨率仅有 3cm^{-1}，光栅型红外光谱仪分辨率也只有 0.2cm^{-1}。

3. 灵敏度高

因 Fourier 变换红外光谱仪不用狭缝和单色器，反射镜面又大，故能量损失小，到达检测器的能量大，可检测 10^{-8}g 数量级的样品。

除此之外，还有光谱范围宽（$1000 \sim 10\text{cm}^{-1}$）；测量精度高，重复性可达 0.1%；杂散光干扰小；样品不受因红外聚焦而产生的热效应的影响。

三、傅里叶变换红外光谱仪操作技术

（以美国 Nicolet 6700 高级傅里叶变换红外光谱仪为例说明）

（一）试样制备方法

1. 固体样品

（1）压片法：取 $1 \sim 2\text{mg}$ 的样品在玛瑙研钵中研磨成细粉末与干燥的溴化钾（A. R. 级）粉末（约 100mg，粒度 200 目）混合均匀，装入模具内，在压片机上压制成片测试。

（2）糊状法：在玛瑙研钵中，将干燥的样品研磨成细粉末。然后滴入 $1 \sim 2$ 滴液体石蜡混研成糊状，涂于 KBr 或 BaF_2 晶片上测试。

（3）溶液法：把样品溶解在适当的溶剂中，注入液体池内测试。所选择的溶剂应不腐蚀池窗，在分析波数范围内没有吸收，并对溶质不产生溶剂效应。一般使用 0.1mm 的液体池，溶液浓度在 10% 左右为宜。

2. 液体样品

（1）液膜法：油状或黏稠液体，直接涂于 KBr 晶片上测试。流动性大，沸点低（$\leqslant 100℃$）的液体，可夹在两块 KBr 晶片之间或直接注入厚度适当的液体池内测试（液体池的安装见说明书）。对极性样品的清洗剂一般用 $CHCl_3$，非极性样品清洗剂一般用 CCl_4。

（2）水溶液样品：可用有机溶剂萃取水中的有机物，然后将溶剂挥发干，所留下的液体涂于 KBr 晶片上测试。

应特别注意含水的样品坚决不能在直接接触 KBr 或 NaCl 窗片的液体池内测试。

3. 塑料、高聚物样品

（1）溶液涂膜：把样品溶于适当的溶剂中，然后把溶液一滴一滴的滴加在 KBr 晶片上，待溶剂挥发后对留在晶片上的液膜进行测试。

（2）溶液制膜：把样品溶于适当的溶剂中，制成稀溶液，然后倒在玻璃片上待溶剂挥发后，形成一薄膜（厚度最好在 0.01~0.05mm），用刀片剥离。薄膜不易剥离时，可连同玻璃片一起浸在蒸馏水中，待水把薄膜湿润后便可剥离。这种方法溶剂不易除去，可把制好的薄膜放置 1~2 天后再进行测试。或用低沸点的溶剂萃取掉残留的溶剂，这种溶剂不能溶解高聚物，但能和原溶剂混溶。

4. 磁性膜材料

直接固定在磁性膜材料的样品架上测定。

5. 其他样品

对于一些特殊样品，如：金属表面镀膜，无机涂料板的漫反射率和反射率的测试等，则要采用特殊附件，如：ATR，DR，SR 等附件。

（二）测量操作

1. 按光学台、打印机及电脑顺序开启仪器

光学台开启后 3min 即可稳定。

2. 选择软件

开始/所有程序/Thermo scientific OMNIC，弹出如下对话框。或者点击桌面上的快捷方式，选择所需操作软件。

3. 仪器自检

按打开软件后，仪器将自动检测，当联机成功后，将出现指示灯亮。

4. 指示灯

主机面板当中的 4 个指示灯分别代表：电源、扫描、激光、光源。扫描指示灯在测定过程中亮，其他 3 个常亮。如果出问题时，会熄灭。

5. 样品 ATR 测定

（1）垂直安放 ATR 试验台，旋上探头，保持探头尖端距离平台一定高度。此时电脑显示智能附件，自检后，点击确定。

（2）将样品（固体或者液体 pH 值为 5~9，非腐蚀性、非氧化型、不含 Cl 的有机溶剂）放在平台检测窗上，将探头对准检测窗，顺时针旋下，紧贴样品，直到听见一声响停止。

（3）清洗样品台，更换样品或结束实验时，用酒精棉擦洗检测台，等待其自然风干。

6. 样品压片检测

安装样品架，电脑显示附件、自检后，点击确定。把制备好的样品放入样品架，然后插入仪器样品室的固定位置上。

7. 软件操作

（1）进入采集，选择实验设置对话框，设置实验条件。

①扫描次数通常选择 32。

②分辨率指的是数据间隔，通常固体、液体样品选 4，气体样品选择 2。

③校正选项中可选择交互 K-K 校正，消除刀切峰。

④采集预览相当于预扫。

⑤文件处理中的基础名字可以添加字母，以防保存的数据覆盖之前保存的数据。

⑥可以选择不同的背景处理方式：采样前或者采样后采集背景；采集一个背景后，在之后的一段时间内均采用同一个背景；选择之前保存过的一个背景。

⑦光学台选项中，范围在 6~7 为正常。

⑧诊断中可以进行准直校正（通常一个月进行一次，相当于能量校正）和干燥剂试验。

（2）设定结束，点击确定，开始测定。

①点击采集样品，弹出对话框。输入图谱的标题，点击确定。准备好样品后，在弹出的对话框中点击确定，开始扫描。

②扫描结束后，弹出对话框提示准备背景采集。采集后，点击"是"，自动扣除背景。

③也可以设定先扫描背景，按 采集背景光谱。后扫描样品。

（3）可对采集的光谱进行处理，以下按钮分别为：选择谱图、区间处理、读坐标（按住 shift 直接读峰值）、读峰高（按住 shift 自动标峰，调整校正基线）、读峰面积、标信息（可拖拽）、缩放或者移动。

（4）采集结束后，保存数据，存成 SPA 格式（omnic 软件识别格式）和 CSV 格式（Excel 可以打开）。

（5）用 ATR 测定时，无论先测背景还是后测背景，只要点击 ，按照提示进行测定。测定结束后，需清理试验台，用无水乙醇清洗探头和检测窗口，晾干后测定下一个样品。

8. 数据分析

（1）定性分析。

①基团定性。根据被测化合物的红外特征吸收谱带的出现来确定该基团的存在。

②化合物定性。从待测化合物的红外光谱特征吸收频率（波数），初步判断属何类化合物，然后查找该类化合物的标准红外谱图，待测化合物的红外光谱与标准化合物的红外光谱一致，即两者光谱吸收峰位置和相对强度基本一致时，则可判定待测化合物是该化合物或近似的同系物。

同时测定在相同制样条件下的已知组成的纯化合物，待测化合物的红外光谱与该纯化合物的红外光谱相对照，两者光谱完全一致，则待测化合物是该已知化合物。

③未知化合物的结构鉴定。未知化合物必须是单一的纯化合物。测定其红外光谱后，进行定性分析，然后与质谱，核磁共振及紫外吸收光谱等共同分析确定该化合物的结构。

（2）定量分析。

一般情况下很少采用红外光谱做定量分析，因分析组分有限，误差大，灵敏度较低，但仍可采用红外定量分析的方法或仪器附带的软件包进行。

（3）写出结果报告。

9. 停水停电的处置

在测试过程中发生停水停电时，按操作规程顺序关掉仪器，保留样品。待水电正常后，重新测试。仪器发生故障时，立即停止测试，找维修人员进行检查。故障排除后，恢复测试。

10. 其他注意事项

（1）在主机背面 purgein 口，可安装 N_2 吹扫，必须用高纯 N_2。

（2）如果需要搬动仪器，需要用光学台内的海绵固定镜子，防止搬动过程中损坏仪器。

（3）注意仪器防潮，光学台上面干燥剂位置的指示变白则需更换干燥剂。

（4）样品仓、检测器仓内放置一杯变色硅胶，吸收仪器内的水蒸气。

（5）红外压片时，所有模具应该用酒精棉洗干净。

（6）取用 KBr 时，不能将 KBr 污染，避免影响其他学生做实验。

（7）红外压片时，样品量不能加得太多，样品量和 KBr 的比例大约在 1∶100。

（8）用压片机压片时，应该严格按操作规定操作：进口压片模具的不锈钢小垫片应该套在中心轴上，压片过程中移动模具时应小心以免小垫片移位。压片机使用时压力不能过大，以免损坏模具。压出来的片应该较为透明。

（9）采集背景信息时应将样品从样品室中拿出。

（10）用 ATR 附件时，尽量缩短使用时间。

（11）实验室应该保持干燥，大门不能长期敞开。

（12）隔层内干燥剂应及时更换，通过观察标准卡查看是否需要更换。

（13）如操作过程中出现失误弄脏检测窗口，不可用含水物清洗，应用吸耳球吹去污染物。

📖 知识拓展

红外光谱仪的日常维护

1. 红外吸收光谱仪应放置在安装有空调的实验室内，保持恒温恒湿，并使湿度低于 60%；

2. 仪器应放置在防震动的实验台上；

3. 仪器应配置稳压电源和良好的接地线，并远离大功率电磁设备和火花发射源；

4. 仪器的光学系统应密闭防尘、防腐蚀、防止产生机械摩擦；

5. 仪器的光源在安装，更换时要十分小心，防止因受力折断。使用时温度不宜过高，以延长使用寿命；

6. 仪器的传动部件要定期润滑，以保持运转轻便灵活；

7. 仪器放置一定时间后，再次使用前应对其运行性能进行认真检查。

任务三　技能训练

技能训练一、未知样品的定性

相关仪器	训练任务	企业相关典型工作岗位	技能训练目标
傅里叶变换红外光谱仪	傅里叶变换红外光谱仪的使用	品控员、质检员	检测样品的制备
			正确使用傅里叶变换红外光谱仪
			傅里叶变换红外光谱仪的维护及保养
			谱图分析
			计算结果并填写检测报告

【任务描述】

测定未知样品的红外光谱图，推断其化学结构。

一、仪器设备和材料

（1）傅里叶变换红外光谱仪。

（2）压片、压膜器及附件。

（3）溴化钾、四氯化碳（分析纯）。

（4）已知分子式的未知样品：1号 C_8H_{10}，2号 $C_4H_{16}O$，3号 $C_4H_8O_2$，4号 $C_7H_6O_2$。

二、检测原理

物质分子中的各种不同基团，在有选择地吸收不同频率的红外辐射后，发生振动能级之间的跃迁，形成各自独特的红外吸收光谱。本实验采用比较在相同的制样和测定条件下，被分析的样品和标准化合物的红外光谱图，若吸收峰的位置、吸收峰的数目和峰的相对强度完全一致，则可认为两者是同一个化合物。

三、检测步骤

（1）从教师处领取未知有机物样品。

（2）压片法：取 1~2mg 的未知样品粉末与 200mg 干燥的 KBr 粉末（颗粒大小在 2μm 左右），在玛瑙研钵中混匀后压片，测绘红外光谱图，进行谱图处理（基线校正、平滑、归一化）及谱图搜索（操作见说明书），确认其化学结构。

（3）液膜法：取 1~2 滴未知样品滴加在两个 KBr 晶片之间。用夹具轻轻夹住，测绘红外光谱图，进行谱图处理，谱图搜索（操作见说明书），确认其化学结构。

（4）数据处理：根据教师给定的未知有机物的化学式计算不饱和度，并根据红外吸收光谱图上的吸收峰位置，推断未知有机物可能存在的官能团及其结构式。

注意事项：固体试样研磨过程中会吸水。由于吸水的试样压片时，易黏附在模具上，且水分的存在会产生光谱干扰，所以研磨后的粉末应烘干一段时间。

四、检测原始记录（表4-6）

表4-6　检测原始记录填写单

检测项目		采样日期	
		检测日期	
样品	光谱图（可直接打印）	国家标准	检测方法

五、检测报告单的填写（表4-7）

表4-7　检测报告单

基本信息	样品名称		样品编号		
	检测项目		检测日期		
分析条件	依据标准		检测方法		
	仪器名称		仪器状态		
	实验环境	温度（℃）		湿度（%）	
分析数据	平行试验	1	2	3	空白
	数据记录				
	检测结果				
检验人		审核人		审核日期	

技能训练二、奶粉中苯甲酸钠的测定

相关仪器	工作任务	企业相关典型工作岗位	技能训练目标
傅里叶变换红外光谱仪	傅里叶变换红外光谱仪的使用	奶粉厂品控员、质检员	样品制备
			正确使用傅里叶变换红外光谱仪
			傅里叶变换红外光谱仪的维护及保养
			标准曲线绘制
			计算结果并填写检测报告

【任务描述】

检测奶粉中苯甲酸钠含量，用傅里叶变换红外光谱仪测定样品图谱，与标准样品的图谱比对然后计算出含量。

一、仪器设备和材料

1. 设备

傅里叶变换红外光谱仪、压片机、压片膜、玛瑙研钵、不锈钢药匙、不锈钢镊子（2个）、电吹风机、红外灯、样品夹板、干燥器、电子分析天平。

2. 试剂

苯甲酸钠（分析纯）、KBr（光谱纯）、丙酮（分析纯）、奶粉（市售）。

二、检测原理

红外光谱定量分析法的依据是朗伯比尔定律。

$$A = \varepsilon \cdot c \cdot l$$

式中，c 表示样品的浓度（单位为 mol/L）；l 表示光程，通常为样品池的厚度（单位为 cm）；ε 为摩尔吸光系数，在数值上等于单位光程（1cm）、溶液浓度为 1mol/L 时的吸光度。

苯甲酸钠的特征吸收峰为 $1555\,cm^{-1}$，测定一系列浓度不同的固体标准溶液的苯甲酸钠—溴化钾压片的红外光谱图，求得不同浓度苯甲酸钠固体溶液在该波数下的吸光度，并以吸光度为纵坐标，以相应的浓度为横坐标，绘制标准曲线；用同样的方法和操作条件测得待测奶粉样品的吸光度，从而查得样品溶液中苯甲酸钠的浓度，计算奶粉中苯甲酸钠的含量。

三、检测步骤

（1）准备工作。开机：打开红外光谱仪主机电源，预热 20min；打开计算机进入工作软件系统（即工作站）；用脱脂棉蘸丙酮擦洗玛瑙研钵及钵锤、不锈钢药匙及镊子、压片膜各部件，用电吹风机吹干。

（2）0.5%固体标准溶液的配制：准确称取苯甲酸钠 5.0mg 和溴化钾 995.0mg，于玛瑙研钵中研细混匀，放入干燥器中待用。

（3）工作曲线的绘制：分别准确称取配好的固体标准溶液 20.0、40.0、60.0、80.0、100.0mg，各加入相应余量的溴化钾混合研细成 200mg 样品，每一样品取 50mg 压片，测定红外光谱图，根据 1555cm⁻¹处的吸光度，绘制工作曲线。

（4）样品的测定：准确称取 2g 溴化钾和 5mg 的奶粉，混匀研细，放在干燥器中待用。从中称取 3 份各 50mg，分别压片并测定红外光谱图，求得其在 1555cm⁻¹处的吸光度，取 3 次测得的吸光度的平均值，根据工作曲线查得样品溶液中苯甲酸钠的浓度，计算奶粉中苯甲酸钠的含量。

四、检测原始记录（表4-8）

表4-8　检测原始记录填写单

测定项目		采样日期	
		检测日期	
样品编号	1555cm⁻¹处的吸光度	国家标准	检测方法

五、标准曲线（表4-9）

表4-9　检测标准曲线

标样	1	2	3	4	5
浓度					
吸光度					

六、检测报告单的填写（表4-10）

表 4-10　检测报告单

基本信息	样品名称			样品编号			
	检测项目			检测日期			
分析条件	依据标准			检测方法			
	仪器名称			仪器状态			
	实验环境	温度（℃）			湿度（%）		
分析数据	平行试验	1	2	3		空白	
	吸光度						
	浓度						
	计算结果（平均值）						
检验人		审核人			审核日期		

习　题

一、填空题

1. 一般将多原子分子的振动类型分为_____振动和_____振动，前者又可分为_____振动和_____振动，后者可分为_____、_____和_____、_____。

2. 红外光区在可见光区和微波光区之间，习惯上又将其分为 3 个区：_____，_____和_____，其中_____的应用最广。

3. 红外光谱法主要研究振动中有_____变化的化合物，因此，除_____和_____等外，几乎所有的化合物在红外光区均有吸收。

4. 在红外光谱中，将基团在振动过程中有_____变化的称为_____，相反则称为_____。一般来说，前者在红外光谱图上_____。

5. 红外分光光度计的光源主要有_____和_____。

6. 基团$-OH$、$-NH$；$=CH$ 的 $-CH$ 的伸缩振动频率范围分别出现在_____cm^{-1}，_____cm^{-1}，_____cm^{-1}。

7. 基团$-C\equiv C$、$-C\equiv N$；$-C==O$；$-C=N$，$-C=C-$的伸缩振动频率范围分别出现在_____cm^{-1}，_____cm^{-1}，_____cm^{-1}。

8. _____区域的峰是由伸缩振动产生的，基团的特征吸收一般位于此范围，它是鉴定最有价值的区域，称为_____区；_____区域中，当分子结构稍有不同时，该区的吸收就有细微的不同，犹如人的_____一样，故称为_____。

二、选择题

1. 二氧化碳分子的平动、转动和振动自由度的数目分别为 （　　）
A. 3，2，4　　B. 2，3，4　　C. 3，4，2　　D. 4，2，3

2. 乙炔分子的平动、转动和振动自由度的数目分别为 （　　）
A. 2，3，3　　B. 3，2，8　　C. 3，2，7　　D. 2，3，7

3. 下列数据中，哪一组数据所涉及的红外光谱区能够包括 CH_3CH_2COH 的吸收带？（　　）

A. $3000\sim2700cm^{-1}$，$1675\sim1500cm^{-1}$，$1475\sim1300cm^{-1}$。

B. $3300\sim3010cm^{-1}$，$1675\sim1500cm^{-1}$，$1475\sim1300cm^{-1}$。

C. $3300\sim3010cm^{-1}$，$1900\sim1650cm^{-1}$，$1000\sim650cm^{-1}$。

D. $3000\sim2700cm^{-1}$，$1900\sim1650cm^{-1}$，$1475\sim1300cm^{-1}$。

$1900\sim1650cm^{-1}$为 $C==O$ 伸缩振动，$3000\sim2700cm^{-1}$为饱和碳氢 $C-H$ 伸缩振动（不饱和的其频率高于 $3000cm^{-1}$），$1475\sim1300cm^{-1}$为 $C-H$ 变形振动（如$-CH_3$ 约在 $1380\sim1460cm^{-1}$）。

4. 碳基化合物 $RCOR'$（1），$RCOCl$（2），$RCOCH$（3），$RCOF$（4）中，$C==O$ 伸

缩振动频率出现最高者为（ ）

    A. （1）   B. （2）   C. （3）   D. （4）

    5. 在醇类化合物中，$O-H$ 伸缩振动频率随溶液浓度的增加，向低波数方向位移的原因是（ ）

    A. 溶液极性变大   B. 形成分子间氢键随之加强

    C. 诱导效应随之变大   D. 易产生振动偶合

    6. 傅里叶变换红外分光光度计的色散元件是（ ）

    A. 玻璃棱镜   B. 石英棱镜   C. 卤化盐棱镜   D. 迈克尔逊干涉仪

三、计算题

1. 计算分子式为 C_7H_7NO 的不饱和度。

2. 计算分子式为 C_6H_6NCl 的不饱和度。

3. 羧基（$-COOH$）中 $C=O$、$C-O$、$O-H$ 等键的力常数分别为 $12.1N \cdot cm^{-1}$、$7.12N \cdot cm^{-1}$ 和 $5.80N \cdot cm^{-1}$，若不考虑相互影响，计算：

    （1）各基团的伸缩振动频率；

    （2）基频峰的波长与波数；

    （3）比较 $\nu(O-H)$ 与 $\nu(C-O)$，$\nu(C=O)$ 与 $\nu(C-O)$，说明键力常数与折合原子质量对伸缩振动频率的影响。

4. 已知 $CHCl_3$ 中 $C-H$ 键和 $C-Cl$ 的伸缩振动分别发生在 $3030cm^{-1}$ 与 $758cm^{-1}$。

    （1）试计算 $CDCl_3$ 中 $C-H$ 键的伸缩振动发生的位置；

    （2）试计算 $CHBr_3$ 中 $C-Br$ 键的伸缩振动频率。

（假设 $CHCl_3$ 与 $CDCl_3$ 的键力常数 K 相同，$C-Br$ 键与 $C-Cl$ 键的键力常数 K 相同）

四、简答题

1. 分别在95%乙醇溶液和正己烷中测定2-戊酮的红外吸收光谱。预计在哪种溶剂中 $C=O$ 的吸收峰出现在高频区？为什么？

2. 不考虑其他因素条件的影响，试指出酸，醛，酯，酰氯和酰胺类化合物中，出现 $C=O$ 伸缩振动频率的大小顺序。

3. 在乙酰乙酸乙酯的红外光谱图中，除了发现 1738，1717 有吸收峰外，在 1650 和 3000 也分别出现吸收峰。试指出出现后两个吸收峰的发生位置。

4. 欲测定某一微细粉末的红外光谱，试说明选用什么样的试样制备方法？为什么？

附：仪器使用技能考核标准

表 4-11　傅里叶变换红外光谱仪的操作技能量化考核标准参考表

项目	考核内容	分值	考核标准	得分	备注
样品制备	压片法制样	5 分	用无水乙醇清洗玛瑙研钵，用擦镜纸擦干，红外灯下干燥		
		5 分	取 2~3mg 固体样品与 200~300mg 干燥的 KBr 粉末于玛瑙研钵中研磨混匀		
		10 分	取 70~90mg 固体样品放入干净的压模内，在压片机上于一定压力下压制 1min 成薄片		
开机操作	外观检查	5 分	按要求连接好电源线		
	开机、预热	5 分	开启电源开关，预热（规定时间）		
选择操作参数	设定操作参数	10 分	正确选择操作参数，将仪器调到正常工作状态（根据使用的仪器型号按说明书进行）		
样品图谱的扫描	扫描样品（压片法）	10 分	将扫描样品正确放入样品室		
工作软件的操作	操作软件的使用	10 分	正确使用操作软件		
谱图解析	鉴定化合物	10 分	指出样品谱图主要吸收峰归属		
实验结束	关机操作	5 分	按操作规范关机		
	玛瑙研钵的清洗	5 分	用无水乙醇清洗		
	清洗模具	5 分	用无水乙醇将模具、片框等洗净，用擦镜纸擦干放置于干燥器中		
	实验台面	5 分	实验台面整洁，填写仪器使用记录		
实验时间	完成时间	10 分	规定时间内完成		
总分					

项目五　高效液相色谱分析技术

【知识目标】

➤ 高效液相色谱的类型及分离的原理；
➤ 高效液相色谱仪的基本结构及各部分功能。

【技能目标】

➤ 掌握高效液相色谱仪的使用方法；
➤ 掌握高效液相色谱仪的维护和保养；
➤ 能够使用高效液相色谱仪进行食品分析。

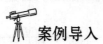 案例导入

　　乳及乳制品的质量评价比较复杂，包括营养成分及含量、乳品的风味物质、药物残留和毒物种类及含量等多个方面，HPLC 法可用于乳品中多种质量控制指标的检测。乳及乳制品中富含糖、脂、蛋白质、维生素等营养成分以及强化的营养物质，HPLC 技术几乎可用于各种营养成分的检测。随着分离柱的不断改进，高灵敏度的检测仪器的引入，HPLC 法已深入到乳品分析中的方方面面。相信在不久的将来 HPLC 法将在乳品工业中发挥更大的作用。

任务一 基础知识

一、高效液相色谱技术的特点

高效液相色谱技术（High performance Liquid Chromatography，HPLC）属于色谱法，是指流动相为液体的分离分析技术。

高效液相色谱法是继液相色谱法和气相色谱法之后，20 世纪 70 年代初期发展起来的一种以液体做流动相的新色谱技术。它解决了液相色谱法分析速度慢、分离效果差的问题，也同时解决了气相色谱法不能够分离某些热稳定性差、不易气化的物质的问题。现代液相色谱和经典液相色谱没有本质的区别。不同点仅仅是现代液相色谱比经典液相色谱有较高的效率和实现了自动化操作。经典的液相色谱法，流动相在常压下输送，所用的固定相柱效低、分析周期长。而现代液相色谱法引用了气相色谱的理论，流动相改为高压输送；色谱柱是以特殊的方法用小粒径的填料填充而成，从而使柱效大大高于经典液相色谱（每米塔板数可达几万或几十万）；同时柱后连有高灵敏度的检测器，可对流出物进行连续检测。因此，高效液相色谱具有分析速度快、分离效能高、自动化等特点。所以人们称它为高压、高速、高效或现代液相色谱法。

高效液相色谱技术有如下特点。

（1）高压，利用高压输送载液，快速流经色谱柱对样品进行洗脱，一般可以达到 $(150 \sim 350) \times 10^5 Pa$；

（2）高速，与经典液相色谱法相比，高效液相色谱因载液由高压输送，故流动相在色谱柱内流速较快可以达到 $1 \sim 10 mL/min$，因此能够更快速地进行样品分析；

（3）高效，固定相使用高效微粒填充，使理论塔板数可以达到几万甚至几十万，使样品分析更加高效；

（4）高灵敏度，采用高灵敏度的检测器，能够进行微量或者是痕量的分析。

二、液相色谱的理论基础

1. 液相色谱速率理论

1956 年 Van Deemter 等提出了著名的色谱速率理论，首次定量地描述了柱效与流速的关系（式 1），式中 H 代表理论塔板高度，A 为涡流扩散项，B 为纵向扩散项，C 为传质阻力项，$\bar{u}$ 为载气的平均流速。这一理论是在气相色谱研究的基础上提出来，后被推广用于高效液相色谱（式 2）。式 2 中 d_p 为固定相的平均粒径，λ 为固定相的不均匀因子，γ 为填料间的弯曲因子，D_M 为溶质在液体流动相中的扩散系数，t_d 为样品分子被吸附在固定相表面的平均停留时间，k' 为保留因子，Ω 为色谱柱的填充因子，Φ 为孔洞中滞留流动相占总流动相的百分数，γ_0 为颗粒内部孔洞的弯曲因子，u 则为流动相的流速。Knox 也提出了相似的方程式。从式 2 可以看出，d_p、λ、γ、Ω 值越小，H 值越小，可获得更高的柱效。这正是人们追求小粒径球形填料的理论基础。在高效液相色谱的发展历史上，经历了使用 37~55μm 的薄壳型固定相，5~10μm 无定形或球形全多孔固定相。到 20 世纪末期，则发展了 3μm 或 3.5μm 的球形硅胶，以满足快速分离的需求。另外，减小填料的粒度也有利于发挥高流速的优势，可以在更宽的线速范围内使用。然而人们也认为，若要进一步降低粒径，如采用 2μm 或以下的固定相，从 HPLC 仪器提供的高压（6000psi/400bar）能力看，将对进样技术和检测器等提出极高的要求。使用小粒径填料要求仪器在更高的压力下运行，这也将引起流动相的升温，使色谱柱的轴向或纵向存在温度和黏度梯度。

$$H = a + \frac{B}{\bar{u}} + C\bar{u} \tag{5-1}$$

$$H = 2\lambda d_p + \frac{2\gamma D_M}{u} + 2t_d \frac{k'}{(1+k')^2}u + \Omega \frac{d_P^2}{D_M}u + \frac{(1-\Phi+k')^2}{30 (1-\Phi)(1+k')^2} \cdot \frac{d_P^2}{\gamma_0 \cdot D_M}u \tag{5-2}$$

2. 液相色谱塔板理论

塔板理论是 Martin 和 Synger 首先提出的色谱热力学平衡理论。它把色谱柱看作分馏塔，把组分在色谱柱内的分离过程看成在分馏塔中的分馏过程，即组分在塔板间隔内的分配平衡过程。塔板理论的基本假设为：

（1）色谱柱内存在许多塔板，组分在塔板间隔（即塔板高度）内完全服从分配定律，并很快达到分配平衡。

（2）样品加在第 0 号塔板上，样品沿色谱柱轴方向的扩散可以忽略。

（3）流动相在色谱柱内间歇式流动，每次进入一个塔板体积。

（4）在所有塔板上分配系数相等，与组分的量无关。

虽然以上假设与实际色谱过程不符，如色谱过程是一个动态过程，很难达到分配平衡；组分沿色谱柱轴方向的扩散是不可避免的。但是塔板理论导出了色谱流出曲线方程，成功地解释了流出曲线的形状、浓度极大点的位置，能够评价色谱柱柱效。

三、高效液相色谱的主要类型

高效液相色谱按照分离机制的不同可以分为液—固吸附色谱、液—液分配色谱（正相和反相）、凝胶色谱和离子交换色谱。

1. 液—固吸附色谱

流动相为液体，固定相为固体吸附剂的色谱分离技术称为液—固吸附色谱。

液—固吸附色谱的分离原理是样品通过色谱柱中吸附剂时，根据吸附剂对样品中各组分的吸附能力大小不同而达到分离的效果。

吸附剂的吸附能力与吸附剂的极性有关。极性吸附剂选择性地吸附不饱和的、芳香族的和极性的分子。非极性吸附剂如活性炭、硅藻土等对极性分子无吸附能力。

在吸附柱色谱中，流动相的选择也是影响分离的主要因素。一般来说，极性大的溶剂对极性大的组分有较大的亲和力，极性小的溶剂对极性小的组分有较大的亲和力，中等极性的溶剂对中等极性的组分有较大的亲和力，当混合样品中有不同极性的组分时，选择相应的、不同极性的流动相就可将各组分分离。在实际分析中，所选的流动相最好就是组分的溶剂。

常用的溶剂按其极性从小到大顺序排列如下：

石油醚<环己烷<四氯化碳<苯<乙醚<乙酸乙酯<丙酮<乙醇<水

吸附柱色谱的方法是将混合物溶于适当溶剂（流动相）中，使溶液经由填装有吸附剂（固定相）的吸附柱中流过。由于各组分被吸附剂吸附的强弱程度不同，逐渐形成一系列色层带。吸附强的组分留在吸附柱上端，吸附弱的留在吸附柱下端。

2. 液—液分配色谱

流动相为液体，固定相是将固定液涂渍在色谱柱中的液相色谱称为液—液分配色谱。

液液分配色谱法的分离原理，与 Craig 逆流分配法（Counter-Current Distribution Method）相同，但本法是一种连续的高效分离，理论塔板数可达数千至万余，多种组分可在数小时内分离完毕。分离过程是，当移动相的液滴通过有固定相的分配管时，样品在两相液膜上进行分配，同时由于液滴内部不断运动，液滴表面不断更新，也加速了样品的分离；而液滴上下部位的固定相液中，样品浓度有差异，构成了浓度梯度，从而又促进了分配。所以本色谱法是一种高效分配色谱。

3. 凝胶色谱

凝胶色谱法主要是在生物化学和高分子化学领域中被广泛地用来进行物质的分离和分子量的测定。而且近年也应用于对无机化合物的研究。凝胶色谱法有柱层析和薄层层析两种方式。薄层凝胶色谱法具有和通常薄层层析同样的优点，主要用来进行蛋白质等的分离和分子量的测定。但是，后来的薄层凝胶层析的使用和凝胶柱层析法相比，使用受到相当程度的限制。这大多是因为薄层凝胶色谱法所用的展开装置不完全等原因所造成。最近对展开装置和鉴定方法进行了改进，现在不需要依靠凝胶和层析谱剂的种类，大体上在所有的系统中都可能达到匹敌于凝胶柱层析法的高精度展开效能。

4. 离子交换色谱

在某种条件下，被分离物质借所带的电荷可与固定相所带的相反电荷进行可逆性的吸附结合，通过改变流动相 pH 值或离子强度进行洗脱，固定相上结合的带电物质可与流动相中的离子发生交换而被洗脱到流动相中。在相同条件下由于不同的物质所带的净电荷不同，它们与固定相的结合能力也不同，所以被洗脱出色谱柱的顺序也不同，未与固定相结合的分子最先被洗脱出柱，与固定相结合越牢固的分子所需要的洗脱时间越长，这样就可以达到分离混合物的目的。在这里固定相指的是离子交换剂，流动相指的是流经柱床的溶液。

四、液相色谱固定相与流动相

1. 固定相

（1）液—固吸附色谱（LSC）固定相

液—固吸附色谱用的固定相，都是一些吸附活性强弱不等的吸附剂，例如硅胶、氧化铝及其他无机固体。样品分子与冲洗剂分子在固体表面竞争吸附时，官能团极性强度大且数目多的样品分子有较长的保留值，反之保留值较小。因此 LSC 有利于对混合物进行族分离。例如烷、烯、芳烃在价 μ>porasil 上已得到成功分离。此外，LSC 分离还受固体表面刚性结构的影响，不同固体吸附剂表面活性点的几何排布是各有其特色的，只有那些其分子构型与固体表面活性点的刚性几何结构相适应的化合物分子，更容易被吸附住。而无序排列的固定液分子，因缺乏这种刚性结构，故液—固吸附色谱更容易分离几何异构体。例如邻、间、对—苯二胺，二甲基苯酚异构物体等许多芳香族异构体。固体表面的这种特征，使得一种类型的吸附剂比另一种类型的吸附剂更适合于某种特定的分离。

（2）液—液分配色谱（LLC）固定相

液—液分配色谱是在一惰性担体上涂布一层固定液，选择一种与固定液不相互溶或互溶度小的溶剂作流动相，由于担体是多孔的，因此流动相在与固定液相接触的大界面上，两相分配平衡。样品诸组分借助于它们在两相间的分配系数的差异获得分离。LLC 有两个特点：一是这种分配过程比较温和，不存在 LSC 中那些吸附活性点，因而消除了样品在固定相上可能有的异构化、分解和热解现象，更适合于分离不稳定或具有反应性能的物质。二是固定液和流动相可以任意改变（涂过固定液的担体可以把固定液洗下来，重新涂布），增加了这种分离手段的灵活性。极性样品用极性固定液和低极性流动相分离，非极性样品用非极性固定液和极性流动相"反相"冲洗。

（3）化学键合相色谱（即 C）固定相

在解决了 HSLC 专用的高效吸附剂和担体之后，用化学反应的方法通过化学键把有机分子结合到担体表面而形成的化学键合（或结合）固定相是 HSLC 的又一重大突破。这种固定相对 HSLC 的迅速发展起着重要的作用。由于在分离机理上这种固定相既不是吸附剂，也不是典型的固定液相，吸附和分配两个作用兼而有之。只是在某些场合中，如聚合度较高的 PermaPhase 上，认为分配作用为主，而在其他单分子层或交联聚合作用不太甚的情况下，吸附效应较突出。由于这种特殊性，人们把这种色谱称为键合相色谱（Bonded Phase ChromatograPhy），简称 BPC。在这方面国外已有综述和专著发表。和 LSC 相比，它是以原有的 HsLC 吸附剂和担体作基质，消除了固体表面的活性点，使表面性质更加均一，因而同 LLC 一样，大大减少了表面的催化作用，能灵活地改变吸附剂的表面性质，从而改变选择性。另一方面，和 LLC 相比，可以算是对它的一场革命。由于几乎没有一对完全互不相溶的固定相和流动相，所以在 LLC 中，在溶剂长期冲洗下，固定液的流失是很可观的，增加于饱和柱也不是根本之计。采用化学键合的方法将有机分子结合在担体表面，从而形成一个不可抽提的有机覆盖层，是很理想的。总的来说，化学键合相有几个优点：①消除了 LSC 固定相表面的不均一性及由此带来的弊病，可以通过改变表面键合有机分子的种类来改变选择性；②无液相流失，增加了柱子的稳定性和寿命，例如，据报导 perma Phase ODS 曾用了两年半仍未发现柱子性能变劣；③由于牢固的化学键，耐各种溶剂，因而特别有利于梯度淋洗，分析极性范围宽的样品，和 LSC 相比，更换溶剂后原来溶剂的残留效应很易消除；④有利于匹配灵敏的检测器和馏分收集，必要时溶剂回收也方便。

（4）离子交换色谱（IEC）固定相

离子交换色谱是移动相（一般是有一定 pH 值的缓冲剂）中的溶质离子与作为固定相的离子交换剂进行可逆交换，依据这些离子在交换剂上有不同的亲和力而被分离。离子交换色谱已有 30 多年的历史，是近代液体色谱的前身。随着专用离子交换剂和仪器的发展，它已成为一般实验室，特别是生命科学中不可缺少的分离分析技术。

根据起离子交换作用的无机官能团的化学组成，可分为阳离子（或酸性离子）交换剂和阴离子（或碱性离子）交换剂。按其解离常数，又可分为强的和弱的离子交换剂。最常见的强酸性阳离子交换剂，固定官能基是磺酸基（$-SO_3-H^+$），弱酸性阳离子交换剂是羧基（$-COO-H^+$），强碱性阴离子交换剂是季铵盐型（$-CH_2NR_3+Cl^-$），弱碱性阴离子交换剂是氨基型（$R-NH_3+Cl^-$）。

2. 流动相

被选择作为流动相者有水、有机溶剂、各种不同 pH 值的缓冲溶液，以及它们按不同比例混合的二元和三元溶剂。故有水系、有机溶剂体系和水—有机溶剂混合体系等，它们分别具有各种洗脱性能，可应用于不同的方面。

从实验的角度来看，流动相应具备以下几个基本要求。

（1）化学性质应该是稳定的。能够溶解被测样品，但不会把它破坏掉，且有合适的分配系数。

（2）不与固定相发生化学或物理的作用。样品在流动相和固定相之间能建立稳定的平衡状态。

（3）黏度较低。在 0~10mL/min 的流量范围内柱压不会太高。

（4）不妨碍检测。分离后，样品组分容易从中离析出来。另外，也要考虑到容易精制纯化、使用安全（毒性小，不易着火）、价格低廉等因素。

📖 知识拓展

C18 色谱柱的维修

色谱柱在日常使用过程中，尽管保护严格，样品和流动相尽管经过前处理，但经过长时间的使用，仍然难以完全避免柱子受到污染，固定相流失、板结、柱床塌陷以及柱效下降等问题。有些可以通过维修，使部分柱效恢复。

（1）柱污染再生技术

色谱柱污染后，可以用合适的溶剂冲洗，使柱效再生。C18 柱常规的再生洗涤方法是：分别用甲醇、三氯甲烷、甲醇/水各 60mL 依次通过色谱柱，再用 100%甲醇 60mL 平衡色谱柱后封存，柱效将恢复正常。必要时，根据柱污染性质（如有机污染、盐类污染等），采用 0.05mol/L H_2SO_4、0.5mol/L H_3PO_4 或 0.1mol/L EDTA 钠盐冲洗，然后再用水冲洗，最后用 100%甲醇平衡色谱柱后封存。对于严重污染的 C18 柱，可采用水、甲醇、氯仿、乙烷依次冲洗后，按顺序倒过来再冲洗 1 次，每次所用溶剂 60mL，不接检测器，最后用 100%甲醇平衡色谱柱封存。

（2）柱污染的修复

在柱污染再生无效或已知柱污染严重时，可以采用柱修补的方法解决，但柱污染深度不宜超过 5mm。方法是将特制小铲将污染部分挖去，再用与柱填料相同的固定相与流动相混合制成浆状，然后将浆状固定相仔细补入被挖去的部分（尽量使后填补的固定相接近原装的紧密程度），修平端面即可。修好的柱子如果柱头两端的筛板的孔径是一致的，可将柱子颠倒过来使用一般时间，目的是借助流动相冲洗作用，恢复柱床紧密程度。

（3）柱塌陷的修复

柱塌陷的原因很多。对于塌陷不太严重时，如果柱头两端的筛板孔径是一致的，可将柱颠倒使用一般时间，即可恢复性能。当塌陷严重（5mm 左右）时，可采用柱污染的修复方法修补即可。

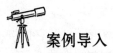

案例导入

高效液相色谱（High performance liguid chromatography）是在 20 世纪 70 年代初期发展起来的一个学科，它的基础是经典的柱色谱和气相色谱。薄层色谱和纸色谱的开发与应用对高效液相色谱的发展也有一定的影响。在高效液相色谱发展的过程中也产生过介于气相色谱与液相色谱之间的色谱，即超临界流体色谱和液化流体色谱。在高效液相色谱当中尚包括体积排斥色谱（Size exclusion chromatography，SEC），而体积排斥色谱当中尚有亲水的凝胶过滤色谱（GFC）和疏水的凝胶渗透色谱（GPC）。GFC 在生物和医药方面应用很广，GPC 在高分子化学和有机化学方面应用颇多。近几年来，电子计算机已广泛地应用于液相色谱上，使 HPLC 得到了长足的进步。

任务二　高效液相色谱仪

一、仪器简介（液相色谱仪的构造）

高效液相色谱仪由高压输液系统、进样系统、分离系统、检测系统、数据处理系统等五大部分组成（图5-1）。分析前，选择适当的色谱柱和流动相，开泵，冲洗柱子，待柱子达到平衡而且基线平直后，用微量注射器把样品注入进样口，流动相把试样带入色谱柱进行分离，分离后的组分依次流入检测器的流通池，最后和洗脱液一起排入流出物收集器。当有样品组分流过流通池时，检测器把组分浓度转变成电信号，经过放大，用记录器记录下来就得到色谱图。色谱图是定性、定量和评价柱效高低的依据。

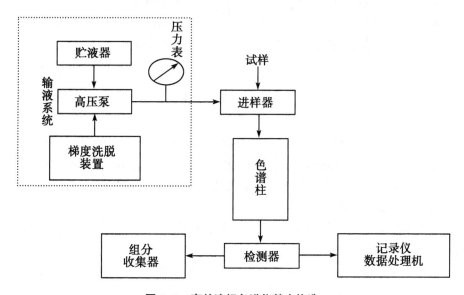

图5-1　高效液相色谱仪基本构造

高效液相色谱仪的基本装置包括

1. 高压输液系统

高压输液系统由溶剂贮存器、高压泵、梯度洗脱装置和压力表等组成。

（1）溶剂贮存器。溶剂贮存器一般由玻璃、不锈钢或氟塑料制成，容量为1~2L，用来贮存足够数量、符合要求的流动相。

（2）高压输液泵。高压输液泵（图5-2）是高效液相色谱仪中关键部件之一，其功能是将溶剂贮存器中的流动相以高压形式连续不断地送入液路系统，使样品在色谱柱中完成分离过程。

由于液相色谱仪所用色谱柱径较细，所填固定相粒度很小，因此，对流动相的阻力较大，为了使流动相能较快地流过色谱柱，就需要高压泵注入流动相。对泵的要求：

输出压力高、流量范围大、流量恒定、无脉动，流量精度和重复性为 0.5% 左右。此外，还应耐腐蚀，密封性好。高压输液泵，按其性质可分为恒压泵和恒流泵两大类。恒流泵是能给出恒定流量的泵，其流量与流动相黏度和柱渗透无关。恒压泵是保持输出压力恒定，而流量随外界阻力变化而变化，如果系统阻力不发生变化，恒压泵就能提供恒定的流量。

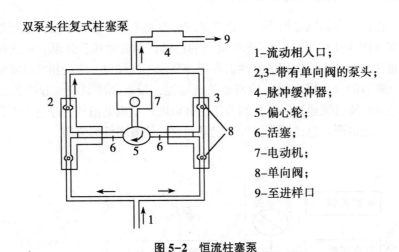

双泵头往复式柱塞泵

1—流动相入口；
2,3—带有单向阀的泵头；
4—脉冲缓冲器；
5—偏心轮；
6—活塞；
7—电动机；
8—单向阀；
9—至进样口

图 5-2　恒流柱塞泵

（3）梯度洗脱装置。梯度洗脱就是在分离过程中使两种或两种以上不同极性的溶剂按一定程序连续改变它们之间的比例，从而使流动相的强度、极性、pH 值或离子强度相应地变化，达到提高分离效果，缩短分析时间的目的。

梯度洗脱装置分为两类：

一类是外梯度装置（又称低压梯度），流动相在常温常压下混合，用高压泵压至柱系统，仅需一台泵即可。

另一类是内梯度装置（又称高压梯度），将两种溶剂分别用泵增压后，按电器部件设置的程序，注入梯度混合室混合，再输至柱系统。

梯度洗脱的实质是通过不断地变化流动相的强度，来调整混合样品中各组分的 k 值，使所有谱带都以最佳平均 k 值通过色谱柱。它在液相色谱中所起的作用相当于气相色谱中的程序升温，有所不同的是，在梯度洗脱中溶质 k 值的变化是通过溶质的极性、pH 值和离子强度来实现的，而不是借改变温度（温度程序）来达到。

2. 进样系统

进样系统包括进样口、注射器和进样阀等，它的作用是把分析试样有效地送入色谱柱上进行分离。六通进样阀是最理想的进样器，其结构如图 5-3。

3. 分离系统

分离系统包括色谱柱、恒温器和连接管等部件。色谱柱一般用内部抛光的不锈钢制成，如图 5-4。其内径为 2～6mm，柱长为 10～50cm，柱形多为直形，内部充满微粒固定相，柱温一般为室温或接近室温。

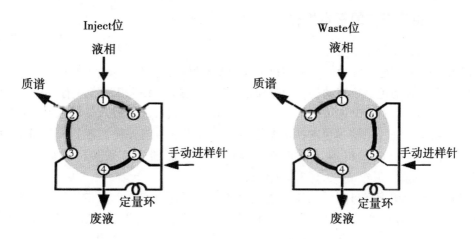

图5-3　六通进样阀装置

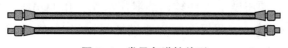

图5-4　常见色谱柱外形

4. 检测系统

最常用的检测器为紫外吸收检测器，它的典型结构如图5-5。

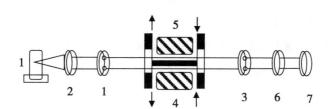

1——低压汞灯；2——透镜；3——遮光板；4——测量池；5——参比池；6——紫外滤光片；7——双紫外光敏电阻

图5-5　紫外检测器光路图

检测器是液相色谱仪的关键部件之一。对检测器的要求是：灵敏度高、重复性好、线性范围宽、死体积小以及对温度和流量的变化不敏感等。在液相色谱中，有两种类型的检测器，一类是溶质性检测器，它仅对被分离组分的物理或物理化学特性有响应。属于此类检测器的有紫外、荧光、电化学检测器等；另一类是总体检测器，它对试样和洗脱液总的物理和化学性质响应。属于此类检测器有示差折光检测器等。

数据处理系统

即为色谱工作站，该系统包括在线采集、离线图谱处理，在线工作站可对测试数据进行采集、贮存、显示、打印，离线工作站可以进行图谱处理等操作，使样品的分离、制备或鉴定工作能正确开展。

二、液相色谱仪的基本操作

1. 液相色谱仪的基本操作

以 LC210 液相色谱仪为例，液相色谱仪的基本操作方法如下：

（1）严格过滤色谱纯流动相，根据流动相极性选择"无机相"或"有机相"滤膜。

（2）对抽滤后的流动相进行超声脱气 20~30min，最好滤芯放入流动相中一起超声。

（3）依次打开【电脑→色谱柱恒温箱→高压恒流泵→紫外检测器】电源开关。听到蜂鸣器响两声后，表示机器通信正常。等待紫外检测器进入采集模式后，打开桌面【LC210 液相色谱仪工作站 V3.0.3】上位机软件。

（4）将流动相管路与高压恒流泵连接完毕后，扭开放空阀，点击清洗，选择清洗时间和流速，用容器接取排出的流动相，直至管路中无气泡，清洗结束后，关闭放空阀。

（5）在上位机界面（下位机亦可），在控制栏里设置波长、流量、恒温箱温度，观察压力是否正常，管路是否有阻塞、漏液现象，废液排出是否畅通。

（6）清洗六通阀，使用微量进样针，抽取流动相，在 LOAD、INJECT 状态下，交叉清洗 3 次，点击上位机 ✗，按照提示把六通进样阀扳到 LOAD 状态，再扳回 INJECT 状态，测试六通阀同步线是否工作正常。

（7）点击上位机 打开泵 打开恒流泵，▶开始采集，设置基线视图窗口，等基线走稳即可进样分析，分析样品时对样品的前处理非常重要。菜单栏可以设置图谱是否自动保存、保存路径、保存时间，亦可点击 自动保存图谱。

（8）图谱处理，找到保存的 HW 格式的文件，点击进去后，点击 满屏 即可看到完整的事先保存的图谱，鼠标拉取即可放大图谱，点击 人 选择需要进行积分的峰，点击 按钮，再点击 定量结果，即可看到峰面积、峰高等结果，点击 设置打印报告内容后，点击 进入打印界面。

（9）关机时，先关检测器，泵不要关掉，应改用流动相冲洗泵，不同的流动相冲洗时间不同，一般冲洗 30min 以上，若是缓冲盐作流动相应先用甲醇水溶液冲洗 30min，再用纯甲醇冲洗。

（10）然后关液相泵。

（11）需要把进样阀冲洗干净，另把注射器等工具清理整洁。

2. 液相色谱仪数据处理

以 LC210 液相色谱仪兽药残留检测为例

（1）新建方法

仪器型号：LC210，柱型号：C18 150mm×4.6mm。

梯度方式为恒流，流速：0.8mL/min。

检测器类型为紫外，波长 277nm。

（2）建标准曲线（利用外标法制作环丙沙星的五级别的标准曲线）

样品名	数量（μg/mL）
环丙沙星标样 1#	0.1
环丙沙星标样 2#	0.2
环丙沙星标样 3#	0.3
环丙沙星标样 4#	0.4
环丙沙星标样 5#	0.5
环丙沙星未知样	

（3）未知样的谱图处理和含量计算

①未知样图谱处理。利用离线工作软件打开未知样图谱，手动积分删除杂峰，只保留主峰。②打开刚制作的标准曲线计算含量。

（4）计算

（5）报告设置及保存

利用离线工作软件出具检测报告。报告中显示分析结果表、实验人、实验单位、显示谱图、显示组分表。

三、高效液相色谱使用注意事项

1. 流动相

（1）流动相应选用色谱纯试剂、高纯水或双蒸水，酸碱液及缓冲液需经过滤后使用，过滤时注意区分有机相膜和无机相膜的使用范围；

（2）水相流动相需经常更换（一般不超过 2 天），防止长菌变质；

（3）使用双泵时，A、B、C、D 四相中，若所用流动相中有含盐流动相，则 A、D（进液口位于混合器下方）放置含盐流动相，B、C（进液口位于混合器上方）放置不含盐流动相；A、B、C、D 四个储液器中，其中一个为棕色瓶，用于存放水相流动相。

2. 样品

（1）采用过滤或离心方法处理样品，确保样品中不含固体颗粒；

（2）用流动相或比流动相弱（若为反相柱，则极性比流动相大；若为正相柱，则极性比流动相小）的溶剂制备样品溶液，尽量用流动相制备样品液；

（3）手动进样时，进样量尽量小，使用定量管定量时，进样体积应为定量管的 3~5 倍；

3. 色谱柱

（1）使用前仔细阅读色谱柱附带的说明书，注意适用范围，如 pH 值范围、流动相类型等。

（2）使用符合要求的流动相。

（3）使用保护柱。

（4）如所用流动相为含盐流动相，在色谱柱使用后，先用水或低浓度甲醇水（如 5%

甲醇水溶液），再用甲醇冲洗。

（5）色谱柱在不使用时，应用甲醇冲洗，取下后紧密封闭两端保存。

（6）不要高压冲洗柱子。

（7）不要在高温下长时间使用硅胶键合相色谱柱；使用过程中注意轻拿轻放。

📖 知识拓展

高效液相色谱仪中常遇见的问题及处理方法

一、保留时间变化

①柱温变化：柱恒温；②等度与梯度间未能充分平衡：至少用 10 倍柱体积的流动相平衡柱；③缓冲液容量不够：用>25mmol/L 的缓冲液；④柱污染：每天冲洗柱；⑤柱内条件变化：稳定进样条件，调节流动相；⑥柱快达到寿命：采用保护柱。

二、保留时间缩短

①流速增加：检查泵，重新设定流速；②样品超载：降低样品量；③键合相流失：流动相 pH 值保持在 3~7.5 检查柱的方向；④流动相组成变化：防止流动相蒸发或沉淀；⑤温度增加：柱恒温。

三、保留时间延长

①流速下降：管路泄漏，更换泵密封圈，排除泵内气泡；②硅胶柱上活性点变化：用流动相改性剂，加三乙胺或采用碱至钝化柱；③键合相流失：流动相 pH 值保持在 3~7.5检查柱的方向；④流动相组成变化：防止流动相蒸发或沉淀；⑤温度降低：柱恒温。

四、出现肩峰或分叉

①样品体积过大：用流动相配样，总的样品体积小于第一峰的 15%；②样品溶剂过强：采用较弱的样品溶剂；③柱塌陷或形成短路通道：更换色谱柱，采用较弱腐蚀性条件；④柱内烧结不锈钢失效：更换烧结不锈钢，加在线过滤器，过滤样品；⑤进样器损坏：更换进样器转子。

五、鬼峰

①进样阀残余峰：每次用后用强溶剂清洗阀，改进阀和样品的清洗；②样品中未知物：处理样品；③柱未平衡：重新平衡柱，用流动相作样品溶剂（尤其是离子对色谱）；④三氟乙酸（TFA）氧化（肽谱）：每天新配，用抗氧化剂；⑤水污染（反相）：通过变化平衡时间检查水质量，用 HPLC 级的水。

六、基线噪声

①气泡（尖锐峰）：流动相脱气，加柱后背压；②污染（随机噪声）：清洗柱，净化

样品，用 HPLC 级试剂；③检测器灯连续噪声：更换氘灯；④电干扰（偶然噪声）：采用稳压电源，检查干扰的来源（如水浴等）；⑤检测器中有气泡：流动相脱气，加柱后背压。

七、峰拖尾

①柱超载：降低样品量，增加柱直径采用较高容量的固定相；②峰干扰：清洁样品，调整流动相；③硅羟基作用：加三乙胺，用碱致钝化柱增加缓冲液或盐的浓度降低流动相 pH 值，钝化样品；④柱内烧结不锈钢失效：更换烧结不锈钢，加在线过滤器，过滤样品；⑤柱塌陷或形成短路通道：更换色谱柱，采用较弱腐蚀性条件；⑥死体积或柱外体积过大：连接点降至最低，对所有连接点作合适调整，尽可能采用细内径的连接管；⑦柱效下降：用较低腐蚀条件，更换柱，采用保护柱。

八、峰展宽

①进样体积过大：用流动相配样，总的样品体积小于第一峰的 15%；②在进样阀中造成峰扩展：进样前后排出气泡以降低扩散；③数据系统采样速率太慢：设定速率应是每峰大于 10 点；④检测器时间常数过大：设定时间常数为第一峰半宽的 10%；⑤流动相黏度过高：增加柱温，采用低黏度流动相；⑥检测池体积过大：用小体积池，卸下热交换器；⑦保留时间过长：等度洗脱时增加溶剂含量也可用梯度洗脱；⑧柱外体积过大：将连接管径和连接管长度降至最小；⑨样品过载：减小浓度或用小体积样品。

任务三 技能训练

技能训练一、生鲜牛乳中三聚氰胺的测定

相关仪器	训练任务	企业相关典型工作岗位	技能训练目标
高效液相色谱仪 紫外检测器 控制器 输液泵 固相萃取装置 分析天平、 离心机、超声波水 浴、涡旋混合器、 pH计等	高效液相色谱仪的使用	乳品厂品控员、质检员	前处理
			高效液相色仪的使用
			计算结果并填写检测报告

【任务描述】

测定乳品厂某一批鲜牛乳是否含有三聚氰胺。

一、仪器设备和材料

色谱柱：Polar-Sil-ica 柱；固相萃取柱：STYRE SCREEN DBX，30mg/6mL。三聚氰胺标准品，醋酸铵溶液，乙腈（色谱纯），实验用水为 Milli-Q 系统制纯水，其他试剂均为分析纯。

二、检测原理

牛奶中三聚氰胺的高效液相色谱检测法方法原理：用乙腈提取试料中的药物残留，经正己烷去除脂肪，提取液经蒸干后，用流动相溶解残渣，所得样液以高效液相色谱—紫外检测法测定，外标法定量。

三、检测步骤

1. 鲜牛奶试样的制备

鲜牛奶 M 购自当地超市。对鲜牛奶中三聚氰胺的提取按照 GB/T 22400—2008 中 6.1 项的要求进行操作。

2. 色谱条件

三聚氰胺分析的色谱条件

色谱柱：Polar-Silica 柱，250mm×4.6mm（i.d.），5μm。

流动相：10mmol/L 醋酸铵溶液（pH 值=3.0）：乙腈=25：75（体积比）。

柱温为室温（23℃）：流速为 1.0mL/min；波长为 240nm；进样量为 20μl。

四、检测原始记录（表5-1）

表5-1 检测原始记录填写单

检测项目		采样日期	
		检测日期	
样品	三聚氰胺含量	国家标准	检测方法

五、检测报告单的填写（表5-2）

表5-2 检测报告单

基本信息	样品名称		样品编号		
	检测项目		检测日期		
分析条件	依据标准		检测方法		
	仪器名称		仪器状态		
	实验环境	温度（℃）		湿度（%）	
分析数据	平行试验	1	2	3	空白
	数据记录				
	检测结果				
检验人		审核人		审核日期	

技能训练二、食品中咖啡因含量的测定

相关仪器	工作任务	企业相关典型工作岗位	技能训练目标
ACQUITY UPLC 超高效纯水机；水浴锅；超声波清洗器	高效液相色谱的使用	食品厂品控员、质检员	前处理
			高效液相色仪的使用
			计算结果并填写检测报告

【任务描述】

采用超高效液相色谱法测定食品厂一批产品中的咖啡因的含量。

一、仪器设备和材料

ACQUITY UPLC 超高效液相色谱系统；超纯水机（Milli-pore 公司）；水浴锅；超声波清洗器。

咖啡因标准品（Dr. Enrenstorfer，纯度>99.5%）；甲醇（色谱纯，Dikma 公司）。

二、检测原理

用反相高效液相色谱法将饮料中的咖啡因与其他组分（如：单宁酸、咖啡酸、蔗糖等）分离后，将已配制的浓度不同的咖啡因标准溶液进入色谱系统，以紫外检测器进行检测。在整个实验过程中，流动相流速和泵的压力是恒定的，测定它们在色谱图上的保留时间和峰面积后，可直接用保留时间定性，用峰面积作为定量测定的参数，采用工作曲线法（即外标法）测定饮料中的咖啡因含量。

三、检测步骤

1. 色谱条件

色谱柱为 ACQUITY UPLC@ BEH C18 柱（2.1mm×50.0mm，1.7μm）；流动相为甲醇：水=12：88，流速为 0.4mL/min；进样量为 3μL；柱温为 30℃；检测波长为 272nm。

2. 样品处理

（1）咖啡：焙炒咖啡称取 1g，速溶咖啡称取 0.5g 于 250mL 具塞三角瓶中，加入 2g 氧化镁和 90mL 沸水，于 95℃水浴中浸提 20min（每隔 5min 振摇 1 次），浸提完毕后减压过滤，滤液转入 100mL 容量瓶中，冷却定容。测定时，将样液经 0.22μm 的微孔滤膜过滤待用。

（2）茶饮料：经 0.22μm 的微孔滤膜过滤，作为待测样品。

（3）可乐：先经超声波脱气，再经 0.22μm 的微孔滤膜过滤，作为待测样品。

3. 按所述色谱条件进行分析，根据保留时间定性，峰面积定量，以峰面积对浓度作标准曲线，计算回归方程，外标法定量。

四、检测原始记录（表5-3）

表5-3　检测原始记录填写单

检测项目		采样日期	
		检测日期	
样品	咖啡因的含量	国家标准	检测方法

五、检测报告单的填写（表5-4）

表5-4　检测报告单

基本信息	样品名称		样品编号			
	检测项目		检测日期			
分析条件	依据标准		检测方法			
	仪器名称		仪器状态			
	实验环境	温度（℃）		湿度（%）		
分析数据	平行试验	1	2	3	空白	
	数据记录					
	检测结果					
检验人		审核人		审核日期		

技能训练三、食品中胆固醇的测定

相关仪器	工作任务	企业相关典型工作岗位	技能训练目标
LC-10AvP 型高压液相色谱仪日本岛津公司；二极管阵列检测器；磁力搅拌加热电热套；水浴锅；真空泵；微孔过滤器：0.45pm 微孔滤膜；25μL 微量注射器；pH 试纸。	高效液相色谱的使用	食品厂品控员、质检员	前处理
			高效液相色谱的使用
			计算结果并填写检测报告

【任务描述】

高效液相色谱法测定动物性食品中胆固醇的含量。

一、仪器设备和材料

高效液相色谱仪；二极管阵列检测器；磁力搅拌加热电热套；水浴锅；真空泵；微孔过滤器：0.45μm；微孔滤膜；25μL 微量注射器；pH 试纸。

蛋制品 21 种、乳制品 3 种、甜饼类 1 种、肉类 11 种及其他 2 种。

甲醇为色谱纯；无水乙醇、无水乙醚、石油醚和无水硫酸钠均为分析纯。

二、检测原理

样品经皂化和提取，在 205nm 波长下用反相高效液相色谱法分离后，以二极管阵列检测器进行检测。在整个实验过程中，流动相流速和泵的压力是恒定的，测定他们在色谱图上的保留时间和峰面积后，可直接用保留时间定性，用峰面积作为定量测定的参数，采用工作曲线法（即外标法）测定样品中的胆固醇含量。

三、检测步骤

1. 色谱条件

色谱柱：反相色谱柱（4.6mm×150mm）；流动相：100%甲醇（V/V）；测定波长：205nm；流速：1mL/min；柱温：38℃；进样量：10μL。

2. 标准溶液配制

（1）标准储备液（浓度约为 1mg/mL）

胆固醇标准溶液：精密称取标准胆固醇 0.1000g 用无水乙醇定容于 50mL 棕色容量瓶中。

（2）标准使用液

用移液管分别吸取上述储备液（浓度约为 2mg/mL）5mL、4mL、3mL、2mL、1mL 用蒸馏水定容至 10mL（浓度分别为 1.0mg/mL、0.8mg/mL、0.6mg/mL、0.4mg/mL、

0.2mg/mL）。

3. 样品前处理

（1）皂化

准确称取样品（一般样品 1~5g，鸡蛋样品 0.5g，蛋黄样品 0.25g），精确至 0.0001g 于 250mL 平底烧瓶中，加入 30mL 无水乙醇，50% 氢氧化钾溶液 10mL。如试样脂肪含量较高，可加入 60% 氢氧化钾溶液，将试样在 100℃ 磁力搅拌加热电热套或水浴锅中皂化回流 lh，不时振荡防止试样黏附在瓶壁上，皂化结束，用 5mL 无水乙醇自冷凝管顶端冲洗其内部，取下烧瓶，冷却至室温。

（2）提取

定量转移全部皂化液于 250mL 分液漏斗中，用 30mL 水分 2~3 次冲洗平底烧瓶并入分液漏斗，再用 40mL 石油醚和乙醚混合液（1:1，V/V）分 2~3 次冲洗平底烧瓶并入分液漏斗，加盖，放气，混合，振摇 2min，静置，分层。转移水相于第二个分液漏斗，再用 30mL 石油醚和乙醚混合液（1:1，V/V）重复提取两次，弃去水相，合并三次有机相，用蒸馏水每次 100mL 洗涤提取液至中性，初次水洗时轻轻旋摇，防止乳化，提取液通过无水硫酸钠脱水，转移到 150mL 平底烧瓶中。

（3）浓缩

将上述平底烧瓶中的提取液在真空，50℃ 水浴下蒸发至干，残渣用 5mL 甲醇溶解，溶液通过 0.45μm 过滤膜过滤，收集清液移入上机小瓶，用于高效液相色谱仪分析。

4. 定量方法（外标法）

标准曲线制作：分别取上述标准工作液，上机。以峰面积为横坐标 X，胆固醇浓度为纵坐标 Y，绘制标准曲线。

5. 结果计算

$$X = \frac{C_o \times A \times V}{A_o \times m}$$

式中，X 为样品中胆固醇含量（mg/100g）；C_o 为标准溶液的浓度（mg/mL）；A_o 为标准溶液的峰面积相应值；A 为样品的峰面积相应值；V 为定容体积（mL）；m 为样品质量（g）。

四、检测原始记录（表5-5）

表5-5 检测原始记录填写单

检测项目		采样日期	
		检测日期	
样品	胆固醇的含量	国家标准	检测方法

五、检测报告单的填写（表5-6）

表5-6　检测报告单

基本信息	样品名称		样品编号			
	检测项目		检测日期			
分析条件	依据标准		检测方法			
	仪器名称		仪器状态			
	实验环境	温度（℃）		湿度（%）		
分析数据	平行试验	1	2	3		空白
	数据记录					
	检测结果					
检验人		审核人		审核日期		

习 题

一、填空题

1. HPLC 是_____的英文缩写。

2. HPLC 色谱法中，流动相的黏度_____一些较好。

3. 十八烷基键合相硅胶简称为_____，适合分离_____物质。

4. 反相键合相色谱中，流动相以_____为主体，常加入_____、_____等作为极性调节剂。

5. 高效液相色谱仪通用型检测器常用_____、_____。专属型的检测器有_____、_____。

二、选择题

1. HPLC 中常用作固定相，也可作为键合相基体的物质是？（　）

A. 硅胶　　　B. 分子筛　　　C. 氧化铝　　　D. 活性炭　　　E. 树脂

2. 下列哪种方法不用作 HPLC 流动相脱气（　）

A. 抽真空　　　B. 加热　　　C. 吹氦气　　　D. 超声波　　　E. 吹氢气

3. 高效液相色谱法对流动相的要求正确的是（　）

A. 流动相进色谱柱前不用脱气　　　B. 流动相不能具有腐蚀性

C. 流动相纯度不必很高　　　　　　D. 流动相进色谱柱前不用过滤掉灰尘

E. 以上说法都不对

4. 在液相色谱中，范氏方程中的哪一项对柱效能的影响可以忽略不计？（　）

A. 涡流扩散　　　　　　B. 分子扩散项

C. 固定相传质阻力项　　　D. 流动相中的传质阻力　　　E. 停滞流动相中的传质阻力

5. 高效液相色谱中色谱柱常使用（　）

A. 不锈钢柱　　　B. 玻璃柱　　　C. 毛细管柱　　　D. 塑料柱　　　E. 空管柱

6. 液相色谱中用于定性的参数为（　）

A. 保留时间　　　B. 基线宽度　　　C. 峰高　　　D. 峰面积　　　E. 分配比

7. 液相色谱中最常用的定量方法是（　）

A. 内标法　　　B. 内标对比法　　　C. 外标法　　　D. 归一化法　　　E. 对照法

三、简答题

1. 简述高效液相色谱仪的组成及各部件的作用。

2. 举出三种常见的液相色谱检测器。

3. 比较高效液相色谱与经典液相色谱的异同点。

附：仪器使用技能考核标准（表5-7）

表5-7　液相色谱仪的操作技能量化考核标准参考表

项目	考核内容	分值	考核标准	得分	备注
测试样品准备	试样预处理、标准溶液准备	15分	按照正确的步骤和方法进行样品的预处理；正确配制标准溶液；用微孔滤膜过滤备用		
仪器准备	色谱柱安装、仪器管路清洗	10分	正确连接色谱柱；正确清洗，直至管路中无气泡		
开机和方法建立	开机程序、建立分析方法	30分	能按操作说明正确地进行开机操作，流量、温度达到规定值；正确设置仪器的各项参数，建立样品分析方法		
关机	关机程序和方法	10分	关机时，先关检测器，泵不要关掉，应改用流动相冲洗泵，不同的流动相冲洗时间不同，一般冲洗30min以上，若是缓冲盐作流动相应先用甲醇水溶液冲洗30min，再用纯甲醇冲洗		
数据分析与处理	定量分析、定性分析	15分	能在工作软件中对目标组分进行定性；建立校准曲线，出具未知样的定量分析报告		
原始记录	记录正确	10分	完整、清晰、规范、及时		
测定报告和结果	报告规范和结果正确	10分	合理、完整、明确、规范		
总分					

项目六 气相色谱分析技术

【知识目标】

➢ 掌握色谱分析的原理，了解气相色谱仪的结构；
➢ 掌握气相色谱仪的条件选择和定量分析方法；
➢ 学习气相色谱图的相应术语。

【技能目标】

➢ 能熟练使用气相色谱仪；
➢ 了解气相色谱仪的维护和保养方法。

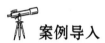 案例导入

自 2004 年 10 月 1 日起，国家食用油新标准正式出台实施。该标准要求，食用油必须明示原料来源和加工工艺，必须标明转基因、压榨、浸出产品和原料产地。消费者可以根据这些信息和自己的喜好选择食用油产品。

目前，我国食用油市场 80% 以上的食用油厂家都采用了浸出法，只有不到 20% 的食用油采用了压榨工艺，而压榨油也比浸出油价格高出了 30% 左右。浸出油以其出油率高、价格低廉的优势占据了我国食用油市场的主要份额。那么，压榨油和浸出油有什么不同呢？简单地说，压榨油的加工工艺是"物理压榨法"，而浸出油的加工工艺是"化学浸出法"。

压榨法是利用施加物理压力把油脂从油料中分离出来，是一种非常古老的生产方法，传统作坊都是这样制油的，当然现在已经是工业化作业。压榨法由于不涉及任何添加物质，榨出的油各种成分保持较为完整。但压榨法有一大缺点，就是出油率低，这也是它价格较高的原因。

浸出法选用符合国家相关标准的溶剂油（6 号轻汽油），利用油脂与所选定溶剂的互溶性质，通过溶剂与处理过的固体油料中的油脂接触而将其萃取溶解出来，并用严格的"六脱"（即脱脂、脱胶、脱水、脱色、脱臭、脱酸）工艺脱除油脂中的溶剂。与压榨法相比，浸出法最大的特点是成本低，出油率高，油料资源能得到充分利用。缺点是，浸出过程中，食用油中的溶剂残留不可避免。国家标准规定，即使合格的浸出大豆油每千克也允许含有 10 毫克的溶剂残留。检测浸出油中的溶剂残留量，对食用油的安全使用，保障消费者健康，具有重要的意义。

任务一　气相色谱法基础知识

一、色谱法的产生

色谱法是一种分离技术，它是俄国植物学家茨维特 1906 年创立的。分离植物叶子中的色素时，将叶片的石油醚（饱和烃混合物）提取液倒入玻璃管柱中，柱中填充 $CaCO_3$ 粉末（$CaCO_3$ 有吸附能力），用纯石油醚洗脱（淋洗）（图 6-1）。

图 6-1　早期色谱分离技术

色素受两种作用力影响：

（1）一种是 $CaCO_3$ 吸附，使色素在柱中停滞下来。

（2）一种是被石油醚溶解，使色素向下移动。

各种色素结构不同，受两种作用力大小不同，经过一段时间洗脱后，色素在柱子上分开，形成了各种颜色的谱带，这种分离方法称为色谱法。色谱法中各组分的分离就是依赖于固定相和流动相的相互作用。固定相—固定不动的相，如上面的 $CaCO_3$，流动相—推动混合物流动的液体，如上面所述的石油醚。

随着被分离样品种类的增多，该方法被广泛地用于无色物质的分离，"色谱"名称中的"色"失去了原有的意义，但"色谱"这一名称沿用至今。

二、色谱图及色谱常用术语

随着科技的发展，现代色谱学方法已广泛利用专业的色谱仪器和分析软件，其流程为：混合物样品→色谱柱中分离各组分→检测器中产生信号→记录分析。组分从色谱柱流出时，各个组分在检测器上所产生的信号随时间变化，所形成的曲线叫色谱图。记录了各个组分流出色谱柱的情况，又叫色谱流出曲线（图 6-2）。

（1）基线——在实验操作条件下，色谱柱后没有组分流出的曲线叫基线。稳定情况下，接近一条直线。基线上下波动称为噪声。

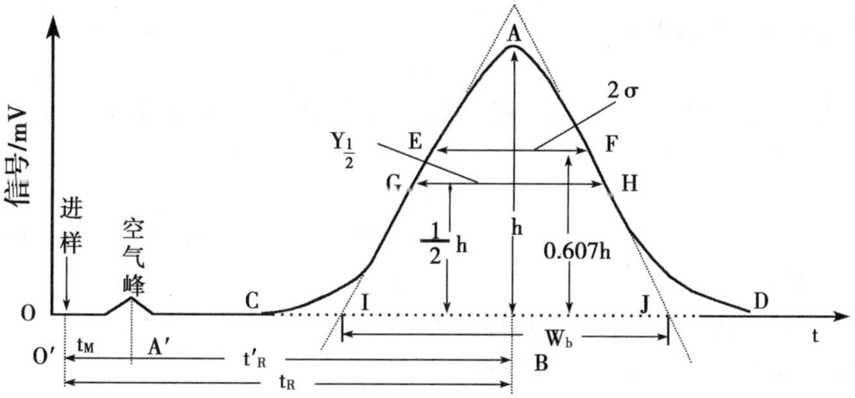

图6-2 色谱流出曲线（色谱图）

（2）峰高 h——色谱峰最高点与基线之间的距离。峰高低与组分浓度有关，可作为定量分析的依据。

（3）色谱峰的宽度。

①标准偏差 σ——峰高 0.607 倍处的色谱峰宽的一半。

②峰底宽 W_b——色谱峰两侧拐点所作切线在基线上的距离。

③半峰宽 $W_{1/2}$（$Y_{1/2}$）——峰高一半处色谱峰的宽度。

（4）色谱峰面积 A——色谱峰与峰底所围的面积。可作为定量分析的依据。色谱峰的峰高越高、峰宽越窄越好。

对于对称的色谱峰 $A = 1.065h\ W_{1/2}$。

对于非对称的色谱峰 $A = 1.065h\ (W_{0.15} + W_{0.85})\ /2$。

（5）色谱保留值——定性的依据。组分在色谱柱中停留的数值，可用时间 t 和所消耗流动相的体积来表示。组分在固定相中溶解性能越好，或固定相的吸附性越强，在柱中滞留的时间越长，消耗的流动相体积越大，固定相、流动相固定，条件一定时，组分的保留值是个定值。

保留值用时间表示：

①死时间 t_0/t_M——不被固定相吸附或溶解的组分流经色谱柱所需的时间。从进样开始到柱后出现峰最大值所需的时间。等于气相色谱—惰性气体（空气、甲烷等）流出色谱柱所需的时间。

②保留时间 t_R——组分流经色谱柱时所需时间。进样开始到柱后出现最大值时所需的时间。操作条件不变时，一种组分有一个 t_R 定值，定性参数。

③调整保留时间 t'_R——扣除了死时间的保留时间。$t'_R = t_R - t_0$ 又称校正保留时间，实际保留时间。t'_R 体现的是组分在柱中被吸附或溶解的时间。

保留值用体积表示：

①死体积 V_0——不被固定相滞留的组分流经色谱柱所消耗的流动相体积称死体积，色谱柱中载气所占的体积。F_0 为柱后出口处流动相的体积流速 mL/min。

$$V_0 = t_0 F_0$$

②保留体积 V_R——组分从进样开始到色谱柱后出现最大值时所需流动相体积，组分通过色谱柱时所需流动相体积。

$$V_R = t_R F_0$$

③调整保留体积 V'_R——扣除了死体积的保留体积，真实地将待测组分从固定相中携带出柱子所需的流动相体积。

$$V'_R = t'_R F_0$$

V_0、t_0 与被测组分无关，因而 V'_R、t'_R 更合理地反映了物质在色谱柱中的保留情况。

（6）总结：

①色谱峰的位置即保留值——进行定性分析。

②色谱峰的 h、A——进行定量分析。

③色谱峰的位置及峰的宽度——可评价色谱柱效的高低。

三、气相色谱法

气相色谱（Gas Chromatography 简称 GC）又称气相层析，是 20 世纪 50 年代出现的一项重大科学技术成就。这是一种新的分离、分析技术，它在工业、农业、国防、建设、科学研究中都得到了广泛应用。气相色谱法是指用气体作为流动相的色谱法。由于样品在气相中传递速度快，因此样品组分在流动相和固定相之间可以瞬间地达到平衡。另外加上可选作固定相的物质很多，因此气相色谱法是一个分析速度快和分离效率高的分离分析方法。近年来采用高灵敏选择性检测器，使得它又具有分析灵敏度高、应用范围广等优点。本节案例导入材料，食用油中的溶剂残留，即可采用气相色谱的方法来进行溶剂的定性以及定量分析。

气相色谱可分为气固色谱和气液色谱。气固色谱（GSC）指流动相是气体，固定相是固体物质的色谱分离方法；气液色谱（GLC）指流动相是气体，固定相是液体的色谱分离方法。

四、气相色谱法的原理

气相色谱法是一种分离、检测同步进行的方法。气相色谱分离过程与分馏类似，主要是利用物质的沸点、极性及吸附性质的差异来实现混合物的分离。待分析样品在汽化室汽化后被惰性气体（即载气，也叫流动相）带入色谱柱，柱内含有液体或固体固定相，由于样品中各组分的沸点、极性或吸附性能不同，每种组分都倾向于在流动相和固定相之间形成分配或吸附平衡。但由于载气是流动的，这种平衡实际上很难建立起来。也正是由于载气的流动，使样品组分在运动中进行反复多次的分配或吸附/解吸附，结果是在载气中浓度大的组分先流出色谱柱，而在固定相中分配浓度大的组分后流出。当组分流出色谱柱后，立即进入检测器。检测器能够将样品组分转变为电信号，而电信号的大小与被测组分的量或浓度成正比。当将这些信号放大并记录下来时，就是气相色谱图了。根据色谱流出曲线（色谱图）上得到的信息，可进行定性分析，也可以进行定量分析。其气相色谱流程如图 6-3 所示。

1. 定性分析

一般来说，色谱分析的结果用色谱图来表示。在色谱图中，横坐标为保留时间，纵坐

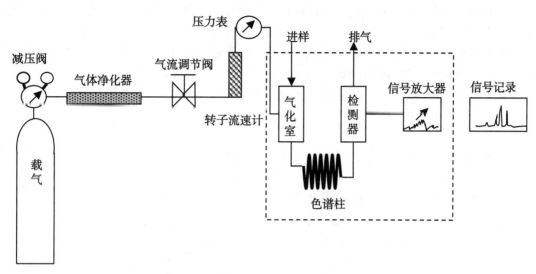

图6-3　气相色谱流程图（虚线内为气相色谱仪主要部件）

标为检测器的信号强度。色谱图中有一系列的峰，代表着被分析物中在不同的时间被洗脱出来的各种物质。在分析条件相同的前提下，保留时间可以用于表征化合物。同时，在分析条件相同时，同一化合物的峰的形态也是相同的，这对于表征复杂混合物很有帮助。然而，现代的气相色谱分析很多时候采用联用技术，即气相色谱仪与质谱仪或其他能够表征各峰对应化合物的简单检测器相连。定性分析的任务是确定色谱图上各个峰代表什么物质：

（1）利用保留时间定性。在相同色谱条件下，将标准物和样品分别进样，两者保留值相同，可能为同一物质。此方法要求操作条件稳定、一致，必须严格控制操作条件，尤其是流速。

（2）利用峰高增量定性。若样品复杂、流出峰距离太近、或操作条件不易控制，可将已知物加到样品中，混合进样，若被测组分峰高增加了，则可能含该已知物。

（3）利用双色谱系统定性。通过改变色谱条件来改变分离选择性，使不同物质显示不同保留值。例：选用极性差别较大的两种不同固定液来制备色谱柱，不同物质具有不同保留值

2. 定量分析

气相色谱定量分析是根据检测器对溶质产生的响应信号与溶质的量成正比的原理，通过色谱图上的峰面积或峰高，计算样品中溶质的含量。下面介绍以峰面积定量的方法（峰高定量的原理一样）：

由于同一检测器对不同物质具有不同的响应值，即检测器对不同物质的灵敏度不同，相同的峰面积并不意味着有相等的量。在进行定量分析时，不能直接以面积大小，直接判断某组分含量的多少。应考虑检测器对该物质的灵敏度，即校正因子。

（1）绝对校正因子 f_i：某组分单位峰面积对应该组分的质量。

$$f_i = m_i / A_i$$

即某组分的质量 $m_i = f_i A_i$，其中 m_i——被测组分 i 的质量，f_i——绝对校正因子，A_i——被测组分的峰面积。

绝对校正因子受操作条件影响较大，要严格控制色谱条件，不易准确测定，无法直接引用，定量分析中一般采用相对较正因子。

（2）相对校正因子 f_i'：样品中各组分的绝对校正因子与已知标准物的绝对校正因子之比。

$$f_i' = \frac{f_i}{f_s} = \frac{m_i/A_i}{m_s/A_s} = \frac{A_s \times m_i}{A_i \times m_s}$$

在进行实际定量分析时，常采用以下几种方法进行定量分析。

①归一化法

试样各组分都出峰，可用归一化法定量。把所有出峰组分的含量之和当作 100% 的定量分析方法称为归一化法。若样品中有几个组分，每个组分的量分解为 m_1、m_2…m_n 各组分含量总和为 m，则某组分的质量为 m_i，其质量分数 w_i 为

$$w_i = \frac{A_i f_i'}{A_1 f_1' + A_2 f_2' + \cdots + A_n f_n'} \times 100\%$$

优点：简便、准确、不需标准物，不必准确称量和准确进样，操作条件稍有变化对结果影响较少。

缺点：所有组分都出峰，并测所有组分的 A_i' 和 f_i'。

②内标法

选择适宜的物质作为欲测组分的参比物，定量加到样品中去，依据欲测组分和参比物在检测器上的响应值（峰面积或峰高）之比和参比物加入的量进行定量分析的方法称为内标法。

$$f_i' = \frac{f_i}{f_s} = \frac{m_i/A_i}{m_s/A_s} = \frac{A_s \times m_i}{A_i \times m_s}$$

被测组分 $m_i = f_i' A_i \dfrac{m_s}{A_s}$，内标物（参比物）$m_s = f_s' A_s \dfrac{m_s}{A_s}$。

对内标物的要求：①内标物应是样品中不存在的纯物质。②内标物与被测物的峰尽量靠近，但又能完全分开，t_R 相差少。为简便起见，求定量校正因子时，常以内标物本身作标准 $f's = 1.0$。

优点：定量准确，操作条件不必严格控制，与进样量无关，被测组分和内标物出峰即可，适用于微量组分的测定，应用广泛。

缺点：每次测定都要准确称量样品和内标物。

③外标法—标准曲线法

当样品中各组分不能完全流出，又没有合适内标时，可采用此法。将待测组分的纯物质配制不同浓度的标准系列，在相同操作条件下，定量进样，测该待测组分的不同浓度标准系列进样后产生的 A，绘制 A—C 的关系曲线。

在完全相同条件下，测待测样品，根据待测样品的 A，从曲线上查出待测组分含量。

优点：操作简单，计算方便，不用 f_i'。

缺点：需要待测组分的纯物质或标准溶液，要求准确进样，操作条件稳定。

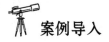 **知识拓展**

色谱流出曲线术语补充

（1）相对保留值 $\gamma_{2,1}$ 或 $\gamma_{i,s}$——在相同操作条件下，组分 2 或组分 i 对另一参比组分 1 或 s 调整保留值之比

$$\gamma_{2,\,1} = \frac{t'_{R_2}}{t'_{R_1}} = \frac{V'_{R_2}}{V'_{R_1}}$$

$$\gamma_{i,\,s} = \frac{t'_{R_i}}{t'_{R_s}} = \frac{V'_{R_i}}{V'_{R_s}}$$

（2）分配平衡

在一定温度下，组分在流动相和固定相之间所达到的平衡叫分配平衡，组分在两相中的分配行为常采用分配系数 K 和分配比 k' 来表示。

①分配系数 K（浓度分配系数）

$$K = \frac{\text{组分在固定相中的浓度}}{\text{组分在流动相中的浓度}} = \frac{c_s}{c_m}$$

K 随 T 变化，与固定相、流动相的体积无关。

②分配比 k'（又叫容量因子，容量比）

$$k' = \frac{\text{组分在固定相中的质量}}{\text{组分在流动相中的质量}} = \frac{m_s}{m_m} = \frac{\rho_s V_s}{\rho_m V_m} = K\frac{V_s}{V_m}$$

k' 随 T、固定相、流动相的体积变化而变化，k' 越大，组分在固定相中质量越多，t_R 越长。

k' 与 t_R 之间的关系：

$$k' = t'_R/t_0 = (t_R - t_0)/t_0$$
$$k' = V'_R/V_0 = (V_R - V_0)/V_0$$

K、k' 越大，组分在固定相中 t_R 就越长。

案例导入

生活中的气体分析

酒后驾车现象及因酒后驾车造成的交通事故不断增加，因此，快速、准确地分析出司机血液中的酒精含量，便成为各地交警部门的一项重要任务，随着新《交通法》的实施，驾车者血醇含量的检测日趋普遍，气相色谱法定性及定量检测血醇含量是唯一司法认定的检测手段。2009 年国家公安部发布了《GA/T 842—2009 血液酒精含量的检验方法》，使用气相色谱仪，采用顶空进样技术，能快速、准确的分析出人体血液中的酒精（乙醇）含量。该方法检测灵敏度高、分析速度快、运行稳定，可在短时间内准确检测出人体血液中的酒精含量。

任务二　气相色谱仪

一、仪器简介

用作进行气相色谱的仪器称为气相色谱仪（或"气体分离器"）。气相色谱仪由以下五大系统组成：气路系统、进样系统、分离系统、温控系统、检测记录系统。组分能否分开，关键在于色谱柱；分离后组分能否鉴定出来则在于检测器，所以分离系统和检测系统是仪器的核心。

1. 气路系统

主要作用是为保证进样系统、分离系统和检测记录系统的正常工作提供稳定的载气和有关检测器必需的燃气、助燃气以及有关辅助气。气路控制系统的好坏将直接影响分离效率、稳定性和灵敏度，从而将直接影响定性定量的准确性。气路控制系统主要由气源、减压阀、气体净化器、气流调节阀、转子流量计和压力表等组成，某些气相色谱中还设有切换阀、分流阀等。

（1）气源

作为气相色谱载气的气体，要求其化学稳定性好、纯度高、价格便宜并易取得、能适合于所用的检测器。常用的载气有氢气（H_2）、氮气（N_2）、氩气（Ar）、氦气（He）、二氧化碳（CO_2）等。其中氢气和氮气价格便宜、性质良好，是最常见的载气。除了载气以外，某些检测器需要燃气、助燃气和辅助气体。气源可以是存放在高压钢瓶中的气体，也可以是气源发生器（如采用电解水的氢气发生器）产生，还可以使用空气压缩机提供的压缩空气。

载气纯度主要取决于：①分析对象；②色谱柱中填充物；③检测器。在满足分析要求的前提下，尽可能选用纯度较高的气体作为载气。这样不但会提高（保持）仪器的高灵敏度，而且会延长色谱柱、整台仪器（气路控制部件，气体过滤器）的寿命，载气纯度一般要求高于 99.995%，最好高于 99.999%。

选择何种气体作载气，首先要满足检测器的要求，还要考虑到分析方法对分析周期、柱效率及灵敏度的影响。例如从柱效率考虑，要求载气的扩散系数要小，为得到好的峰型，常用摩尔质量大的 N_2 作载气，提高色谱柱柱效。对 TCD 检测器来讲，为提高灵敏度常用热传导大的 H_2（He）作载气，而不使用 N_2 或 Ar。从安全和分析周期来讲，He 要比 H_2 好，但 He 价格比较高，因此使用 H_2 作载气比较普遍。对于 FID 检测器用 N_2 作载气，既安全又可得到比较好的灵敏度。综上所述 TCD 检测器用 H_2、He 比较好，用 N_2、Ar、空气时灵敏度比较低，易出现 N 型或 W 型峰。FID、FPD 检测器常用 N_2 作载气，在特殊情况下也可用 H_2。ECD 检测器一般用 N_2 作载气（检测器名称缩写参考检测记录系统部分）。

（2）减压阀

包括开关阀和压力表，主要作用打开关闭气源，初步控制载气、燃气、助燃气的输出压力。

（3）气体净化器

气体净化器内装有脱氧剂、硅胶、活性炭或分子筛等，以除去载气中的 H_2O、CO_2、O_2、HCl、SO_2 等不利分离和检测的杂质。

（4）气流调节阀

常见的有稳压阀和针型阀组合（压力控制器），或者稳流阀和针型阀组合（流量控制器）。压力控制器可以对载气进行恒压控制，使载气的压力保持恒定，通常分离柱为毛细管柱时，无论色谱柱的阻力（内径、长度、柱温等）如何变化，压力始终固定不变，但载气流量会随着阻力的增加而减小；流量控制器可以对载气进行恒流控制，使载气的流量保持恒定，通常用于分离柱为填充柱时，无论色谱柱的阻力（内径、长度、柱温等）如何变化，流量始终固定不变，但载气压力会随着阻力的增加而增加。

（5）转子流量计和压力表

实时观测载气的流量和压力。气相色谱仪气路系统中的气体流速可采用转子流量计来测量。在转子流量计之后气化器之前装有压力读数为 0~0.6MPa 的压力表，用于指示色谱柱的柱前载气压力。根据载气的柱前压力和柱出口压力，可以计算出色谱柱中载气的平均流速，还可反映出柱填料的松紧程度，以及气路系统是否发生堵塞或漏气等现象。

2. 进样系统

进样系统的作用是将液体或气体试样，在进入色谱柱之前瞬间气化，然后快速定量地转入到色谱柱中。进样量的大小，进样时间的长短，试样的气化速度等都会影响色谱的分离效果以及分析结果的准确性和重现性（图6-4）。

（1）进样器

液体样品的进样一般采用微量注射器，其外观类似医用注射器，操作简单、灵活，但误差较大，偏差在 5% 左右。

气体样品的进样常用色谱仪本身配置的推拉式六通阀或旋转式六通阀定量进样，操作方便、进样迅速。利用定量管体积固定的特征，使得进样量准确、结果重现性好，偏差在 0.5% 以内，旋转式六通阀进样原理如图 6-4 所示。

除了上述手动进样装置外，各仪器厂商也开发出了许多能将待分析样品自动引入到色谱柱进样口中的自动进样装置，自动进样能提供更好的分析重现性，并能更好地进行时间优化。目前已经逐渐代替手动进样。

进样时间和进样量的选择：①进样迅速（塞子状）以防止色谱峰扩张；②进样量要适当：在检测器灵敏度允许下，尽可能少加进样量：液体试样为 0.1~10μl，气体试样为 0.1~10mL。

（2）气化室

气化室的主要功能是把所注入的液体样品瞬间气化。在进行气相色谱分析前，气化室必须预热至设定温度，样品气化后与载气充分混匀，由载气携带进入分离系统。因此，它一般应满足以下几条要求：①进样方便，密封性能良好：气化器的进样口用厚度为 5mm 的硅橡胶垫片密封，既可让注射器针头方便穿过，又能起密封作用；②热容量大，样品瞬间气化：气化器应有足够的热容以便使样品瞬间气化，应选用比热值较大的材料制作，并

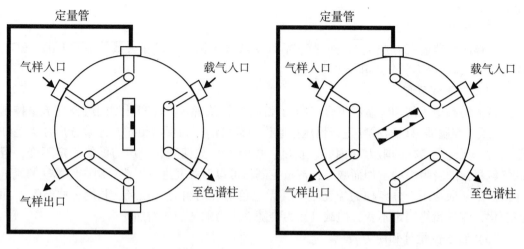

A 取样过程（旋钮垂直）　　　　　　B 进样过程（旋钮旋转）

图 6-4　旋转式六通阀取样、进样过程

增加气化器壁厚；③无催化效应，样品不变质：为了使样品气化过程中不变质，因此要求气化器用惰性材料，一般都在气化器内衬用石英玻璃管；④无死角存在，流通性能好：载气能及时把气化的样品组分一道带入柱内，这样既可防止样品变质，又能减少谱带扩张等现象。

3. 分离系统

分离系统即色谱柱，样品各组分能否分离主要取决于色谱柱，色谱柱是气相色谱仪的核心部件。样品各组分在载气的带动下，在色谱柱中逐渐分离的过程，如图 6-5 所示。

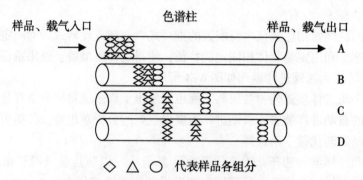

◇　△　○　代表样品各组分

图 6-5　样品各组分在色谱柱中分离的过程

气相色谱柱主要有两类，填充柱和毛细管柱：

（1）填充柱

填充柱长 1～10m，内直径为 2～4mm。柱身通常由不锈钢或玻璃制成，内部有填充物，由一薄层液态或固态的固定相覆盖在磨碎的化学惰性固体表面（如硅藻土）构成。覆盖物的性质决定了哪些物质受到的吸附作用最强。因此，填充柱有很多种，每一种填充柱被设计成用于某一类或几类混合物的分离。填充柱的形状有 U 型和螺旋型两种。

（2）毛细管柱

又叫空心柱或开口柱，空心毛细管柱材质为玻璃或石英，外表面覆盖有一层聚亚酰胺。内径一般为 0.2~0.5mm，长度 30~300m。这些色谱柱都很柔软，因此一根很长的柱可以绕成一小卷，呈螺旋型。根据固定相类型不同分为涂壁、多孔层和涂载体空心柱：①涂壁空心柱（WCOT）：直接在内壁涂敷固定液；②多孔层空心柱（PLOT）：内壁因生成晶状沉积物或熔融石英而使内表面积增大，涂渍后形成多孔层固定相，其最大进样量得到提高。③涂渍载体空心柱（SCOT）：在内壁沉积载体，再在载体上涂敷固定液。如图 6-6 所示，填充柱和毛细管柱实物图片：

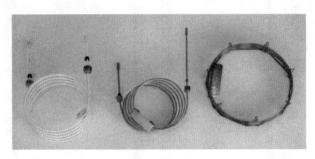

图 6-6　气相色谱柱（左、中为填充柱，右为毛细管柱）

（3）气固色谱（GSC）固定相

气固色谱实际上是吸附气相色谱，它的固定相是吸附剂，常用的吸附剂有以下碳黑、硅胶、氧化铝、分子筛、高分子小球等几种。

碳黑：将碳黑在 2000~3000℃高温煅烧，使表面均匀化，有稳定的表面性质，重复性极好，对烷烃、脂肪酸、胺、酚有很好的分离效果。

分子筛：比表面积大，一般为内面积 700~800m²/g，外面积 1~3m²/g，常用的有 4A、5A 和 13X，对永久性和烃类气体有很好的分离效果。它的缺点是对二氧化碳和水产生不可逆失活。

高分子小球：GDX、Porapak 和 Chromosorb 系列，组分的峰形好。

硅胶：比表面积大约 100~200m²/g，活性点多，峰易拖尾。

氧化铝：主要用于气体和低级烃类的分离。

（4）气液色谱（GLC）固定相

气液色谱的固定相是由担体和固定液组成，或者直接使用固定液。

担体，是承担固定液的支架，又称为载体。担体一般要求比表面积大，有良好的缝隙结构（分布均匀），固定液能均匀地展成液膜；担体必须具有化学惰性，不与分离组分发生作用，不参与分配平衡；粒度均匀，成球型。常见的担体有硅藻土类（红色担体、白色担体）和非硅藻土类（玻璃微珠、四氟乙烯微球等）。

固定液，对待分离的样品组分有吸附、溶解性能，好的固定液要满足热稳定、化学稳定、选择性好等条件。常见的固定液有烃类：角鲨烷（相对极性最小）、阿皮松真空酯类（Apezon 混合非极性）、芳烃类（苄基联苯）等；聚酯类：由多元酸、醇聚合而成，中等极性，它的选择性主要基于氢键作用，对醇、胺、酸、酚、酮、酯、醚类物质有较高的分离能力；氰类：强极性固定液，与角鲨烷相对应，腈醚中的β，β-氧二丙腈是强极性标准固定液，对极性物质或易极化的物质有很高的选择性。特殊种类的固定液：有机硅藻土、液晶等，液晶的平行分子排列有序，对组分分子有定向响应，对于能适合其形状的组分有特别的溶解度，对异构体有很好的分离效果。常见的气固色谱柱、气液色谱柱内部构造，如图6-7所示。

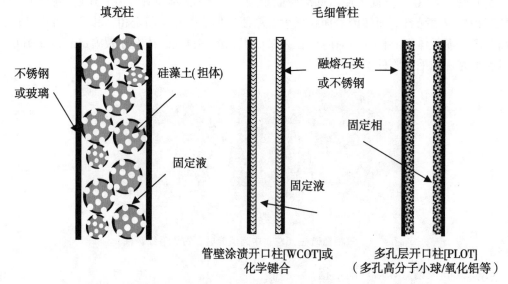

图6-7　气相色谱柱内部结构（左、中为气液色谱柱，右为气固色谱柱）

（5）色谱柱的选择

色谱柱的分离效果除与柱长、柱径和柱形有关外，还与所选用的固定相和柱填料的制备技术以及操作条件等许多因素有关。在选择色谱柱时，一般考虑以下几点因素：①柱长度的选择，分辨率与柱长的平方根成正比。在其他条件不变的情况下，为取得加倍的分辨率需有4倍的柱长。较短的柱子适于较简单的样品，尤其是由那些在结构、极性和挥发性上相差较大的组分组成的样品；②柱内径的选择，柱径直接影响柱子的效率、保留特性和样品容量。小口径柱比大口径柱有更高柱效，但柱容量更小；③液膜厚度的选择，液膜厚度影响柱子的保留特性和柱容量。厚度增加，保留也增加；④固定相的选择，不同的固定相对不同的分析物的影响不同，根据相似相溶原理，性质越相近，固定相对其的流动阻力越大，其保留时间越长。色谱柱就是通过这个原理将不同性质的混合物相互分开的。

4. 温控系统

温度是气相色谱技术中十分重要的参数，一般气相色谱仪中，至少有三路温度控制，包括进样系统（气化室）、分离系统（色谱柱）、检测记录系统（检测器）。有些特殊使用中，气路系统、裂解器、催化转化炉、气体净化器等也需要温控。温度控制中一般用铂电阻作为感温元件，加热元件中柱箱一般采用电炉丝，进样系统、检测器中采用内热式加热器，加热电流控制的执行元件都采用可控硅元件或固态继电器。对仪器中各部分温度控制的好坏（指温控精度和稳定性）会直接影响各组分分离效果、基线稳定性和检测灵敏度等性能。

（1）气化室温度的选择：主要取决于待测试样的挥发性、沸点范围、稳定性等因素。气化温度一般选在组分的沸点或稍高于其沸点，以保证试样在色谱柱进样口完全气化。对于热稳定性较差的试样，气化温度不能过高，以防试样分解。

（2）色谱柱温的选择：柱温是影响气相色谱分离的重要参数之一，主要影响来自于分配系数 K、分配比 k、组分在气体流动相中的扩散系数 Dm（g）、组分在液相固定相中扩散系数 Ds（1），从而直接影响分离度 R 和分析速度。气相色谱仪中的色谱柱放置于温度由电子电路精确控制的恒温箱内。样品通过色谱柱的速率与温度正相关。柱温越高，样品越快通过色谱柱。但是，样品越快通过色谱柱，它与固定相之间的相互作用就越少，因此分离效果越差。通常来说，柱温的选择是综合考虑分离时间与分离度的结果。柱温在整个分析过程中不变的方法称为恒温方法。不过，在大部分的分析方法中，柱温随着分析过程的进行逐渐上升。初温，升温速率（温度"斜率"）与末温统称为控温程序。控温程序使得较早被洗脱的被分析物能够得到充分的分离，同时又缩短了较晚被洗脱的被分析物通过色谱柱的时间。

在实际分析中应兼顾这几方面因素，选择原则是在对难分离物质得到良好的分离，分析时间适宜且峰形不拖尾的前提下，尽可能采用较低的柱温。同时，选用的柱温不能高于色谱柱中固定液的最高使用温度（通常低 $20 \sim 50^{\circ}C$）。对于沸程宽的多组分混合物可采用"程序升温法"，可以使混合物中低沸点和高沸点的组分都能获得良好的分离。

（3）检测器温度的选择：检测器温度一般等于或者高于进样器 $20 \sim 30^{\circ}C$。

5. 检测记录系统

（1）检测器

检测器是利用组分和载气在物理或（和）化学性能上的差异，来检测组分的存在及其量的变化的。目前应用的气相色谱检测器有很多种，包括：放电离子化检测器（DID）、电子俘获检测器、火焰光度检测器（FPD）、火焰电离检测器（FID）、霍尔电导检测器（ELCD）、氦离子化检测器（HID）、氮磷检测器（NPD）、质谱检测器（MSD）、光离子化检测器（PID）、脉冲放电检测器（PDD）、热能（热导）分析器/检测器（TEA/TCD）等。

有一些气相色谱仪与质谱仪相连接而以质谱仪作为它的检测器，这种组合的仪器称为气相色谱—质谱联用（GC-MS，简称气质联用），有一些气质联用仪还与核磁共振波谱仪相连接，后者作为辅助的检测器，这种仪器称为气相色谱—质谱—核磁共振联用（GC-MS-NMR）。有一些 GC-MS-NMR 仪器还与红外光谱仪相连接，后者作为辅助的检测器，这种组合叫做气相色谱—质谱—核磁共振—红外联用（GC-MS-NMR-IR）。但是必须指出，这种情况是很少见的，大部分的分析物用单纯的气质联用仪就可以解决问题。

气相色谱中最常用的检测器有：氢火焰离子化检测器（FID）、热导检测器（TCD）、火焰光度检测器（FPD）、电子捕获检测器（ECD）、氮磷检测器（NPD）等类型。这些检测器的原理如下。

氢火焰离子化检测器（FID）：简称氢焰检测器，又称火焰离子化检测器，是典型的样品破坏型、质量型检测器。其原理：以氢气和空气燃烧生成的火焰为能源，当有机化合物进入以氢气和氧气燃烧的火焰，在高温下产生化学电离，电离产生比基流高几个数量级的离子，在高压电场的定向作用下，形成离子流，微弱的离子流（$10^{-12} \sim 10^{-8}$A）经过信号放大，成为与进入火焰的有机化合物量成正比的电信号，因此可以根据信号的大小对有机物进行定量分析。其特征：①典型的样品破坏型、质量型检测器；②对有机化合物具有很高的灵敏度；③无机气体、水、四氯化碳等含氢少或不含氢的物质灵敏度低或不响应；④氢焰检测器具有结构简单、稳定性好、灵敏度高、响应迅速等特点；⑤比热导检测器的灵敏度高出近 3 个数量级，检测下限可达 $10^{-12}\,\text{g/g}$。

FID 对能在火焰中燃烧电离的有机化合物都有响应，可以直接进行定量分析，是目前应用最为广泛的气相色谱检测器之一。FID 的主要缺点是不能检测永久性气体、水、一氧化碳、二氧化碳、氮的氧化物、硫化氢等物质。FID 检测器内部构造，如图 6-8 所示。

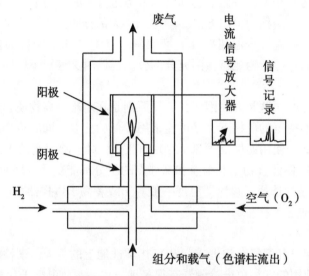

图 6-8　FID 检测器结构示意图

热导检测器（TCD）：又称热导池或热丝检热器，热导池（TCD）检测器是一种通用的非破坏性、浓度型检测器，是气相色谱法中最早出现和应用最广的检测器。其原理是：基于不同气体具有不同的热导率。敏感元件为热丝，如钨丝、铂丝、铼丝，并由热丝组成电桥。热丝具有电阻随温度变化的特性。当有一恒定直流电通过热导池时，热丝被加热。由于载气的热传导作用使热丝的一部分热量被载气带走，一部分传给池体。当热丝产生的热量与散失热量达到平衡时，热丝温度就稳定在一定数值。此时，热丝阻值也稳定在一定数值。由于参比池（R_1）和测量池（R_4）通入的都是纯载气，同一种载气有相同的热导率，因此两臂的电阻值相同，电桥平衡，无信号输出，记录系统记录的是一条直线。当有试样进入检测器时，纯载气流经参比池，载气携带着组分气流经测量池，由于载气和待测量组分二元混合气体的热导率和纯载气的热导率不同，测量池中散热情况因此发生变化，使参比池和测量池孔中热丝电阻值之间产生了差异，电桥失去平衡，检测器有电压信号输出，记录仪画出相应组分的色谱峰。载气中待测组分的浓度越大，测量池中气体热导率改变就越显著，温度和电阻值改变也越显著，电压信号就越强。此时输出的电压信号与样品的浓度成正比，这正是热导检测器的定量基础。TCD 检测器内部构造，如图 6-9 所示。

其特征：①TCD 特别适用于气体混合物的分析，对于那些氢火焰离子化检测器不能直接检测的无机气体的分析，TCD 更是显示出独到之处；②TCD 在检测过程中不破坏被监测组分，有利于样品组分的收集，或与其他仪器联用；③TCD 能满足工业分析中峰高

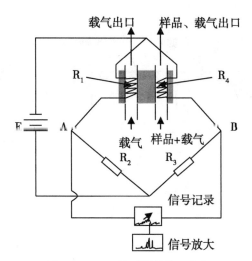

图 6-9　TCD 检测器结构示意图

定量的要求，很适于工厂的控制分析。TCD 无论对单质、无机物或有机物均有响应，因而通用性好。影响热导池灵敏度的因素主要有桥路电流、载气性质、池体温度和热敏元件材料及性质。对于给定的仪器，热敏元件已固定，因而需要选择的操作条件就只有载气、桥电流和检测器温度。

火焰光度检测器（FPD）是一种样品破坏性、质量型检测器，由氢焰部分和光度部分构成。氢焰部分包括火焰喷嘴、遮光罩、点火器等。光度部分包括石英片、滤光片和光电倍增管。其原理：含磷或硫的有机化合物在富氢火焰中燃烧时，硫、磷被激发而发射出特征波长的光谱。当硫化物进入火焰，形成激发态的 S_2^* 分子，此分子回到基态时发射出特征的蓝紫色光（394nm）；当磷化物进入火焰，形成激发态的 HPO^* 分子，它回到基态时发射出特征的绿色光（526nm）。这两种特征光的光强度与被测组分的含量均成正比，这正是 FPD 的定量基础。特征光经滤光片滤光，再由光电倍增管进行光电转换后，产生相应的光电流。经放大器放大后由记录系统记录下相应的色谱图（图6-10）。

电子捕获检测器（ECD）也是一种非破坏性、浓度型的离子化检测器，它是一个有选择性的高灵敏度的检测器，只对具有电负性的物质，如对卤化物、含磷、硫、氧的化合物，硝基化合物，多环芳烃，共轭羰基化合物，金属有机物，金属螯合物，甾族化合物等电负性物质，都有很高的灵敏度，其检出限可达 $10^{-14}g/mL$。物质的电负性越强，也就是电子吸收系数越大，检测器的灵敏度越高。而对电中性（无电负性）的物质，如对烷烃、烯烃、炔烃等的响应值则很小或无信号，图略。

氮磷检测器（NPD）是一种破坏性、质量型的电离检测器，适用于分析氮、磷化合物的高灵敏度、高选择性检测器。它具有与 FID 相似的结构，只是将一种涂有碱金属盐如 Na_2SiO_3、Rb_2SiO_3 类化合物的陶瓷珠，放置在燃烧的氢火焰和收集极之间，当试样蒸气和氢气流通过碱金属盐表面时，含氮、磷的化合物便会从被还原的碱金属蒸气上获得电子，失去电子的碱金属形成盐再沉积到陶瓷珠的表面上，特征为对氮、磷化合物有较高的响应、专一性好、使用寿命长，专用于痕量氮、磷化合物的检测，图略。

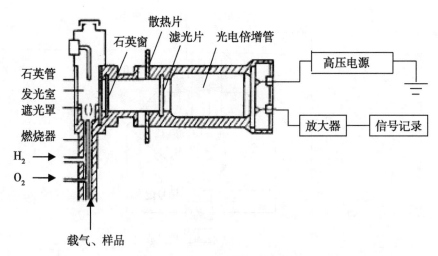

图 6-10　FPD 检测器结构示意图

目前用于气相色谱的检测器种类很多，限于篇幅，在此不再逐个介绍。表 6-1 为列举的气相色谱各检测器的使用条件和要求：

表 6-1　气相色谱检测器使用条件

检测器	检测组分	载气	燃气	助燃气	尾吹气
通用型检测器					
TCD	除载气外所有成分	H_2、N_2、Ar 等纯度≥99.995%	—	—	H_2、N_2、Ar 等纯度≥99.995%
FID	有机物	H_2、N_2 等纯度≥99.995%	H_2纯度≥99.995%	空气或 O_2	H_2、N_2 等纯度≥99.995%
高灵敏度选择性检测器					
FPD	含磷、硫的化合物	H_2、N_2 等纯度≥99.999%	H_2纯度≥99.999%	空气或 O_2	H_2、N_2 等纯度≥99.999%
ECD	有电负性的化合物	H_2、N_2 等纯度≥99.999%	—	—	H_2、N_2 等纯度≥99.999%
NPD	含氮、磷化合物	H_2、N_2 等纯度≥99.999%	H_2纯度≥99.999%	空气或 O_2	H_2、N_2 等纯度≥99.999%

（2）数据记录与处理系统

气相色谱检测器将样品组分转换成电信号后（一般色谱信号是微分信号）就需要在检测电路输出端连接一个对输出信号进行记录和数据处理的装置，随着计算机技术的普及应用，采用专用的色谱数据采集卡（可与色谱仪直接联用），再配置一套相应的软件就成为色谱分析工作站。此系统可将色谱信号进行收集、转换、数字运算、存储、传输以及显示、绘图、直接给出被分析物质成份的含量并打印出最后结果；数据记录与处理系统一般是与色谱仪分开设计的独立系统，可由使用者任意选配，但在使用上，是整套色谱仪器不可分割的重要组成部分，这部分工作的好坏将直接影响定量精度。

二、气相色谱仪的操作技术

以配备 FID 检测器的气相色谱仪为例，介绍气相色谱仪的操作规程（图 6-11）：

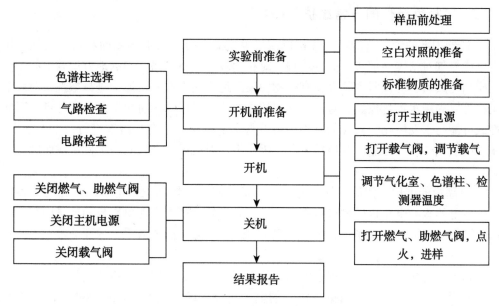

图 6-11 气相色谱分析一般操作规程

1. 实验前准备

根据样品性质，选择合适的分析方法和样品前处理方法，准备上机的材料。

2. 开机前准备

（1）根据实验要求，选择合适的色谱柱。

（2）气路连接应正确无误，并打开载气检漏。

（3）信号线接所对应的信号输入端口。

3. 开机

（1）打开所需载气气源开关，稳压阀调至 0.3~0.5MPa，看柱前压力表有压力显示，方可开主机电源，调节气体流量至实验要求。

（2）在主机控制面板上设定检测器温度、气化室温度、柱箱温度，被测物各组分沸点范围较宽时，还需设定程序升温速率，确认无误后保存参数，开始升温。

（3）打开氢气发生器和纯净空气泵的阀门，氢气压力调至 0.3~0.4MPa，空气压力调至 0.3~0.5MPa，在主机气体流量控制面板上调节气体流量至实验要求；当检测器温度大于 100℃时，点火，并检查点火是否成功，点火成功后，待基线走稳，即可进样。

4. 关机

关闭 FID 的氢气和空气气源，将柱温降至 50℃ 以下，关闭主机电源，关闭载气气源。关闭气源时应先关闭钢瓶总压力阀，待压力指针回零后，关闭稳压表开关，方可离开。

5. 注意事项

（1）气体钢瓶总压力表不得低于 2MPa；

（2）必须严格检漏；

（3）严禁无载气气压时打开电源。

三、气相色谱仪的日常维护与保养

1. 仪器内部的吹扫、清洁。气相色谱仪停机后，打开仪器的侧面和后面面板，用仪表空气或氮气对仪器内部灰尘进行吹扫，对积尘较多或不容易吹扫的地方用软毛刷配合处理。吹扫完成后，对仪器内部存在有机物污染的地方用水或有机溶剂进行擦洗，对水溶性有机物可以先用水进行擦拭，对不能彻底清洁的地方可以再用有机溶剂进行处理，对非水溶性或可能与水发生化学反应的有机物用不与之发生反应的有机溶剂进行清洁，如甲苯、丙酮、四氯化碳等。注意，在擦拭仪器过程中不能对仪器表面或其他部件造成腐蚀或二次污染。

2. 电路板的维护和清洁。气相色谱仪准备检修前，切断仪器电源，首先用仪表空气或氮气对电路板和电路板插槽进行吹扫，吹扫时用软毛刷配合对电路板和插槽中灰尘较多的部分进行仔细清理。操作过程中尽量戴手套操作，防止静电或手上的汗渍等对电路板上的部分元件造成影响。

吹扫工作完成后，应仔细观察电路板的使用情况，看印刷电路板或电子元件是否有明显被腐蚀现象。对电路板上沾染有机物的电子元件和印刷电路用脱脂棉蘸取酒精小心擦拭，电路板接口和插槽部分也要进行擦拭。

3. 进样口的清洗。在检修时，对气相色谱仪进样口的玻璃衬管、分流平板，进样口的分流管线，EPC 等部件分别进行清洗是十分必要的。

玻璃衬管和分流平板的清洗：从仪器中小心取出玻璃衬管，用镊子或其他小工具小心移去衬管内的玻璃毛和其他杂质，移取过程不要划伤衬管表面。如果条件允许，可将初步清理过的玻璃衬管在有机溶剂中用超声波进行清洗，烘干后使用。也可以用丙酮、甲苯等有机溶剂直接清洗，清洗完成后经过干燥即可使用。

分流平板最为理想的清洗方法是在溶剂中超声处理，烘干后使用。也可以选择合适的有机溶剂清洗：从进样口取出分流平板后，首先采用甲苯等惰性溶剂清洗，再用甲醇等醇类溶剂进行清洗，烘干后使用。

分流管线的清洗：气相色谱仪用于有机物和高分子化合物的分析时，许多有机物的凝固点较低，样品从气化室经过分流管线放空的过程中，部分有机物在分流管线凝固。

气相色谱仪经过长时间的使用后，分流管线的内径逐渐变小，甚至完全被堵塞。分流管线被堵塞后，仪器进样口显示压力异常，峰形变差，分析结果异常。在检修过程中，无论事先能否判断分流管线有无堵塞现象，都需要对分流管线进行清洗。分流管线的清洗一般选择丙酮、甲苯等有机溶剂，对堵塞严重的分流管线有时用单纯清洗的方法很难清洗干净，需要采取一些其他辅助的机械方法来完成。可以选取粗细合适的钢丝对分流管线进行简单的疏通，然后再用丙酮、甲苯等有机溶剂进行清洗。由于事先不容易对分流部分的情况作出准确判断，对手动分流的气相色谱仪来说，在检修过程中对分流管线进行清洗是十分必要的。

对于 EPC 控制分流的气相色谱仪，由于长时间使用，有可能使一些细小的进样垫屑进入 EPC 与气体管线接口处，随时可能对 EPC 部分造成堵塞或造成进样口压力变化。所以每次检修过程尽量对仪器 EPC 部分进行检查，并用甲苯、丙酮等有机溶剂进行清洗，然后烘干处理。

由于进样等原因，进样口的外部随时可能会形成部分有机物凝结，可用脱脂棉蘸取丙酮、甲苯等有机物对进样口进行初步的擦拭，然后对擦不掉的有机物先用机械方法去除，注意在去除凝固有机物的过程中一定要小心操作，不要对仪器部件造成损伤。将凝固的有机物去除后，然后用有机溶剂对仪器部件进行仔细擦拭。

4. TCD 和 FID 检测器的清洗。TCD 检测器在使用过程中可能会被柱流出的沉积物或样品中夹带的其他物质所污染。TCD 检测器一旦被污染，仪器的基线出现抖动、噪声增加。有必要对检测器进行清洗。

HP 的 TCD 检测器可以采用热清洗的方法，具体方法如下：关闭检测器，把柱子从检测器接头上拆下，把柱箱内检测器的接头用死堵堵死，将参考气的流量设置到 20～30mL/min，设置检测器温度为 400℃，热清洗 4～8h，降温后即可使用。

国产或日产 TCD 检测器污染可用以下方法。仪器停机后，将 TCD 的气路进口拆下，用 50mL 注射器依次将丙酮（或甲苯，可根据样品的化学性质选用不同的溶剂）、无水乙醇、蒸馏水从进气口反复注入 5～10 次，用吸耳球从进气口处缓慢吹气，吹出杂质和残余液体，然后重新安装好进气接头，开机后将柱温升到 200℃，检测器温度升到 250℃，通入比分析操作气流大 1～2 倍的载气，直到基线稳定为止。

对于严重污染，可将出气口用死堵堵死，从进气口注满丙酮（或甲苯，可根据样品的化学性质选用不同的溶剂），保持 8h 左右，排出废液，然后按上述方法处理。

FID 检测器的清洗：FID 检测器在使用中稳定性好，对使用要求相对较低，使用普遍，但在长时间使用过程中，容易出现检测器喷嘴和收集极积炭等问题，或有机物在喷嘴或收集极处沉积等情况。对 FID 积炭或有机物沉积等问题，可以先对检测器喷嘴和收集极用丙酮、甲苯、甲醇等有机溶剂进行清洗。当积炭较厚不能清洗干净的时候，可以对检测器积炭较厚的部分用细砂纸小心打磨。注意在打磨过程中不要对检测器造成损伤。初步打磨完成后，对污染部分进一步用软布进行擦拭，再用有机溶剂最后进行清洗，一般即可消除。

📖 **知识拓展**

气相色谱分析故障排除

气相色谱仪是一种应用十分广泛的有机多组分化学分析仪器。它具有分离效能高、分析速度快、样少、可进行多组分测量等优点。但是由于人员素质、样品的性质以及仪器本身等方面的原因，常常出现这样那样的分析故障，严重影响了正常的分析。所以掌握一种准确、快速的排除仪器故障的方法非常重要。表 6-2 列举了一些气相色谱仪常见的故障和排除方法。

表6-2 气相色谱仪常见故障和排除

故障	可能的原因	故障排除
1. 仪器不工作	A. 电源不通电 B. 保险丝烧坏	A. 检查电源 B. 更换保险丝
2. 各部分温度不升	A. 加热器坏 B. 触发板坏 C. 保险丝坏 D. 双向可控硅坏 E. 温控电路板故障	A. 换加热器 B. 换触发板 C. 换保险丝 D. 换双向可控硅 E. 维修或更换
3. 各部分升温失控	A. 加热器对地短路 B. 可控硅或触发板故障 C. 温控电路板故障	A. 检查 B. 更换 C. 维修或更换
4. 各部分温度不正常	A. 铂电阻坏 B. 温控电路板故障 C. 接线端松动	A. 换铂电阻 B. 维修或更换 C. 拧紧接线端螺丝
5. 峰变宽	A. 载气流量低 B. 柱温低 C. 存在死体积 D. 柱污染 E. 柱选样错误 F. 进样器或检测器温度低	A. 增大流量 B. 提高柱温 C. 检查柱接头 D. 更换或老化柱子 E. 更换 F. 升温
6. 峰变尖	A. 载气流量低 B. 柱温高 C. 柱污染 D. 柱选样错误	A. 降低流量 B. 降温 C. 更换或老化柱子 D. 更换
7. 样品不能分离	A. 柱温太高 B. 色谱柱太短 C. 固定液流失 D. 载气流速太高 E. 进样技术差	A. 降低柱温 B. 选择较长的色谱柱 C. 更换或老化柱子 D. 调整至适当值 E. 重复进样,提高技术
8. 峰拖尾或前突	A. 进样量过大 B. 柱选择错误 C. 气化室污染 D. 气化室和柱温箱温度不当 E. 进样技术差	A. 减少进样量 B. 重新选择色谱柱 C. 清洗 D. 重新设定适当值 E. 重复进样,提高技术
9. 平顶峰	A. 样品量超出检测器线性范围 B. 超出数据处理机测量范围	A. 减少样品量 B. 改变衰减值或减少样品量
10. 怪峰	A. 前一次进样的流出物 B. 进样垫的挥发或污染 C. 样品分解 D. 柱污染	A. 待所有组分流出后再进样 B. 更换或老化进样垫 C. 改变分析条件 D. 更换或老化柱子

任务三 技能训练

技能训练一、食品中 BHA 和 BHT 的测定

相关仪器	训练任务	企业相关典型工作岗位	技能训练目标
气相色谱仪	食品添加剂（抗氧化剂 BHA 和 BHT）的测定	油炸食品企业品控员、质检员	掌握四分法取样、脂肪提取原理与技巧
			掌握层析柱填装技术
			熟悉色谱分析流程
			掌握简单进样技术和技巧

【任务描述】

测定方便面厂某一批方便面饼的 BHA 和 BHT 含量。参考《GB/T 5009.30—2003 食品中叔丁基羟基茴香醚（BHA）与 2，6-二叔丁基对甲酚（BHT）的测定》。

一、试剂

（1）待测试样：待测方便面饼。

（2）石油醚：沸程 30~60℃。

（3）二氯甲烷：分析纯。

（4）二硫化碳：分析纯。

（5）无水硫酸钠：分析纯。

（6）硅胶 G：60~80 目，于 120℃活化 4h，干燥器中备用。

（7）弗洛里矽土（Florisi）：60~80 目，于 120℃活化 4h，干燥器中备用。

（8）BHA、BHT 混合标准储备液：准确称取 BHA、BHT（纯度≥99.0%）各 0.1g 混合后用二硫化碳溶解，定容到 100mL 容量瓶中，此溶液分别为每毫升含 1.0mg BHA、BHT，置冰箱保存。

（9）BHA、BHT 混合标准使用液：吸取标准储备液 4.0mL 于 100mL 容量瓶中，用二硫化碳定容到 100mL 容量瓶中，此溶液分别为每毫升含 0.040mg BHA、BHT，置冰箱保存。

二、仪器

（1）气相色谱仪，附氢火焰离子化检测器（FID），配有毛细管色谱柱连接装置和程序升温控制系统。

（2）蒸发器：容积 200mL。

（3）振荡器。

（4）层析柱：1cm×30cm 玻璃柱，带活塞。制备：于层析柱底部加入少量玻璃棉，少量无水硫酸钠，将硅胶–弗洛里矽土（6+4）共 10g，用石油醚湿法混合装柱，柱顶部再加入少量无水硫酸钠。

（5）气相色谱柱：柱长 1.5m，内径 3mm 的玻璃柱内装涂质量分数为 10%的 QF–1 Gas Chrom Q（80~100 目）。

三、测定过程

（1）试样的制备

称取 1000g 试样，然后采用四分法获得代表性试样，在玻璃乳钵中研碎，混合均匀后放置广口瓶内保存于冰箱中。

（2）脂肪的提取

根据样品脂肪含量的多少，称取 50~300g 的样品（脂肪含量高的样品，少取样），加入 1~2 倍体积的石油醚（沸程 30~60℃），放置过夜，用快速滤纸过滤后，减压回收溶剂，残留脂肪备用。

（3）待测液制备

称取制备的脂肪 0.50~1.00g，用 25mL 石油醚溶解移入层析柱上，再以 100mL 二氯甲烷分 5 次淋洗，合并淋洗液，减压浓缩近干时，用二硫化碳定容至 2.0mL，该溶液为待测溶液。

（4）测定

注入气相色谱 3.0μL 标准使用液，绘制色谱图，分别量取各组分峰高或峰面积，进 3.0μL 待测液（应视试样中待测成分含量而定，可调整），绘制色谱图，分别量取峰高或面积，与标准峰高或面积比较计算定量。参考色谱条件：

温度：检测室 200℃，进样口 200℃，柱温 140℃。

载气流量：氮气 70mL/min；氢气 50mL/min；空气 500mL/min。

结果计算。待测溶液 BHA（或 BHT）的质量按式（6-1）计算：

$$m_1 = h_i/h_s \times V_m/V_1 \times V_S \times C_S \qquad (6-1)$$

式中：

m_1——待测溶液 BHA（或 BHT）的质量，单位为毫克（mg）；

h_i——注入色谱试样中 BHA（或 BHT）的峰高或峰面积；

h_s——标准使用液中的 BHA（或 BHT）的峰高或峰面积；

V_1——注入色谱试样溶液的体积，单位为毫升（mL）；

V_m——待测试样定容的体积，单位为毫升（mL）；

V_s——注入色谱中标准使用液的体积，单位为毫升（mL）；

C_s——标准使用液的浓度，单位为毫克每毫升（mg/mL）；

食品中以脂肪计 BHA（或 BHT）的含量按式（6-2）进行计算：

$$X_1 = \frac{m_1 \times 1000}{m_2 \times 1000} \qquad (6-2)$$

式中：

X_1——食品中以脂肪计 BHA（或 BHT）的含量，单位为克每千克（g/kg）；

m_1——待测溶液中 BHA（或者 BHT）的质量，单位为毫克（mg）；

m_2——食品中脂肪的质量，单位为克（g）；

结果表示及评价：计算结果保留 3 位有效数字。

精密度：在重复性条件下获得的两次独立结果的绝对差值不得超过算术平均值的 15%。

技能训练二、白酒中高级醇含量的测定

相关仪器	训练任务	企业相关典型工作岗位	技能训练目标
气相色谱仪	白酒中风味物质高级醇含量的测定	白酒企业品控员、质检员	气相色谱仪的使用
			内标法
			白酒中高级醇含量测定

【任务描述】

测定白酒厂某一批白酒成品中的高级醇含量（内标法），参考《GB/T 394.2—2008 酒精通用分析方法》。

一、试剂

（1）待测试样：待测成品酒精样品。

（2）标准品：乙醇、正丙醇、正丁醇、异丁醇、异戊醇，均为色谱纯。

二、气相色谱仪

采用氢火焰离子化检测器（FID），配有毛细管色谱柱连接装置和程序升温控制系统。

三、测定过程

1. 待测试样和标准品处理

（1）正丙醇溶液（1g/L）：作标样用。称取正丙醇（色谱纯）1g，精确至 0.0001g 用基准乙醇定容至 1L。

（2）正丁醇溶液（1g/L）：作内标用。称取正丁醇（色谱纯）1g，精确至 0.0001g 用基准乙醇定容至 1L。

（3）异丁醇溶液（1g/L）：作标样用。称取异丁醇（色谱纯）1g，精确至 0.0001g 用基准乙醇定容至 1L。

（4）异戊醇溶液（1g/L）：作标样用。称取异戊醇（色谱纯）1g，精确至 0.0001g 用基准乙醇定容至 1L。

（5）取少量待测酒精试样于 10mL 容量瓶中，准确加入正丁醇溶液 0.20mL，然后用待测试样稀释至刻度，混匀。

2. 气相色谱条件设置

（1）PEG 20M 交联石英毛细管柱，用前应在 200℃下充分老化。柱内径 0.25mm，柱长 25~30m。也可选用其他有同等分析效果的毛细管色谱柱。

（2）载气（高纯氮）：流速为 0.5~1.0mL/min，分流比为 20∶1~100∶1，尾吹气约 30mL/min。

（3）氢气：流速 30mL/min。

（4）空气：流速 300mL/min。

（5）柱温：起始柱温为 70℃，保持 3min，然后以 5℃/min 程序升温至 100℃，直至异戊醇峰流出。以使甲醇、乙醇、正丙醇、异丁醇、正丁醇和异戊醇获得完全分离为准。为使异戊醇的检出达到足够灵敏度，应设法使其保留时间不超过 10min。

（6）检测器温度：200℃。

（7）进样口温度：200℃。

3. 校正因子 f 值的测定

吸取正丙醇溶液、异丁醇溶液、异戊醇溶液各 0.20mL 于 10mL 容量瓶中，准确加入正丁醇溶液 0.20mL，然后用基准乙醇稀释至刻度，混匀后进样 1μL。

色谱峰流出顺序依次为乙醇、正丙醇、异丁醇、正丁醇（内标）、异戊醇。记录各组峰的保留时间并根据峰面积和添加的内标量，计算出各组分的相对校正因子 f 值。

4. 试样的测定

取少量处理后的待测酒精试样进样 1μL。根据组分峰与内标峰的保留时间定性，根据峰面积之比计算出各组分的含量。

5. 结果计算

对于本实验，成品酒精中各组分的相对校正因子：

$$f = f_i'/f_s' = (A_1 \cdot d_2) / (A_2 \cdot d_1) \qquad (6-3)$$

试样中各组分的含量：

$$X = f \cdot A_3/A_4 \cdot 0.020 \cdot 10^3 \qquad (6-4)$$

式中：

f——组分的相对校正因子；

A_1——标样 f 值测定时内标的峰面积；

A_2——标样 f 值测定时各组分的峰面积；

d_2——标样 f 值测定时各组分的相对密度（以乙酸乙酯相对密度代替）；

d_1——标样 f 值测定时内标的相对密度；

X——试样中组分的含量，单位为毫克每升（mg/L）；

A_3——成品酒精试样中各组分相应的峰的面积；

A_4——添加于成品酒精试样中的内标峰的面积；

0.020——试样中添加内标的浓度，单位为克每升（g/L）。

6. 结果表示及评价

试样中高级醇的含量以异丁醇与异戊醇之和表示。所得结果表示至整数。

精密度：在重复性条件下获得的各组分两次独立测定值之差，若含量大于或等于 10mg/L，不得超过平均值的 10%；若含量小于 10mg/L、大于 5mg/L，不得超过平均值的 20%；若小于等于 5mg/L，不得超过平均值的 50%。

附表 6-1 成品酒精中的高级醇测定原始记录

温度（℃）：　　　　　　相对湿度（%）：

样品编号		样品名称	
批　　号			
检验项目	□鉴别　　　□检查（项目名称：　　　　　　） □含量测定　□其他		
检验依据	□GB/T 394.2—2008 酒精通用分析方法 □其他		
仪器名称		仪器编号	
天平型号		仪器编号	
载气类型	□氮气　　　□氢气　　　　□其他（　　　　　　　　　）		
进样方式	□顶空进样法　顶空瓶加热温度：_____℃　定量管温度：_____℃ 　　　　　　传输管温度：_____℃ 顶空瓶压力控制值：_____psi 　　　　　　顶空瓶加热平衡时间：_____min □溶液法　　　进样体积：_____μl　　　进样口温度：_____℃ 　　　　　　□不分流　　　□分流　分流比_____：1		
色谱条件	□毛细管柱　　　□不锈钢填充柱　　　□玻璃填充柱 柱编号：　　　柱长：_____m　　　柱内径：_____mm 担体名称：_____ 固定液名称：_____固定液膜厚度：_____μm 涂布浓度： 柱温： □恒温温度：_____℃ 程序升温： 分析模式　□恒流：_____mL/min　□恒压：_____psi 　　　　　□其他（　　　　　　　　　） 衰减：_____　　　灵敏度：_____　　　纸速：_____		
检测 器信 息栏	□FID　　□TCD　　□ECD　　　□FPD　　　□NPD 检测器温度：_____℃　氢气：_____mL/min 空气：_____mL/min 尾吹气或柱气流+尾吹气：_____mL/min　参比气：_____mL/min		
系统 适用性	理论板数（n）：_____　　　拖尾因子（T）：_____ 分离度（R）：_____		
分析方法	□外标法　　　□内标法　　　□归一化法 □其他（　　　　　　　　　）		

（续表）

样品编号		样品名称	
对照品溶液的制备及校正因子			
供试品溶液的制备			
计算公式			
实测结果			
标准规定			
结　论	□（均）符合规定　　　□（均）不符合规定		

技能训练三、食品中有机磷农药残留量的检测

相关仪器	训练任务	企业相关典型工作岗位	技能训练目标
气相色谱仪	果蔬中有机磷农药残留量的测定	果蔬加工食品企业品控员、质检员	学会气相色谱仪的使用
			学会固相萃取仪的使用
			学会果蔬样品的前处理技术
			了解 FPD 检测器

【任务描述】

测定果蔬中有机磷类农药残留含量，定性及定量分析。参考《NY/T 761—2008 蔬菜和水果有机磷、有机氯、拟除虫菊酯和氨基甲酸酯类农药多残留的测定》。备注：本法为全国职业院校技能大赛农产品质量安全检测比赛项目。

一、试剂

（1）待测试样：新鲜黄瓜。

（2）标准品：毒死蜱、甲拌磷、马拉硫磷等有机磷农药标准品，均为色谱纯。

二、气相色谱仪

采用火焰光度检测器（FPD），配有毛细管色谱柱连接装置和程序升温控制系统。

三、样品前处理

1. 制样

黄瓜两根去皮，切小块，放入搅拌机中，打浆。

2. 样品提取

准确称取 10.00±0.1g 黄瓜匀浆于 50mL 离心管中，加入标液（10.0μg/mL）100μL，准确移入 20.0mL 乙腈，于旋涡振荡器上混匀 2min 后用滤纸过滤，滤液收集到装有 2~3g 氯化钠的 50mL 具塞量筒中，收集滤液 20mL 左右，盖上塞子，剧烈震荡 1min，在室温下静置 30min，使乙腈相和水相完全分层。

3. 净化

用移液管从具塞量筒中移取 4.0mL 乙腈相溶液于 10mL 刻度试管中，将其置于氮吹仪中，温度设为 75℃，缓缓通入氮气，蒸发近干，用移液管移入 2.0mL 丙酮，在旋涡混合器上混匀，用 0.2um 滤膜过滤后，分别移入自动进样器进样瓶中，做好标记，供色谱测定。

四、气相色谱测定

（1）色谱柱：HP-1701　30m×0.325mm×0.25um。

（2）载气：氮气 1.2mL/min。

（3）燃气：氢气 75mL/min。

（4）助燃气：空气 100mL/min。

（5）检测器：进样口 200℃，检测器 FPD 220℃。

（6）色谱柱温度：100℃（保持 0.5min），以 15℃/min 升至 220℃，保持 2min。

（7）进样方式：不分流进样。

由自动进样器吸取 1.0μL 标准混合溶液和净化后的样品溶液注入色谱仪中，以保留时间定性，以获得的样品溶液峰面积与标准溶液峰面积比较定量。利用外标法制作有机磷农药的 5 个级别的标准曲线，其中 5 个浓度分别如下：

样品名	浓度（mg/kg）
有机磷农药标样 1#	0.01
有机磷农药标样 2#	0.02
有机磷农药标样 3#	0.1
有机磷农药标样 4#	0.2
有机磷农药标样 5#	0.4

五、结果计算

1. 定性分析

将样品溶液中未知组分的保留时间（RT）与标准溶液在同一色谱柱上的保留时间（RT）相比较，如果样品溶液中某组分的保留时间与标准溶液中某一农药的保留时间相差在±0.1min 内的可认定为该农药。

2. 定量结果计算

试样中被测农药质量以质量分数 w 计，单位以毫克每千克（mg/kg）表示，按公式（6-5）计算。

$$\omega = \frac{V_1 \times A \times V_3}{V_2 \times A_s \times m} \times \rho \qquad (6-5)$$

式中：

ρ——标准溶液中农药的质量浓度，单位为毫克每升（mg/L）；

A——样品溶液中被测农药的峰面积；

A_s——农药标准溶液中被测农药的峰面积；

V_1——提取溶剂总体积，单位为毫升（mL）；

V_2——吸取出用于检测的提取溶液的体积，单位为毫升（mL）；

V_3——样品溶液定容体积，单位为毫升（mL）；

m——试样的质量，单位为克（g）。

3. 回收率计算

每种农药，根据 3 个加标试样的农药测定质量，分别计算出 1 个回收率，再算出回收率平均值。

回收率根据下式计算：

$$P = （M-M_0） / M_s \times 100\%$$ (6-6)

式中：

P——加标回收率（%）；

M——样品溶液农药的质量，单位为毫克（mg）；

M_0——空白样中农药的质量，单位为毫克（mg）；

M_s——加入标准农药的质量，单位为毫克（mg）。

4. 加标样 RSD 计算

每种农药，根据 3 个加标试样质量分数测定值，计算出一个 RSD。

RSD 根据下式计算：

$$RSD = \frac{S}{x} \times 100\% \qquad S = \sqrt{\frac{\sum_{i=1}^{n}（x_i - \bar{x}）^2}{n-1}}$$ (6-7)

式中：

$\bar{x}$——3 个平行加标试样中农药质量分数平均值，单位为毫克每千克（mg/kg）；

n——平行样品个数，为 3；

x_i——每个平行样品。

注：所有计算结果，保留 3 位有效数字。

附表 6-2　食品中有机磷农药残留量的检测原始记录

样品名称		检测依据		
检测条件				

色谱柱
温度（℃）进样口：_____　检测器：
柱温：
气件及流量：　　　载气：
燃气：
助燃气：
进样方式

重复平行	1	2	3
蔬菜试样质量 m（g）	10.00	10.00	10.00
加入标液浓度 C（μg/mL）	10.0		
加入标液体积 V（μL）	100.0		
加标农药质量 M_s（mg）			
提取溶剂总体积 V_1（mL）			
吸取出用于检测的提取溶液的体积 V_2（mL）			
样品溶液定容体积 V_3（mL）			

检测结果记录单			
根据图谱判断加入的标准农药名称			
重复平行	1	2	3
该农药保留时间（min）			
标准溶液中的该农药质量浓度 ρ（mg/L）	0.16		
样品溶液中加入该标准农药情况	0.8ug/mL（1.00mL）		
样品溶液中该农药的峰面积 A			
标准溶液中该农药的峰面积 As			
样品溶液中该农药质量分数 w（mg/kg）			
样品溶液中该农药质量 M（mg）			
空白样品中该农药峰面积 A_0			
空白样品该农药质量 M_0（mg）			
加标回收率（%）			
平均回收率（%）			
相对标准偏差 RSD（%）			

习　题

一、选择题

1. 下列哪种说法不是气相色谱的特点（　）

A. 选择性好　　　B. 分离效率高　　　C. 可用来直接分析未知物　　　D. 分析速度快

2. 在气—液色谱分析中，组分与固定相间的相互作用主要表现为下述哪种过程？
（　）

A. 吸附—脱附　　　B. 溶解—挥发　　　C. 离子交换　　　D. 空间排阻

3. 在色谱分析中，可用来定性的色谱参数是（　）

A. 峰面积　　　B. 保留值　　　C. 峰高　　　D. 半峰宽

4. 在色谱分析中，可用来定量的色谱参数是（　）

A. 峰面积　　　B. 保留值　　　C. 保留指数　　　D. 半峰宽

5. 气液色谱中，色谱柱使用的上限温度取决于（　）

A. 试样中沸点最高组分的沸点　　　　B. 固定液的最高使用温度

C. 试样中各组分沸点的平均值　　　　D. 固定液的沸点

6. 在气—液色谱法中，首先流出色谱柱的组分是（　）

A. 溶解能力小　　　B. 吸附能力小　　　C. 溶解能力大　　　D. 吸附能力大

7. 良好的气—液色谱固定液为（　）

A. 蒸气压低、稳定性好　　　　　　　　B. 化学性质稳定

C. 溶解度大，对相邻两组分有一定的分离能力　　　D. A、B 和 C

8. 使用热导池检测器时，应选用下列哪种气体作载气，其效果最好？（　）

A. H_2　　　　B. He　　　　C. Ar　　　　D. N_2

9. 气相色谱法常用的载气是（　）

A. 氢气　　　B. 氮气　　　C. 氧气　　　D. 氦气

10. 在气—液色谱分析中，良好的载体为（　）

A. 粒度适宜、均匀，表面积大　　　　B. 表面没有吸附中心和催化中心

C. 化学惰性、热稳定性好，有一定的机械强度　　　D. A、B 和 C

11. 热导池检测器是一种（　）

A. 浓度型检测器　　　　　　　　　　　B. 质量型检测器

C. 只对含碳、氢的有机化合物有响应的检测器　　　D. 只对含硫、磷化合物有响应的检测器

12. 对于较难分离的组分，为了提高它们的色谱分离效率，最好采用的措施为（　）

A. 改变载气速度　　　B. 改变固定液　　　C. 改变载体　　　D. 改变载气性质

二、填空题

1. 气相色谱仪由以下五个系统构成：_____、_____、_____、_____、_____。

2. 在气相色谱定量分析中，若试样中所有组分在色谱柱中能全部分离且均可获得相应的色谱流出曲线，并需测定每一组分，则可采用的定量方法为_____法。

3. 气相色谱定量分析中对归一化法要求的最主要的条件是_____。

4. 气相色谱分析中，分离非极性物质，一般选用_____固定液，试样中各组分按_____分离，_____的组分先流出色谱柱，_____的组分后流出色谱柱。

5. 气相色谱的浓度型检测器有_____，_____；质量型检测器有_____，_____。

6. 气相色谱中对载体的要求是_____、_____、_____和有一定的_____。

7. 一般而言，在固定液选定后，载体颗粒越细，色谱柱效_____。

8. 在使用热导池检测器时，一般用_____作为载气。

9. 气相色谱的固定相大致可分为两类，它们是_____和_____。

10. 气相色谱中最常用载气有_____、_____、_____。

11. 气相色谱仪气化室的作用是_____。

12. 在色谱分析中，被分离组分与固定液分子性质越类似，其保留值_____。

三、思考题

1. 气相色谱仪由哪些系统组成？各有什么作用？

2. 请写出气相色谱仪常用的 5 种检测器的名称及检测的对象。

3. 从色谱峰流出曲线可说明什么问题？

4. 气相色谱定量方法有哪几种？

5. 色谱法分析的优点和缺点？

项目七　色谱—质谱联用技术

【知识目标】

> 质谱分析法的基本原理、装置及构造；质谱解析基本知识；
> 气—质联用仪的结构组成、工作原理；操作条件的选择；定性、定量基本方法；
> 液—质联用仪的结构组成、工作原理；操作条件的选择；定性、定量基本方法。

【技能目标】

> 能够按照说明操作气—质联用仪并对实际样品进行定性、定量分析；
> 能够按照说明操作液—质联用仪并对实际样品进行定性、定量分析。

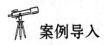 案例导入

质谱与食品安全

食品中的化学污染物包括农药残留、兽药残留、添加剂、加工过程中的污染物、有毒或不洁的包装材料、环境污染物、生物毒素、真菌毒素以及重金属等，对这些污染物的监测能力则是控制食品安全的关键所在。而在食品安全分析过程中的样品特点为：污染物的残留量大多属于痕量或超痕量分析的浓度水平；被监控的组分多，如需要检测的农药残留就多达 100 种以上。因此，此类分析对样品的制备方法要求较高，并对分析仪器的检测能力要求更为苛刻。

质谱分析法及其色谱—质谱联用技术作为一类新型的现代仪器分析手段，因其高灵敏性、高准确性、高选择性、分析检测范围宽以及其定性、定量方面的强大功能等特点，在食品分析检测领域得到了广泛的应用，为确保食品质量安全起到了非常重要的作用。例如，2008 年爆发了震惊中外的三聚氰胺奶粉事件，科技部面向社会征集快速检测液态奶和奶粉中三聚氰胺的技术及产品，经过多方论证，最终采纳了高效液相色谱法（HPLC）、高效液相色谱—串联质谱法（LC-MS/MS）、气相色谱—质谱法（GC-MS）3 种方法作为推荐性国标方法，而质谱是定性确证的唯一方法。目前，气相色谱—质谱联用仪、液相色谱—质谱联用仪已广泛应用于农产品、食品、饲料等产品的农药残留、兽药残留、生物毒素、真菌毒素、违法添加物等有害物质的检测，同时在生命科学、环境科学、石油化工、医药卫生、毒物学、商检、天然物质研究等领域也得到了广泛的应用。

任务一 质谱分析基础知识

一、质谱分析法概述

质谱分析法（Mass Spectometry，简称 MS）是采用不同的离子化过程，将样品分子转化为运动着的气态离子，并按质荷比（即离子质量与其所带电荷的比值，m/z）的大小顺序进行分离和记录，根据所记录的结果进行物质结构和组成分析的方法。

质谱分析的基本原理是：在高真空环境中（小于 10^{-3}Pa），当物质的分子在气态条件下受到具有一定能量的电子轰击时，首先会失去一个外层价电子，被电离成带正电荷的分子离子，分子离子可进一步碎裂成碎片离子。这些带正电荷的离子在高压电场和磁场的综合作用下，按照质荷比依次排列并被记录下来，即得质谱图。根据质谱图中峰的位置，可以进行定性和结构分析，根据峰的强度，可以进行定量分析。

质谱分析法具有以下优点。

①质谱法是四大谱（红外光谱、紫外光谱、质谱、核磁共振波谱）中唯一可以确定化合物的分子式及分子量的方法，这对于物质的结构鉴定至关重要；

②分析速度快，并可对多组分同时测定；

③灵敏度高，样品用量少，只需微量（微克甚至纳克级）样品便可得到质谱图，最低检出限达 10^{-14}g；

④应用范围较广，可以测定有机物，也可以测定无机物；被分析的试样可以是气体、液体或固体；应用上可进行化合物的结构分析、测定原子量与相对分子质量、生产过程监测、同位素分析、环境监测、热力学与反应动力学研究、空间探测等。

质谱法的缺点是仪器结构较复杂，价格昂贵，使用比较麻烦，对试样具有破坏性。

目前，质谱分析法已广泛应用于石油、化工、地质、环境、食品、医药等领域。

二、质谱仪的工作流程和主要部件

（一）质谱仪的工作流程

典型的质谱仪由 6 大部分组成：进样系统、离子源、质量分析器、检测器、数据处理系统以及真空系统，如图 7-1 所示。其工作流程如下。

图 7-1 质谱仪的结构示意图

①待测样品由进样系统以不同方式导入并进行气化；

②气化后的样品引入到离子源，在离子源中样品分子电离成各种质荷比的离子；

③电离后的离子经过适当的加速后进入质量分析器，按不同的质荷比（m/z）进行分离；

④检测器检测并经计算机数据处理得到化合物的质谱数据并获得质谱图。

质谱分析流程中核心环节是实现样品离子化，不同的离子化过程其产物不同，因而所获得的质谱图也随之不同，而质谱图是质谱分析的基本依据。

（二）质谱仪的主要部件

1. 真空系统

质谱仪的离子源、质量分析器及检测器等必须处于高真空状态（离子源的真空度达 $1.3×10^{-4}～1.3×10^{-5}Pa$，质量分析器的真空度达 $1.3×10^{-6}Pa$）。若真空度过低会造成：①离子源灯丝损坏；②本底增高、副反应增多，致使图谱复杂化；③干扰离子源中电子束的正常调节；④导致加速极放电等问题。

一般真空系统由机械泵和扩散泵或分子涡轮泵组成。工作时先用机械泵预抽真空（真空度 $10^{-1}～10^{-2}Pa$）后，再用高效率扩散泵或分子涡轮泵连续地抽真空至真空度达 $10^{-4}～10^{-6}Pa$。

2. 进样系统

进样系统的作用是高效、重复地将样品引入到离子源中并且不能造成真空度的降低。目前常用的进样装置有 3 种类型：间歇式进样、直接探针进样及色谱进样。质谱仪进样方式的选择取决于试样的物理化学性质和所采用的离子化方式。

（1）间歇式进样。间歇式进样用于气体或挥发性液体的可控漏孔进样，典型的设计如图 7-2 所示。通过可拆卸式的试样管将试样引入到贮样器中，由于进样系统的低压强及贮样器的加热装置，使样品保持气态。又由于贮样器内的压力比电离室内的压力高 1~2 个数量级，样品便从贮样器部分通过隔膜微孔扩散进入离子源中。

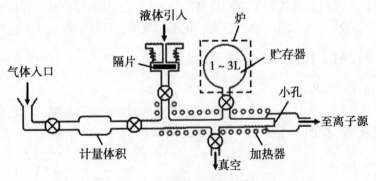

图 7-2　间歇式进样系统

（2）直接探针进样。适用于具有一定挥发性的固体或非挥发性（高沸点）液体样品。如图 7-3 所示，将试样放入小杯中，再放入可加热的套圈内，通过真空闭锁装置将试样引入离子源。探针杆中样品的温度可冷却到-100℃或在数秒之内加热到较高温度（300℃左右）。

（3）色谱进样。对于有机化合物的分析，目前较多采用色谱—质谱联用，采用气相

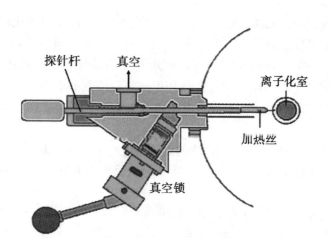

探针杆 真空 离子化室 加热丝 真空锁

图7-3 直接探针进样系统

色谱、高效液相色谱对复杂样品进行分离后，经过接口装置引入质谱仪的离子源。该方法兼有色谱法的优良分离功能和质谱法强有力的鉴别能力，是目前分析复杂混合物的最有效工具。

3. 离子源

离子源的作用是将气化的样品分子电离成带电的离子，并使这些带电的离子会聚成一定能量的离子束，进入质量分析器。离子源是质谱仪的心脏，其性能与质谱仪的分辨率等有很大的关系。由于离子化所需要的能量随分子不同差异很大，为了能获得样品的分子离子峰，不同的样品需要采用不同的离子源。目前常用的离子源有电子轰击电离源、化学电离源、高频火花电离源、激光电离源等。

（1）电子轰击电离源（electron impact ionization source，简称EI源），是应用最为广泛的离子源，它主要用于挥发样品的电离。其原理为：气化后的样品分子进入离子化室后，受到由钨或铼制成的灯丝发射并加速的电子流的轰击产生正离子。轰击电子的能量大于样品分子的电离能，使样品分子电离或碎裂。电子轰击质谱能提供有机化合物最丰富的结构信息，质谱图具有较好的重现性，其裂解规律的研究也最为完善，已经建立了数万种有机化合物的标准谱图库可供检索。其缺点在于不适用于不能气化和遇热分解的样品。

（2）化学电离源（chemical ionization soure，简称CI源），是通过离子—分子反应来实现样品分子的电离的。化学电离在电离室内充有反应气（如甲烷、氨气、异丁烷等），样品分子与反应气分子相比是极少的。在一定能量的电子的作用下，首先将反应气分子预电离，生成其分子离子，再与反应气分子作用，生成高度活性的二级离子，再与样品分子进行离子—分子反应。以甲烷作反应气为例：

$$CH_4 + e^- \rightarrow CH_4^+ \cdot + 2e^-$$

$$CH_4^+ \cdot + CH_4 \rightarrow CH_5^+ + CH_3 \cdot$$

$$CH_5^+ + M \rightarrow MH^+ + CH_4$$

$$(M+1)$$

式中，M 代表被分析的样品分子。化学电离源生成的 M+1 离子比较明显，M+1 离子失去两个 H，产生明显的 M-1 离子峰。除了 M+1、M-1 离子外，使用甲烷作反应气时还会产生 $[M+C_2H_5]^+$ 和 $[M+C_3H_5]^+$ 离子，使用异丁烷时易生成 $[M+C_4H_9]^+$，使用 NH_3 作反应气时，可生成 $[M+NH_4]^+$ 离子，使用甲醇作反应气时会产生 $[M+CH_3OH]^+$ 离子，这样的离子都称为准分子离子。正确判断生成的准分子离子可求得样品物质的相对分子质量。

CI 源产生的准分子离子较 EI 源产生的分子离子稳定，主要断裂方式是失去中性小分子，因而使测得的质谱中碎片离子峰少，准分子离子峰强度较大，对 EI 源的谱图具有较好的互补作用。

此外，还有其他类型的离子源，如场致电离源（FI）、场解析电离源（FD）、快原子轰击离子源（FAB）、电喷雾离子源（ESI）、大气压化学电离源（APCI）、基质辅助激光解析离子源（MALDI）等。其中 FD 特别适合于对一些难气化或热稳定性差的样品做定性鉴定和结构测定，高极性、难气化的有机化合物都采用 FAB 源，MALDI 适合用于难电离的样品，特别是生物大分子如肽类、核酸等，特别适合于与飞行时间质谱计相配，也与离子阱类的质量分析器相配。

按照能给予样品能量的大小可将上述电离的方法分为硬电离和软电离两类。EI 源属硬电离技术，除了 EI 源外的各类离子源都有一个共同点，即电离产生的碎片离子少，分子离子峰较强，这类电离技术都称为软电离技术。

4. 质量分析器

质量分析器是质谱仪的重要组成部分，它的作用是将离子室产生的离子，按照质荷比（m/z）的大小分开，依次送进检测器。常用的质量分析器有单聚焦分析器、双聚焦分析器、四极杆分析器、离子阱分析器及飞行时间分析器等。

（1）单聚焦质量分析器。又称磁分析器，是使用扇形磁场，如图 7-4 所示，离子在磁场中的运动半径取决于磁场强度 B、m/z 和加速电压 U。若 U 和 B 不变，则离子运动的半径仅取决于离子本身的 m/z。这样，m/z 不同的离子，由于运动半径不同，在磁分析器中被分开。由于质谱仪出射狭缝位置固定不变，故一般采用固定 B（或固定 U）而连续改变 U（或 B）的方法，使不同 m/z 离子分离并依次通过狭缝进入检测器。

单聚焦分析器结构简单，操作方便，但分辨能力低，只适用于离子能量较小的离子源，如 EI 源和 CI 源等。

（2）双聚焦质量分析器。由扇形磁场和扇形电场组成，如图 7-5 所示，离子束首先通过静电分析器，将具有相同速度（能量）的离子分离聚焦，然后通过狭缝进入磁分析器，再将具有相同 m/z 而能量不同的离子束进行再一次分离。双聚焦分析器具有"方向聚焦"和"能量聚焦"作用，分辨能力得到很大提高，能准确地测量离子的质量，广泛应用于有机质谱仪中。

（3）四极杆分析器。又称四极杆滤质器，如图 7-6 所示，由两组平行的棒状（或双曲面状）电极组成。在两电极间加有数值相等方向相反的直流电压和频率为射频范围的交流电压，四根极杆内所包围的空间便产生双曲线电场 [图 7-6（a）]。当离子束进入此射频场时，只有选定的某一种（或一定范围）质荷比的离子能够稳定地通过四极滤质器

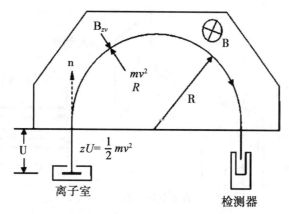

图 7-4　单聚焦分析器原理示意图

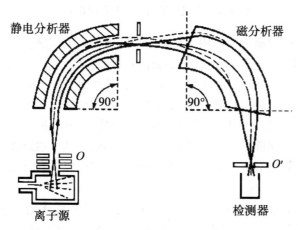

图 7-5　双聚焦分析器原理示意图

而进入检测器（这些离子称为共振离子），而其他离子则因振幅不断增大，在运动的过程中撞击在筒形电极上而被"过滤"掉，最后被真空泵抽走，即达到"滤质"作用（这些离子称为非共振离子）[图 7-6（b）]。

　　如果使交流电压的频率不变而连续地改变直流和交流电压的大小（但要保持它们的比例不变）（电压扫描），或保持电压不变而连续地改变交流电压的频率（频率扫描），就可使不同质荷比的离子依次通过四极场实现质量扫描，从而得到质谱图。

　　四极杆质谱仪的主要优点是：结构简单、体积小、重量轻、价格便宜；扫描速度快，适合于色谱联机；自动化程度较高。主要缺点是：分辨率不如双聚焦质谱仪；质量范围较窄，一般为 10~1200amu；不能提供亚稳离子信息。

　　（4）离子阱分析器。也叫四极离子阱或四极离子贮存器，它是通过电场和磁场将气相离子控制并贮存一段时间的装置。离子在被控制的区域中，随周围电磁场的性质变化发生共振，不同离子有不同的共振振幅，最终通过电磁场射频扫描，使不同的离子依次离开离子阱而进行检测。

　　离子阱质量分析器结构简单、灵敏度高、质量范围大，既能直接用于不同质荷比的离

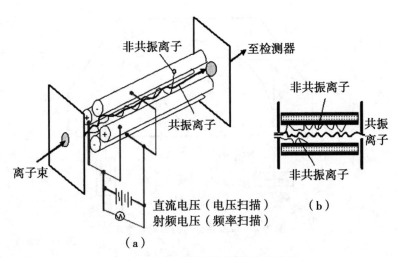

图 7-6　四极杆质量分析器原理示意图

子的检测，又因为其贮存离子的作用，可用于时间上的串联质谱。

（5）飞行时间分析器（time of flight analyzer，简称 TOF）。它的主要部分是一个离子漂移管，在离子进入漂移管前，首先被电场加速，使所有的离子获得基本一致的动能，然后离子进入真空漂移管，在漂移管中做无场漂移，最终到达检测极。由于不同离子的质量不同，离子在漂移管中飞行的时间不同（与离子质量的平方根成正比），离子的质量越大，到达接收极所用的时间越长，质量越小，时间越短，这样通过离子到达接收极的时间就可以将不同质量的离子分开。适当增加漂移管的长度可以提高分辨率。

5. 检测器

从质量分析器出来的离子流只有 $10^{-10} \sim 10^{-9}$ A，检测器的作用就是接受这些强度非常低的离子流并放大信号，然后送到显示单元和计算机数据处理系统，得到所要分析物质的质谱图和质谱数据。质谱仪常用的检测器有电子倍增器、法拉第杯、闪烁检测器和照相底板等。

目前普遍采用电子倍增器进行离子检测，其原理为：从质量分析器出来的离子经聚焦后，打到高能打拿极上产生电子，电子经电子倍增器增益，产生强电信号，记录不同离子的电信号即得质谱图。信号增益与倍增器电压有关，提高倍增器电压可以提高灵敏度，但同时会降低倍增器的寿命。因此，在保证仪器灵敏度的情况下，应尽量使用低的倍增器电压。

6. 数据处理及输出系统

现代质谱仪都配有完善的计算机系统，它不仅能快速准确地采集数据和处理数据，而且能监控质谱仪各单元的工作状态，实现质谱仪的全自动操作，并能代替人工进行化合物的定性和定量分析。

三、质谱解析基础知识

（一）质谱的表示方法

质谱测量结果表示方法有 3 种：质谱图、质谱表和元素图。

质谱图是以质荷比（m/z）为横坐标，相对强度（相对丰度）为纵坐标构成，一般将原始质谱图上最强的离子峰定为基峰，并定为相对强度（相对丰度）100%，其他离子峰以对基峰的相对百分值表示。质谱图有两种：峰形图和条图，目前大部分质谱都用条图表示（图7-7）。

质谱表是以表格形式表示的质谱数据，质谱表中有两项给出质荷比及相对强度对应的数值。质谱图直观地反映了整个分子的质谱全貌，而质谱表则可以准确地给出精确的质荷比值及相对强度值，有助于进一步分析。

元素图是由高分辨率质谱仪所得结果，经一定程序运算直接得到的，由元素图可以了解每个离子的元素组成。

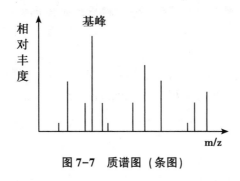

图7-7　质谱图（条图）

（二）质谱中的离子和离子峰

从有机化合物的质谱图中可以看到很多离子峰。这些峰的质荷比和相对强度取决于分子结构，并与仪器类型、实验条件有关。质谱中主要的离子峰有分子离子峰、同位素离子峰、碎片离子峰、重排离子峰及亚稳离子峰等。正是这些离子峰给出了丰富的质谱信息，为质谱分析法提供依据。下面对质谱中主要的离子类型进行介绍。

分子离子：由样品分子失去一个电子而生成的带一个正电荷的离子，z=1的分子离子的质荷比（m/z）就是该分子的相对分子质量。分子离子是质谱中所有离子的起源，它在质谱图中所对应的峰为分子离子峰，也叫母离子峰。

同位素离子：当分子中有同种元素不同的同位素时，此时的分子离子由多种同位素离子组成，不同同位素离子峰的强度与同位素的丰度成正比。

碎片离子：由分子离子裂解产生的所有离子，在质谱图中不同位置出峰。在质谱图上看到的峰大部分是碎片离子峰，它们处在母峰的左边。碎片离子与分子离子解离的方式有关，可以根据碎片离子来推测分子结构。

重排离子：由原子迁移产生重排反应而形成的离子，是碎片离子的一种，其结构并非原分子中所有。在重排反应中，化学键的断裂和生成同时发生，并丢失中性分子或碎片离子。

多电荷离子：一个分子丢失一个以上电子形成的带有两个或更多个电荷的离子。相应离子在质谱图中的峰，表明被分析物异常的稳定。

亚稳离子：在离子源中形成的离子，有一部分在从离子源出口到检测器的运动过程中会发生进一步的碎裂，这样的离子称为亚稳离子。亚稳离子峰出现在正常离子峰的左边，峰形宽，强度弱，质荷比通常不是整数。

准分子离子：是由软电离技术产生的、分子与质子或其他阳离子的加合离子（如 $[M+H]^+$ 等），以及去质子化或与其他阴离子的加合离子（如 $[M-H]^-$、$[M+X]^-$ 等）。这类离子不含未配对电子，因而较为稳定，用于判断物质的相对分子质量。

母离子与子离子：任何一个离子进一步裂解生成质荷比较小的离子，前者称为后者的母离子，后者称为前者的子离子，分子离子是母离子的特例。在质谱解析中，若能确定两离子间的这种"母子"关系，有助于推导化合物的结构。

奇电子离子和偶电子离子：带有未配对电子的离子称为奇电子离子，这样的离子是自由基型离子，具有较高的反应活性，在质谱解析时较为重要。不具有未配对电子的离子称为偶电子离子，这种离子相对较为稳定。分子离子是奇电子离子。

四、质谱分析与应用

质谱法的应用有定性分析（包括化合物相对分子质量的测定、化学式的确定、结构分析）、定量分析、同位素研究及热力学方面研究等。下面介绍质谱定性分析和定量分析。

（一）质谱定性分析

1. 相对分子质量的测定

从分子离子峰可以准确的测定物质的相对分子质量，这是质谱分析的独特优点。它比经典的方法（如冰点下降法、沸点上升法、渗透压力测定等）快速而准确，样品用量少。关键是分子离子峰的正确判断。确定分子离子峰时要注意以下几点：

（1）除了同位素离子峰外，分子离子峰是质谱图中质荷比最大的峰，处于图谱的最右端，而该峰是否就是母离子峰，必须注意：母离子因结构上的原因而不稳定，进一步碎裂成碎片离子而不出峰或很弱；物质的热稳定性很差，气化分解而得不到；有的化合物分子会形成质子化分子离子峰 $[M+1]^+$ 或去质子化分子离子峰 $[M-1]^-$。

（2）母离子峰断裂为质量较小的碎片离子峰时应有合理的中性碎片质量丢失。如果待定离子峰是分子离子峰，则在此峰邻近质量小于 3~14 及 21~25 等质量单位处不应有离子峰出现，否则该峰就不是分子离子峰。

（3）分子离子峰必须符合"氮律"。在有机化合物中，不含氮或含偶数氮的化合物，分子质量一定为偶数（单电荷分子离子的质荷比为偶数），含奇数氮的化合物分子质量一定为奇数，此即为"氮律"。根据氮律，在质谱图中假定的分子离子峰的质荷比为奇数时，化合物必然含奇数氮，否则不是分子离子峰；同理，若假定的分子离子峰的质荷比为偶数，化合物中应不含氮或含有偶数个氮，否则该峰也一定不是分子离子峰。

（4）利用同位素峰判断分子离子峰。当化合物中含有 Cl 或 Br 时，可以利用分子离子峰 M 与同位素峰（M+2）的相对丰度比来确定分子离子峰。若分子中含有 Cl 元素，则 M 峰和（M+2）峰丰度比为 3:1；若分子中含有 Br 元素，则 M 峰和（M+2）峰丰度比为 1:1。这是因为在自然界中，^{35}Cl 和 ^{37}Cl 的相对丰度比为 3:1，^{79}Br 和 ^{81}Br 的相对丰度比为 1:1。

（5）设法提高分子离子峰的强度。若无法判断分子离子峰或质谱图上得不到分子离子峰时，可逐步降低电子轰击源的电压，这时所有碎片离子峰的相对丰度都减小，只有分子离子峰的相对丰度增大。

2. 分子式的确定

在确认了分子离子峰并知道了化合物的相对分子质量后，就可以确定化合物的部分或整个化学式。

（1）用高分辨质谱数据确定分子式。高分辨率质谱仪可以精确测量分子离子或碎片离了的质荷比（误差可小于 10^{-5}），故可利用元素的精确质量及相对丰度计算其元素组成。也可以将高分辨质谱仪测出的精确质量，与 Beynon 表或莱德伯格（Lederberg）数据表对照查出分子式。

用计算机采集质谱数据并精确计算各元素的个数，直接给出分子式，这是目前最方便、迅速、准确的方法，现代高分辨质谱仪器都具备这样的功能。

虽然高分辨质谱测量离子质量精度很高，但化合物的分子离子若不能识别，或者很弱甚至不出现，还是不能测出分子式，这就要求采用一些特殊的电离方法，如 CI、FD 以及 FAB 等。

（2）用同位素丰度法确定分子式。对于相对分子质量较小、分子离子峰较强的化合物，在低分辨的质谱仪上可通过同位素相对丰度法推导其分子式。

各元素具有一定的同位素天然丰度，因此，不同的分子式，其（M+1）/M 和（M+2）/M 的百分比都不同。同位素离子峰在质谱中的主要应用就是根据同位素峰的相对丰度确定分子式，如果知道化合物的相对分子质量，且质谱图中分子离子 M 及其同位素离子（M+1）、（M+2）强度较大，并可测出其强度比，就可以从 Beynon 表中查出该分子量值的几种可能化合物，然后根据其他的信息加以排除，最后得到最可能的分子式。

如果不用 Beynon 表，则可根据分子离子的质量数、氮律、原子价总数规律、同位素丰度比等计算并推断分子式。

3. 结构鉴定

对纯物质的结构进行鉴定是质谱的重要应用领域。通过质谱图中分子离子、碎片离子、亚稳离子的相对丰度、质荷比等信息确定化学式，再根据各类化合物的裂解规律，找出各碎片离子产生的途径，从而确定整个分子结构。

以质谱检定化合物及确定结构更为快捷、直观的方法是计算机谱图检索。质谱仪的计算机数据系统存贮大量已知有机化合物的标准谱图构成谱库，这些标准谱图绝大多数是用电子轰击离子源（在 70eV 电子束轰击），于双聚焦质谱仪上作出的。被测有机化合物试样的质谱图是在同样条件（EI 离子源，70eV 电子束轰击）下得到，然后用计算机按一定的程序与计算机内存标准谱图对比，能迅速检索到待测样品化合物的相关信息，如化合物名称、质谱图的匹配度、相对分子质量、分子式、结构式等，并提供试样谱和标准谱的比较谱图。目前，大多数有机质谱仪厂家提供的谱库内存有十多万张有机化合物的标准谱图，并在不断增加中，大大方便了对有机化合物的结构鉴定。

（二）质谱定量分析

质谱法可以定量测定有机分子、生物分子以及无机试样中元素的含量，可用于一种或多种混合组分的分析。

有机质谱是基于质谱峰高（离子流强度）与组分的分压（离子数目）成正比的关系来进行定量分析的。以质谱法进行多组分有机混合物的定量分析时，要求被测组分必须至少有一个与其他组分明显不同的峰，各组分的裂解模型具有重现性，组分的灵敏度具有一定的重现性，每种组分对峰的贡献必须呈线性加和性。如果所分析的混合物的质谱图中找不到单组分峰，需要用解多元联立方程的方法来完成。

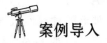 案例导入

兴奋剂

在 1988 年汉城奥运会上，加拿大短跑名将本-约翰逊奇迹般地创造了男子 100m 跑 9 秒 79 的世界纪录，然而在随后的兴奋剂检测中，他被查出服用了兴奋剂合成类固醇药物康力龙，他的冠军资格被取消并受到停赛两年的处分。

国际上禁止使用的兴奋剂包括刺激剂类、麻醉剂类、阻断剂类、利尿剂类肽和蛋白激素以及类似物、血液兴奋剂等近百种物质成分。反对使用兴奋剂，就必须进行兴奋剂的检测，一般药物在体内大部分是通过尿液排出来的，所以兴奋剂的检测必须要求受检运动员提供 75mL 的尿样。送入实验室的尿样经过树脂交换、酶解、萃取、衍生化等多项环节，尽可能的去除杂质。尽管如此，它里面仍存有上百种非兴奋剂成分的物质，对检测造成干扰。另外，由于人体对不同药物代谢途径不同，有些药物代谢速度很快，所以通过对药物代谢产物的检测，以寻找代谢产物中有关违禁药物的踪迹，一般可以运用气相色谱与质谱联用仪。气相色谱能对尿样中上百种物质成分根据其流动速度的差异进行逐个分离，也就是让物质成分一个一个的通过质谱部分，对其进行成分定性检测，以分别测定尿样中所含有的上百种成分，确定其中是否有兴奋剂药物的成分。

色谱和质谱各有优缺点，质谱具有超强定性能力，缺点是只能对单一组分的样品进行分析，对复杂的混合物则无能为力；色谱具有高效分离能力，能将复杂的混合物进行有效分离和定量分析，但定性能力很差。色谱—质谱联用技术将色谱技术和质谱技术联用，各取其所长，补其所短，充分发挥色谱的高分离能力和质谱的超强定性能力，则能同时完成多组分混合物的高效分离、定性和定量分析。

目前，GC-MS 在很多领域的分析、检测和科研中发挥了越来越重要的作用，已成为许多有机物混合体系的一种必备的常规检测工具。如环保领域中许多有机污染物的标准检测方法中就规定有 GC-MS 法，特别是一些较低浓度的有机化合物（如二噁英等）；药物研究、生产、质量控制以及进出口的许多环节中都要用到 GC-MS 技术；法庭科学中对各种案件现场的残留物的检验，如纤维、呕吐物、血迹等的检验与鉴定，对燃烧、爆炸现场的调查等，都用到 GC-MS 方法；在食品行业中 GC-MS 法是食品中农药残留定性、定量分析的最有效工具之一。

任务二 气相色谱—质谱联用技术

一、气相色谱—质谱联用仪

气相色谱—质谱联用（gas chromatography-mass spectrometer，简称 GC-MS），简称气—质联用，是分析仪器中较早实现联用技术的仪器，也是目前发展最完善、应用最广泛、最有效的联用分析仪器，主要适用于具有较低沸点（400℃以下）且加热不易分解的样品的分析。

（一）仪器的结构组成和工作过程

1. 仪器的结构组成

GC-MS 主要由 4 部分组成（图 7-8），即 GC 部分、仪器接口、MS 部分和数据处理系统。对 MS 而言，GC 是它的进样器；对 GC 而言，MS 是它的检测器。气相色谱仪分离样品中的各组分，起着样品制备的作用；接口把气相色谱流出的各组分送入质谱仪进行检测，起着气相色谱和质谱之间适配器的作用；质谱仪对接口依次引入的各组分进行分析，成为气相色谱仪的检测器；计算机系统交互式地控制气相色谱、接口和质谱仪，进行数据采集和处理，是 GC-MS 的中央控制单元。

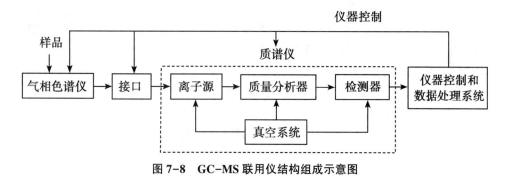

图 7-8 GC-MS 联用仪结构组成示意图

GC-MS 的质谱仪可以是磁式质谱仪、四极杆质谱仪，也可以是飞行时间质谱仪或离子阱质谱仪，目前应用最多的是四极杆质谱仪，离子源主要是 EI 源和 CI 源。

2. GC-MS 联用仪工作过程

GC-MS 联用仪工作过程为：当一个混合样品用微量注射器注入气相色谱仪的进样器后，样品被加热气化，样品混合物的气态分子在载气的带动下通过色谱柱，由于各组分在流动相和固定相上的分配系数不同，使各组分得到分离，最后和载气一起依次流出色谱柱。通过色谱仪与质谱仪之间的仪器接口，尽可能地将载气筛去，只让组分的分子通过，从而保证将样品分子送入离子源的同时不至于破坏质谱仪的真空环境。样品气态分子在具有一定真空度的离子源中转化为样品气态离子。这些离子在高真空的条件下进入质量分析器，在质量扫描部件的作用下，检测器记录各种按质荷比不同而分离的离子的离子流强度及其随时间的变化，即得到质谱图。

（二）GC-MS 联用主要技术问题

1. 仪器接口

通常色谱柱的出口端为大气压力，这一状态与质谱仪中的高真空系统不相容，因此，接口技术要解决的问题就是如何使气相色谱仪的大气压工作条件和质谱仪的真空工作条件进行连接和匹配。接口要把气相色谱柱流出物中的载气，尽可能多地除去，保留或浓缩待测物，使近似大气压的气流转变成适合离子化装置的真空，并协调色谱仪和质谱仪的工作流量。

GC-MS 联用仪的接口是解决气相色谱和质谱联用的关键组件。理想的接口是能除去全部载气，但却能把待测物毫无损失地从气相色谱仪传输到质谱仪。目前常用的各种GC-MS 接口主要有直接导入型（适用于小孔径毛细管柱）、开口分流型（适用于毛细管柱）和喷射式分离器（主要用于填充柱）等，目前较为常用的是开口分流型接口。

2. 扫描速度

没有与色谱仪连接的质谱仪一般对扫描速度要求不高。与气相色谱仪连接的质谱仪，由于气相色谱峰很窄，有的仅几秒钟时间，一个完整的色谱峰通常需要至少 6 个以上数据点，这样就要求质谱仪有较高的扫描速度，才能在很短的时间内完成多次全范围的质量扫描。另外要求质谱仪能很快地在不同的质量数之间来回切换，以满足选择离子检测的需要。

二、GC-MS 分析测量条件的选择

GC-MS 分析的关键是设置合适的分析条件，使各组分能有效分离，并得到很好的总离子流色谱图和质谱图，进而获得满意的定性和定量分析结果。

GC-MS 分析条件要根据样品的特点进行选择。在进行检测之前应尽量了解样品的情况，包括样品组分的多少、沸点范围、相对分子质量范围、化合物类型等。

1. GC 测量条件的选择

有关 GC-MS 分析中的色谱条件与普通的气相色谱条件相同，目的是使各组分得到较好的分离。

（1）载气。用于 GC-MS 的载气，主要考虑其相对分子质量和电离电位。气相色谱中常用的载气为氮气、氢气和氦气，由于氮气的相对分子质量较大，会干扰低相对分子质量组分的质谱图，不宜采用；而氦气的电离电位比氢气大，不易被电离形成大量的本底电流，利于质谱检测，因此，氦气是最理想的、最常用的载气。

（2）色谱柱。一般情况下，若样品组成简单，可以使用内径为 2mm 的填充柱；样品组成复杂或样品总量不足几微克，则一定要使用毛细管柱。由于受质谱仪离子源真空度的限制，最常用的是内径为 0.25mm、0.32mm 的色谱柱。只有使用能除去溶剂的开口分流接口装置，才能使用内径为 0.53mm 的色谱柱。根据样品类型选择不同的色谱柱固定相，如极性、非极性和弱极性等，同时还要考虑固定液的流失问题，否则会造成复杂的质谱本底。交联柱的耐温能力比普通柱高，且耐溶剂冲洗，柱效率高，柱寿命长，很适合 GC-MS 分析。

（3）GC 操作参数。与气相色谱中的分析一样，气化温度一般要高于样品中最高沸点

20~30℃。柱温可根据样品的具体情况来设定，如有必要也可采用程序升温技术，选择合适的升温速率，以使各组分都实现基线分离。载气流量和线速度应选取在 GC-MS 仪接口允许的范围内。为减少载气总量，常采用较低的流量和较高的柱温（但要防止固定液的流失）。

2. MS 测量条件的选择

质谱条件的选择包括扫描范围、扫描速度、灯丝电流、电子能量、光电倍增器电压等。

（1）扫描范围。扫描范围即质量分析器的离子质荷比范围，该值的设定取决于待分析化合物的分子量，应使化合物所有的离子都出现在设定的扫描范围之内。

（2）扫描速度。可根据色谱峰宽而定，以一个色谱峰出峰时间内能进行质量扫描 7~8 次为好，这样能得到比较圆滑的色谱图，一般设定的扫描速度应能在 0.5~2s 内扫描一个完整的质谱。

（3）灯丝电流。一般设在 0.20~0.25mA，灯丝电流太小，仪器灵敏度低，太大则会降低灯丝寿命。

（4）电子能量。一般为 70eV，标准质谱图都是在 70eV 下得到的。改变电子能量会影响质谱中各种离子间的相对强度。如果质谱中没有分子离子峰或分子离子峰很弱，为了得到分子离子，可以降低电子能量到 15eV 左右。此时分子离子峰的强度会增强，但仪器灵敏度会大大降低，而且得到的不再是标准质谱图。

（5）光电倍增器电压。光电倍增器电压与仪器灵敏度有直接关系，在灵敏度能够满足要求的情况下，应使用较低的光电倍增器电压，以保护倍增器，延长其使用寿命。

三、GC-MS 分析提供的信息

GC-MS 分析得到的主要信息有 3 个：样品的总离子流色谱图或重建离子色谱图；样品中每一个组分的质谱图；每个质谱图的检索结果。此外，还可以得到质量色谱图、三维色谱质谱图等。对于高分辨率质谱仪，还可以得到化合物的精确分子质量和分子式。

1. 总离子流色谱图（TIC）

在 GC-MS 分析中，样品连续进入离子源并被连续电离。质量分析器每扫描一次（如1s），检测器就得到一个完整的质谱图并送入计算机存储。由于样品浓度随时间变化，得到的质谱图也随时间变化。一个组分从色谱柱开始流出到完全流出大约需要 10s 左右，计算机就会得到这个组分不同浓度下的质谱图 10 个。计算机可以把每个质谱图的所有离子相加得到总离子流强度，这些随时间变化的总离子流强度所描绘的曲线就是样品总离子流色谱图或由质谱重建而成的重建离子色谱图。总离子流色谱图是由一个个质谱得到的，所以它包含了样品所有组分的质谱。它的外形和由一般色谱仪得到的色谱图是一样的。只要所用色谱柱相同，样品出峰顺序就相同，其差别在于，重建离子色谱所用的检测器是质谱仪，而一般色谱仪所用检测器是氢焰、热导池等，两种色谱图中各成分的校正因子不同。

2. 质谱图

总离子流色谱图是包含了样品所有组分的质谱，由总离子流色谱图可以得到任何一个组分的质谱图。质谱图是 GC-MS 联用法中最重要的谱图，化合物的结构、相对分子质量等特征信息都是从质谱图经过计算机的谱图检索得到的。因此，必须尽力得到一张正确的质谱图，最后才能得到正确的定性结论。一般情况下，为了提高信噪比，通常由色谱峰峰顶处得到相应质谱图。但如果两个色谱峰有相互干扰，应尽量选择不发生干扰的位置得到质谱图，或通过扣本底消除其他组分的影响。

3. 提取离子色谱图

由质谱中任何一个质量的离子也可以得到色谱图，即提取离子流色谱图（质量色谱图）。由于提取离子流色谱图是由一个质荷比的离子得到的，因此，质谱中不存在该质荷比离子的化合物，也就不会出现色谱峰，利用这一特点可以识别具有某个特征的某类化合物，可以使总离子流色谱图中不能分开的两个峰实现分离，以便进行定量分析。由于质量色谱图采用一个质荷比的离子作图，因此进行定量分析时，也要使用同一离子得到的质量色谱图进行标定或测定校正因子。

四、GC-MS 联用仪一般操作程序

1. 开机前的准备工作

（1）气体准备。准备一瓶高纯（纯度≥99.999%）氦气（载气）和一瓶氮气（尾吹气）。将气体与气相色谱—质谱仪连接，并检查各连接部位不应漏气，否则需重新连接。

（2）连接色谱柱。根据样品分析需要选择合适的色谱柱。将色谱柱进样口端连接气相色谱仪进样口，另一端连接质谱仪。

（3）准备测试样品。将样品按照相应的预处理程序进行预处理，并装进样品瓶中待上机测定。若为自动进样器，将准备好的测试样品按顺序放到自动进样器样品盘中，并记录相应的瓶号。

2. 开机操作程序

（1）打开载气 He 阀，调节减压阀至出口压力为 0.5MPa；打开 N_2 阀，调节减压阀至出口压力为 0.5MPa。

（2）打开电脑至待机状态。

（3）打开 GC 主机开关，待仪器自检结束。

（4）打开 MSD 开关，MSD 真空泵开始抽真空。

（5）在 MSD 的油泵连续抽真空 3~4h 后，在电脑界面双击控制 GC-MS 的联机软件，进入软件仪器控制界面。

（6）设置仪器参数，建立样品分析方法。对 GC 的载气模式、流量、分流比、进样口温度、进样模式、柱温、程序升温等参数进行设定。设定完毕后，给编辑的分析方法命名并保存。再对 MS 模块设置 GC-MS 接口温度、MS 调谐文件、质量扫描参数、离子选择参数等，保存方法。

（7）MSD 调谐。待仪器运行达到各项设定的参数后，进入 MS 调谐界面，进行 MS 的自动调谐。

（8）设置样品信息，编辑数据采集序列。

（9）运行序列，进入样品自动检测并采集数据。

3. 关机程序

（1）将 GC 进样口、炉温、GC-MS 接口温度降至室温。

（2）在调谐与真空控制窗口，点击菜单"真空"下的"放空"，MSD 开始放空，仪器在一定时间内降低真空度。

（3）退出 GC-MS 软件、关闭 GC、MS 电源开关，关闭气源（He、N_2）阀。

4. 数据分析与处理

（1）在电脑界面双击 GC-MS 数据分析软件，进入工作站数据分析界面。

（2）打开数据文件。

（3）对色谱峰进行定性。定性方法：①利用标准品的保留时间定性；②通过谱库检索定性。

（4）对色谱图进行积分。

（5）建立校正表（标准工作曲线）。各个标准化合物的相关系数均要求大于 99.5%。

（6）出具未知样品定量分析报告。

注意事项

（1）在打开 MSD 开关的同时，应按下 MSD 侧门，以便抽真空。如真空泵声音不正常，检查侧门和放空阀是否关闭。

（2）MSD 在放空过程中，软件不能再返回"运行与控制界面"，否则放空失效。

（3）GC 在降温过程中，保持载气 He 畅通，否则会损坏色谱柱。

（4）机器正在运行时，必须避免突然断电，否则将大大缩短真空泵的寿命。

（5）温度设定不准超过各部件的最高使用温度（特别是毛细管柱）。

（6）应在开机 3~4h 系统稳定后进行自动调谐。

五、仪器的维护与保养

为保持 GC-MS 联用仪的良好性能，应做好以下维护和保养工作。

（1）每次开机前检查套筒和柱螺帽等的松紧。

（2）每周根据需要更换玻璃套管，O 型圈以及进样垫。

（3）经常观察油泵内的油是否变黑，如果变黑要及时更换。

（4）根据要求定期老化毛细管柱，色谱柱老化时不能接质谱仪，老化温度应高于使用温度。

（5）每月根据需要清理分流和不分流进样口出口管线的净化器，进行氦气检漏，检查所有接点，从供气端在进样口和色谱柱两头及检测器的接头进行检漏。

（6）每半年清洗离子源、检测器。

（7）进行仪器维护后，要按时做好相应的记录。

📖 知识拓展

GC-MS 的质谱谱库和计算机检索

随着计算机技术的飞速发展，人们可以将在标准电离条件（电子轰击电离源，70eV

电子束轰击）下得到的大量已知纯化合物的标准质谱图存储在计算机的磁盘里，做成已知化合物的标准质谱库，然后将在标准电离条件下得到的，已经被分离成纯化合物的未知化合物的质谱图与计算机质谱库内的质谱图按一定的程序进行比较，将匹配度（相似度）高的一些化合物检出，并将这些化合物的名称、相对分子质量、分子式、结构式（有些没有）和匹配度（相似度）给出，这对解析未知化合物、进行定性分析有很大帮助。

目前最常用的质谱谱库有以下几种。

（1）NIST 库。由美国国家科学技术研究所出版，最新版本收有 64K 张标准质谱图。

（2）NIST/EPA/NIH 库。由美国国家科学技术研究所（MST）、美国环保局（EPA）和美国国立卫生研究院（NIH）共同出版，最新版本收有标准质谱图超过 129K 张，约有 107K 个化合物及 107K 个化合物的结构式。

（3）Wiley 库。有 3 种版本，第六版本的 Wiley 库收有标准质谱图 230K 张，第六版本的 Wiley/NIST 库收有标准质谱图 275K 张；Wiley 选择库（Wiley Select Libraries）收有标准质谱图 90K 张。在 Wiley 库中同一个化合物可能有重复的不同来源的质谱图。

（4）农药库（Standard Pesticide Library）。内有 340 种农药的标准质谱图。

（5）药物库（Pfleger Drug Library）。内有 4370 种化合物的标准质谱图，其中包括许多药物、杀虫剂、环境污染物及其代谢产物和它们的衍生化产物的标准质谱图。

（6）挥发油库（Essential Oil Library）。内有挥发油的标准质谱图。

在这 6 个质谱谱库中，前 3 个是通用质谱谱库，一般的 GC-MS 联用仪上配有其中的一个或两个谱库。目前使用最广泛的是 MSI/EPA/NIH 库。后 3 个是专用质谱谱库，根据工作的需要可以选择使用。

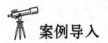 案例导入

中成药的非法掺假

近年来，中成药的降糖、壮阳、镇痛疗效似乎急剧上升，在很多人以为这些中成药疗效明显，而副作用却很小的时候，实际上是一些不法药品生产厂家在这些中成药中非法添加了化学物质，既迎合了国人喜欢中成药的用药习惯，又利用了西药见效快的特点，使有些疗效缓慢的纯中成药，具有了暂时的速效、高效、特效。然而，在中成药中非法添加化学物质，对人的身体危害极大。例如，在降压类中成药里添加氢氯噻嗪、利血平、盐酸可乐定、硝苯地平等西药，长期不合理服用会导致抑郁症或肾病甚至死亡。因此，各地药监部门已经在开展各种类型的打击"中成药非法添加化学物质"的专项或日常工作。随着不法之徒造假手段的翻新，对打假检验手段和方法的要求也越来越高。中药中成分十分复杂，采用单一的质谱法或色谱法不能满足混合组分检测的要求，又由于许多药物成分属于生物活性物质和热不稳定性物质，不适于采用气—质联用法（GC-MS）分析，因此，目前各药检部门一般采用薄层色谱、液相色谱等进行初筛，而后用液—质联用（LC-MS）方法进行确证。

相对于传统的 HPLC 分析，液—质联用技术选择性强、灵敏度高。近年来，随着 LC-

MS 联用技术的日趋完善，LC-MS 联用仪已在食品安全、生化分析、天然产物分析、药物和保健食品分析以及环境污染物分析等许多领域得到了广泛的应用。例如，LC-MS 法测定农产品、食品、饲料中的农药、兽药残留；天然产物化学成分的分离分析；药物及其代谢产物的分析；环境样品中的抗生素、多环芳烃、多氯联苯、酚类化合物、农药残留等的分析；生物大分子分析和临床诊断等。

任务三　液相色谱—质谱联用技术

一、液相色谱—质谱联用仪

液相色谱—质谱（liquid chromatography-mass spectrometer，简称 LC-MS）联用技术，简称液—质联用，主要用于极性化合物、热不稳定性化合物、不挥发性化合物和生物大分子化合物（如蛋白质、核酸等）的分析，这些化合物在有机物中约占 80%，因此，LC-MS 比 GC-MS 具有更广泛的应用价值。

（一）仪器的结构组成和工作过程

1. 仪器的结构组成

LC-MS 联用仪主要由高效液相色谱（HPLC）、接口装置（同时也是电离源）、质谱仪以及真空系统、计算机数据处理系统组成（图 7-9）。高效液相色谱的作用是将混合物样品分离；接口装置的作用是去除溶剂并使样品离子化；质谱仪是检测系统，作用是提供分析样品的总离子色谱图、各单个组分的质谱图等。

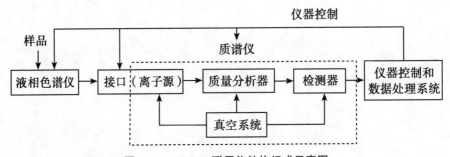

图 7-9　LC-MS 联用仪结构组成示意图

2. LC-MS 联用仪工作过程

LC-MS 联用仪工作过程为：样品通过液相色谱系统进样，由色谱柱分离，而后进入接口（又称界面，interface）。在接口中，样品由液相中的离子或分子转变成气相中的离子，其后离子被聚焦于质量分析器中，根据质荷比而分离。最后离子信号被转变为电信号，传送至计算机数据处理系统。

（二）LC-MS 联用仪的接口

1. LC-MS 联用的主要技术问题

由于液相色谱的一些特点，在液—质联用时所遇到的困难比气—质联用大得多，必须解决以下问题。

①液相色谱流动相对质谱工作条件的影响。液相色谱的流动相流速一般为 1mL/min，如果流动相是甲醇，其气化后换算为常压下的气体流速为 560mL/min，就比气相色谱的流动相流速大几十倍，而且溶剂中一般还含有较多的杂质。因此，在进入质谱仪前必须先清除流动相及其杂质。

②质谱离子源的温度对液相色谱分析源的影响。液相色谱的分析对象主要是难挥发和热不稳定的物质，这与质谱仪中常用的离子源要求样品气化是不相适应的。

要解决上述问题，主要依赖于接口技术，以协调液相色谱和质谱的不同特殊要求；通过改进液相色谱（采用微型柱，降低流动相流量等）和质谱的操作条件（主要是离子化方法），也可以克服或缓和上述两个矛盾。

2. LC-MS 联用的接口装置

LC 和 MS 之间的接口装置，早期曾经使用过的有传送带接口、热喷雾接口、粒子束接口等十余种，这些接口装置都存在一定的缺陷，因而都没有得到推广应用。直到 20 世纪 80 年代，大气压电离源用作 LC-MS 联用的接口装置和电离装置之后，使得 LC-MS 联用技术取得突破性进展。目前，LC-MS 联用仪大多使用大气压电离源作为接口装置和离子源。

大气压电离源（API）其离子化过程发生在大气压下，包括电喷雾电离源（ESI）、大气压化学电离源（APCI）和大气压光电离源（APPI）3 种，其中 ESI 源应用最为广泛。

（1）电喷雾电离源（ESI）。电喷雾电离接口装置结构如图 7-10 所示。主要由大气压离子化室和离子聚焦透镜组件构成。喷口一般由双层同心管组成，外层通入氮气作为喷雾气体，内层输送流动相及样品溶液。某些接口还增加了"套气"设计，其主要作用是改善喷雾条件以提高离子化效率。离子化室和聚焦单元之间由一根内径为 0.5mm 的、带有惰性金属（金或铂）包头的玻璃毛细管相通，它的主要作用为形成离子化室和聚焦单元的真空差，造成聚焦单元对离子化室的负压，将离子化室形成的离子传输进入聚焦单元，并隔离加在毛细管入口处的 3~8kV 的高电压。此高电压的极性可通过化学工作站方便地切换成不同的离子化模式，适应不同的需要。离子聚焦单元一般由两个锥形分离器和静电透镜组成，并可以施加不同的调谐电压。

以一定流速进入喷口的样品溶液及液相色谱流动相，经喷雾作用被分散成直径约为 1~3μm 的细小的液滴，然后在喷口和毛细管入口之间设置的几千伏特的高电压的作用下，这些液滴由于表面电荷的不均匀分布和静电引力的作用而被破碎成更细小的液滴。在加热的干燥氮气的作用下，液滴中的溶剂被快速蒸发，直至表面电荷增大致库仑排斥力大于表面张力而爆裂，产生带电的子液滴，子液滴中的溶剂继续蒸发引起再次爆裂。此过程循环往复直至液滴表面形成很强的电场，而将离子由液滴表面排入气相中。进入气相的离子在高电场和真空梯度的作用下进入玻璃毛细管，经聚焦单元聚焦，被送入质谱离子源进行质谱分析。

在没有干燥气体设置的接口中，离子化过程也可进行，但只能接受非常小的液体流量（每分钟数微升），以保证足够的离子化效率。若接口具备干燥气体设置，则此流量可大到每分钟数百微升乃至 1000μL/min 以上，这样的流量可满足常规液相色谱柱良好分离的要求，实现与质谱的在线联机操作。

电喷雾接口的主要优点是：具有高的离子化效率，有许多离子化模式可供选择；稳定的多电荷离子的产生，使测定离子的质量范围可高达几十万甚至上百万；"软"离子化方式使热不稳定化合物得以分析并产生高的准分子离子峰；仪器专用工作软件的开发使得仪器的调试、操作、联机控制、故障诊断等都可自动进行。

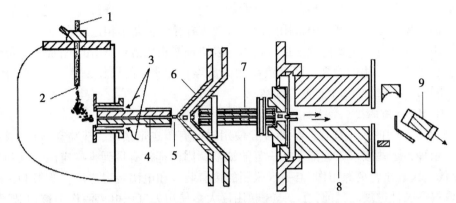

1. 液相入口；2. 雾化喷口；3. 热的干燥氮气；4. 毛细管；5. CID 区；6. 锥形分离器；7. 八极杆；
8. 四极杆；9. HED 检测器

图 7-10　电喷雾电离接口装置结构

（2）大气压化学电离源（APCI）。其原理如图 7-11 所示，液相色谱流出液经中心毛细管被雾化气和辅助气喷射进入加热的常压环境中（100～200℃），在大气压条件下利用电晕放电针尖端高压放电促使溶剂和其他反应物电离、碰撞及电荷转移等方式，形成一个反应气等离子区，样品分子通过等离子区时，发生质子转移，形成了（M+H)$^+$或（M−H)$^-$离子或加和离子。

APCI 电离的特点是：软电离，可产生准分子离子；主要产生单电荷离子，几乎没有碎片离子；纯气相离子化过程，只产生极少的添加离子；相对于 ESI，其受基质影响较小，质谱图不受缓冲盐及其缓冲力变化的影响；热不稳定化合物可能会发生降解；可能生成加合物和（或）多聚体；流速范围大，0.2～2.0mL/min，而不用分流。

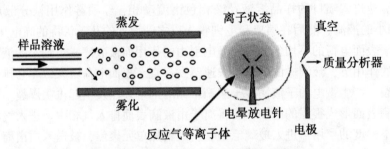

图 7-11　大气压化学电离接口原理示意图

ESI 与 APCI 在应用范围上相互补充。ESI 适合于中等极性到强极性的化合物分子，特别是那些在溶液中能预先形成离子的化合物和可以获得多个质子的大分子（蛋白质）。只要有相对强的极性，ESI 对小分子的分析也常常可以得到满意的结果。APCI 适合非极性或中等极性的小分子的分析，一般适合分析挥发性化合物，不适合带有多个电荷的大分子的分析。

另外，基质辅助激光解吸电离飞行时间质谱仪（MALDI-TOFMS）也常用于 LC-MS 联用系统，它是采用基质辅助激光解吸电离（MALDI）方式，用飞行时间质量分析器，特点是对盐和添加物的耐受能力高，且测样速度快，操作简单。

在实际工作中，应针对不同的样品、不同的分析目的选用不同的电离方法和技术。

二、LC-MS 联用检测技术

1. LC-MS 的分析样品

（1）样品要力求纯净，不含显著量的杂质，尤其是分析蛋白质和肽类（这两类化合物在 ESI 上有很强的响应）。

（2）不含有高浓度的难挥发酸（磷酸、硫酸等）及其盐，难挥发酸及其盐的侵入会引起很强的噪声，严重时会造成仪器喷口处放电。

（3）样品黏度不能过大，防止堵塞柱子、喷口及毛细管入口。

2. 流动相的选择

常用的流动相为甲醇、乙腈、水和它们不同比例的混合物，以及一些易挥发盐的缓冲液，如甲酸铵、乙酸铵等，还可以加入易挥发性的酸、碱调节 pH 值，如甲酸、乙酸和氨水等。LC-MS 接口避免进入不挥发的缓冲液，避免含磷和氯的缓冲液，盐分太高，会抑制离子源的信号和堵塞喷雾针及污染仪器。

3. LC-MS 扫描模式的选择

（1）正、负离子模式

一般的商品仪器中，ESI 和 APCI 接口都有正、负离子测定模式可供选择。一般不要选择两种模式同时进行。选择的一般原则如下。

①正离子模式：适合于碱性样品，可用乙酸或甲酸对样品加以酸化。样品中含有仲胺或叔胺时可优先考虑使用正离子模式。

②负离子模式：适合于酸性样品，可用氨水或三乙胺对样品进行碱化。样品中含有较多的强负电性基团，如含氯、含溴和多个羟基时可尝试使用负离子模式。

（2）全扫描方式

全扫描数据采集可以得到化合物的准分子离子，从而可判断出化合物的分子量，用于鉴别是否有未知物，并确认一些判断不清的化合物，如合成化合物的质量及结构。

（3）母离子扫描

母离子分析可用来鉴定和确认类型已知的化合物，尽管它们的母离子的质量可以不同，但在分裂过程中会生成共同的子离子，这种扫描功能在药物代谢研究中十分重要。

（4）选择离子扫描

也称为子离子扫描，针对一级质谱而言，即只扫一个离子，用于检测已知或目标化合物。对于已知的化合物，为了提高某个离子的灵敏度，并排除其他离子的干扰，就可以只扫描一个离子。相对其他扫描模式，选择离子扫描模式对于目标物质最为灵敏，干扰也最低，一般用于定量分析。

4. 定性、定量分析方法

LC-MS 通过采集质谱得到总离子流色谱图。但是由于电喷雾是一种软电离源，通常不产生或产生很少碎片，谱图中只有准分子离子，因此，单靠 LC-MS 很难作定性分析，利用高分辨率质谱仪（FTMS 或 TOFMS）可以得到未知化合物的组成，对定性分析非常有利。如果使用串联质谱仪（MS-MS），还可以得到子离子谱、母离子谱和中性丢失谱等，有利于对样品组分进行结构定性。与 GC-MS 不同，LC-MS 没有标准谱库，需要分析者自己解析或自建标准库。

LC-MS 定量分析基本方法与普通液相色谱法相同。但是由于色谱分离方面的问题，一个色谱峰可能包含几种不同的组分，如果仅靠峰面积定量，会给定量分析造成误差。因此，对于 LC-MS 定量分析不采用总离子流色谱图，而是采用与待测组分相对应的特征离子的质量色谱图。此时，不相关的组分不出峰，可以减少组分间的互相干扰。然而，有时样品体系十分复杂，即使利用质量色谱图，仍然有保留时间相同、相对分子质量也相同的干扰组分存在。为了消除其干扰，最好是采用串联质谱（MS-MS）的多反应监测（MRM）技术。

三、LC-MS 联用仪一般操作程序

1. 开机前的准备工作

（1）查阅文献或标准，获得目标分析物质或相近物质的液—质分析条件。

（2）阅读仪器操作说明，熟悉操作方法及注意事项。

（3）检查线路是否连接完好；检查流动相是否充足，不足则根据要求添加。

（4）标样和样品在使用前必须用 0.2μm 的针头式滤器过滤。将样品放置在样品托盘上，并记录相应的位置。且第一个和最后一个样品为空白，采用不含盐或酸的流动相做标样，用于清洗进样系统及管路。

2. 开机

（1）分别打开质谱、液相色谱和电脑电源，此时质谱内置的 CPU 会通过网线与电脑主机建立通讯联系，这个时间大约需要 1~2min。

（2）待液相色谱通过自检完成后，依照液相色谱操作程序，依次进行操作（打开脱气机、湿灌注、进样器排气（Purge Injector）、平衡色谱柱）。

（3）打开 LC-MS 工作软件。

（4）点击质谱调谐图标进入质谱调谐窗口。

（5）点击泵运行按钮，开始抽真空，等待真空达到要求。

（6）确认氮气气源输出已经打开，输出压力达到规定值。

（7）设置源温度（Source Temp）到目标温度。

3. 质量校正和调谐

（1）在质谱调谐窗口选择要使用的离子模式，设定电离源界面里各项参数。

（2）创建项目（Project）。

（3）质量校正（Calibration）：为了保证质量的准确，在仪器安装及维护后，定期进行校正。通常质谱被校正后，校正结果可以被储存起来，以备日后调用。日常工作情况下质谱是不用校正的，只需调用以前做的校正表即可。

（4）调谐（Tuning）：质谱针对特定的样品都有其特定的最佳化条件，了解样品特性，如何选择电离源、流动相及流动相添加物，使样品能够电离是关键。通用的调谐参数可以用来分析大部分样品，大部分的参数一旦设定之后不需要调整，调整对于信号的影响

不大，而对于部分样品来讲，特别是含量极低的状况下，需要通过调谐来优化最佳参数。

4. 建立分析方法

（1）在 LC 模块设置液相色谱的泵、进样器和检测器的条件。

（2）创建质谱采集方法：设置扫描方式、母离子的质量数、子离子的 m/z 值、驻留时间以及锥孔电压和碰撞能量、离子化模式、质谱数据采集时间等参数。

（3）保存分析方法，并按分析方法运行仪器并使其稳定。

5. 样品测定

（1）创建样品列表：输入样品名称；选择运行样品要使用的质谱方法和液相方法；定义自动进样器的样品瓶号及进样体积；定义样品类型；调用调谐文件等；保存样品表。

（2）运行样品列表：确认 MS 和 LC 已经处于就绪状态，开始运行样品序列，进入样品自动检测并采集数据。

6. 关机

（1）关机前，用流动相冲洗系统，避免堵塞管道（冲洗系统时可以将液相色谱管路从质谱移开到废液瓶）。

（2）在软件的操作界面将泵、PDA 灯、质谱加热模块、柱温箱等关闭。等温度下降至常温时，点击气体图标关闭氮气。

（3）关闭软件窗口，进行日常关机。

（4）关闭泵、柱温箱、PDA 和系统控制器电源开关，关计算机。

（5）打开真空机械泵上的气镇（Gas Ballast）阀，运行 10~20min，质谱泄真空，机械泵停止运行后，关闭质谱电源。

7. 数据分析与处理

（1）在电脑界面双击 LC-MS 数据分析软件，进入工作站数据分析界面。

（2）打开数据文件，查看色谱图和质谱图。

（3）对色谱峰进行定性。

（4）对色谱图进行积分。

（5）建立校正表（标准工作曲线）。

（6）打开未知样品数据文件，加载方法，查看定量结果，编辑报告格式，出具未知样品定量分析报告。

注意事项

（1）流动相需用高纯试剂、易挥发试剂。要避免使用非挥发性的盐、表面活性剂、清洁剂和去污剂（会抑制离子化）以及无机酸等。水相需每天更换以保持新鲜。

（2）当改变分辨率的时候，仪器的质量数也会有轻微的偏移，所以在不同分辨率的条件下，应该做质量数校正。

（3）连接 HPLC 泵、LC 色谱柱、注射泵以及 ESI 探头时，要将仪器置于待机状态。

（4）样品贮存在塑料离心管中时，其中的添加剂很容易混入，尤其是被有机溶剂浸泡时间较长时，会产生干扰物信号。

（5）样品须经 0.45μm 滤膜过滤。

（6）在没有分流阀的情况下，ESI 源建议流速 0.2mL/min，不超过 1.0mL/min。

（7）每次分析前及分析完成后，需清洗管路至少半小时以上，确保无残留污染。

（8）平常质谱电源可不关，关质谱电源前，先将真空卸载。

（9）每次开液相都先 purge 流动相管路及自动进样机械手以防止气泡进入系统。

（10）质谱加热传输毛细管温度未升到设定值时，流动相绝对不能进入质谱。

（11）定时清洗离子源，尤其分析实际样品。

（12）工作站计算机不要安装与仪器操作无关的软件，要经常清理计算机磁盘碎片，定期查杀病毒，定期备份实验数据。

四、LC-MS 联用仪的维护与保养

1. 安装环境要求

（1）仪器室要保持整洁、干净、无尘；配套设施布局合理。

（2）仪器室温度应相对稳定，一般应控制在 20～25℃，保持恒温；相对湿度最好为 50%～70%，室内应备有温度计和毛发湿度计，一般采用空调和吸湿机调节温度和湿度。

（3）仪器室电源要求相对稳定，电压变化要小，最好配备不间断稳压电源，防止意外停电。

2. 日常维护与保养

（1）仪器应定期检查，并有专人管理，负责维护保养。

（2）实验完毕要清洗进样针、进样阀等，用过含酸的流动相后，色谱柱、离子源都要用甲醇/水冲洗，延长仪器寿命。

（3）定期清洗样品锥孔。关闭隔断阀，取下样品锥孔，先用甲醇：水：甲酸（45：45：10）的溶液超声清洗 10min，然后再分别用超纯水和甲醇水溶液超声清洗 10min，待晾干后再安装到仪器上。当灵敏度下降时，需要清洗离子源、二级锥孔和质量分析器。

（4）定期（对于 ESI 源，至少每星期做一次；对于 APCI 源，每天做一次）逆时针方向拧开机械泵上的气镇（Gas Ballast）阀，运行 20min。定期（每星期）检查机械泵的油的状态，如果发现浑浊、缺油等状况，或者已经累积运行超过 3000h，要及时更换机械泵油（表 7-1）。

表 7-1　液—质联用仪日常维护项目及其频率

维护项目	频率
真空泵更换泵油	工作半年至 1 年
真空泵检查油位	需要时、每周
质谱防尘海绵清洗	每月
离子传输毛细管清洗	需要时
真空泵气镇阀	每周（由每周第一位使用的人操作）

知识拓展

串联质谱法

串联质谱法（tandem MS）即质谱—质谱联用（MS-MS），它是时间上或空间上两级以上质量分析的结合。空间串联质谱由两个以上的质量分析器构成，如三级四极杆串联质谱，其中第一级质量分析器（MS-I）选取的前体离子，进入碰撞室活化、裂解，产生的碎片离子被第二级质量分析器（MS-Ⅱ）分析、获得 MS/MS 谱。在时间串联质谱中，前体离子的选取、裂解及碎片离子的分析在同一质量分析器（如四极离子阱分析器）中完成，前体离子的裂解可以通过亚稳裂解、碰撞诱导解离、表面诱导解离、激光诱导解离等方式实现。

串联质谱法并不局限于两级质谱分析，多级质谱实验常表示为 MS_n。MS-MS 仪器有多种不同的配置形式，有磁式质谱—质谱仪，如 BEB（B-磁分析器，E-静电分析器）、EBE、BEBE 等；四极杆质谱—质谱仪，如 QQQ（Q-四极滤质器）等；混合型质谱—质谱仪，如 EBQQ、BTOF（TOF-飞行时间质谱计）、QTOF 等。

实际应用中，串联质谱法可以通过产物离子扫描（Product-ion scan）、前体离子扫描（Precursor-ion scan）、中性丢失扫描（Neutral-loss scan）及选择反应检测（Selected-reaction monitoring，SRM）等方式获取数据，但值得注意的是时间串联质谱仪不能进行前体离子扫描和中性丢失扫描。

MS-MS 联用有两个作用，一是诱导第一级质谱产生的分子离子裂解，有利于研究子离子和母离子的关系，进而给出该分子离子的结构信息，这对有机物结构研究很有用；二是从干扰严重的质谱中抽取有用数据，大大提高质谱检测的选择性，从而能够测定混合物中的痕量物质。因此，串联质谱技术在未知化合物的结构解析、复杂混合物中待测化合物的鉴定、碎片裂解途径的阐明以及低浓度生物样品的定量分析方面具有很大优势。当质谱与气相色谱或液相色谱联用时，若色谱仪未能将化合物完全分离，串联质谱法可以通过选择性的测定某组分的特征性前体离子，获取该组分的结构和量的信息，而不会受到共存组分的干扰，实现待测物的专属、灵敏分析。目前，串联质谱法已在生命科学、环境科学、法医学、商检等领域得到了广泛应用。

任务四 技能训练

技能训练一、GC-MS 法测定液态乳中的三聚氰胺

相关仪器	训练任务	企业相关典型 工作岗位	技能训练目标
气—质联用仪	用 GC-MS 测定液态乳中的三聚氰胺	乳品加工企业品控员、质检员	熟悉 GC-MS 操作程序 初步掌握 GC-MS 联用仪的操作方法 初步掌握 GC-MS 定性、定量分析方法 熟悉 GC-MS 联用仪的维护及保养 正确计算结果并填写检测报告

【任务描述】

参照 GB/T 22388—2008《原料乳与乳制品中三聚氰胺检测方法》中规定的 GC-MS 法测定乳品厂某一批原料乳中三聚氰胺的含量。

一、仪器设备和材料

1. 设备

气相色谱—质谱（GC-MS）联用仪（配有电子轰击电离离子源（EI））；分析天平（感量为 0.0001g 和 0.01g）；离心机（转速不低于 4000r/min）；超声波振荡器；固相萃取装置；氮气吹干仪；涡旋混合器；电子恒温箱；具塞比色管（50mL）、具塞塑料离心管（50mL）。

2. 试剂

除非另有说明，所有试剂均为分析纯，水为 GB/T 6682 规定的一级水。

（1）甲醇：色谱纯。

（2）吡啶：优级纯。

（3）甲醇水溶液（1+1）：准确量取 50mL 甲醇和 50mL 水，混匀后备用。

（4）三氯乙酸溶液（1%）：准确称取 10g 三氯乙酸于 1000mL 容量瓶中，用水溶解并定容至刻度，混匀备用。

（5）氨化甲醇溶液（5%）：准确量取 5mL 氨水和 95mL 甲醇，混匀后备用。

（6）衍生化试剂：N，O-双三甲基硅基三氟乙酰胺（BSTFA）+三甲基氯硅烷（TMCS）（99+1），色谱纯。

（7）乙酸铅溶液（22g/L）：取 22g 乙酸铅用约 300mL 水溶解后定容至 1000mL。

（8）三聚氰胺标准品：CAS 108-78-01，纯度大于 99.0%。

（9）三聚氰胺标准储备液：准确称取 100mg（精确到 0.1mg）三聚氰胺标准品于

100mL 容量瓶中，用甲醇水溶液（1+1）溶解并定容至刻度，配制成浓度为 1mg/mL 的标准储备液，于 4℃避光保存。

（10）三聚氰胺标准溶液：准确吸取三聚氰胺标准储备液（浓度为 1mg/mL）1mL 于 100mL 容量瓶中，用甲醇定容至刻度，此标准溶液 1mL 相当于 10μg 三聚氰胺标准品，于 4℃冰箱内储存，有效期 3 个月。

（11）阳离子交换固相萃取柱：混合型阳离子交换固相萃取柱，基质为基磺酸化的聚苯乙烯-二乙烯基苯高聚物，填料质量为 60mg，体积为 3mL，或相当者。使用前依次用 3mL 甲醇、5mL 水活化。

（12）微孔滤膜：0.2μm，有机相。

（13）氩气：纯度≥99.999%。

（14）氦气：纯度≥99.999%。

3. 材料

原料乳或各种液态乳制品。

二、检测原理

试样经超声提取、固相萃取净化后，进行硅烷化衍生，衍生产物采用选择离子监测质谱扫描模式（SIM），用化合物的保留时间和质谱碎片的丰度比定性，外标法定量。

三、检测步骤

（一）样品处理

1. 提取

称取 5g（精确至 0.01g）样品于 50mL 具塞比色管，加入 25mL 三氯乙酸溶液，涡旋振荡 30s，再加入 15mL 三氯乙酸溶液，超声提取 15min，加入 2mL 乙酸铅溶液，用三氯乙酸溶液定容至刻度。充分混匀后，转移上层提取液约 30mL 至 50mL 离心试管，以不低于 4000r/min 离心 10min。上清液待净化。

2. 净化

准确移取 5mL 的待净化滤液至固相萃取柱中。再用 3mL 水、3mL 甲醇淋洗，弃淋洗液，抽近干后用 3mL 氨化甲醇溶液洗脱，收集洗脱液，50℃下氮气吹干。

3. 衍生化

取上述氮气吹干残留物，加入 600μL 的吡啶和 200μL 衍生化试剂，混匀，70℃反应 30min 后，供 GC-MS 定量检测。

（二）气相色谱—质谱测定

1. 仪器参考条件

（1）色谱柱：5%苯基二甲基聚硅氧烷石英毛细管柱，30m×0.25mm［内径（i.d.）］，填料粒度 0.25μm，或相当者。

（2）流速：1.0mL/min。

（3）程序升温：70℃保持 1min，以 10℃/min 的速率升温至 200℃，保持 10min。

（4）传输线温度：280℃。

（5）进样口温度：250℃。

（6）进样方式：不分流进样。

（7）进样量：1μL。

（8）电离方式：电子轰击电离（EI）。

（9）电离能量：70eV。

（10）离子源温度：230℃。

（11）扫描模式：选择离子扫描，定性离子 m/z 99、171、327、342，定量离子 m/z 327。

2. 标准曲线的绘制

准确吸取三聚氰胺标准溶液 0、0.4、0.8、1.6、4.0、8.0、16.0mL，分别置于 7 个 100mL 容量瓶中，用甲醇稀释至刻度。各取 1mL 用氮气吹干，残留物加入 600μL 的吡啶和 200μL 衍生化试剂，混匀，70℃反应 30min，配制成衍生化产物浓度分别为 0、0.05、0.10、0.20、0.50、1.00、2.00μg/mL 的标准溶液。反应液供 GC-MS 测定。以标准工作溶液浓度为横坐标，定量离子质量色谱峰面积为纵坐标，绘制标准工作曲线。标准溶液的 GC-MS 选择离子质量色谱图参见图 7-12，三聚氰胺衍生物选择离子质谱图参见图 7-13。

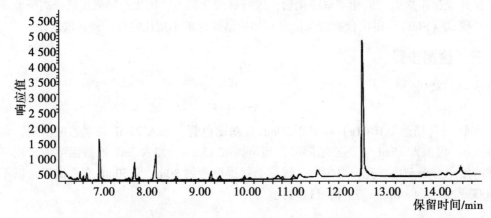

图 7-12　三聚氰胺衍生物 GC-MS 选择离子色谱图（保留时间 12.514min）

3. 定量测定

待测样液中三聚氰胺的响应值应在标准曲线线性范围内，超过线性范围则应对净化液稀释，重新衍生化后再进样分析。

4. 定性判定

以标准样品的保留时间和监测离子（m/z 99、171、327 和 342）定性，待测样品中 4 个离子（m/z 99、171、327 和 342）的丰度比与标准品的相同离子丰度比相差不大于 20%。

5. 空白实验

除不称取试样外，其余均按上述测定条件和步骤进行。

（三）结果计算

试样中三聚氰胺的含量按下式计算：

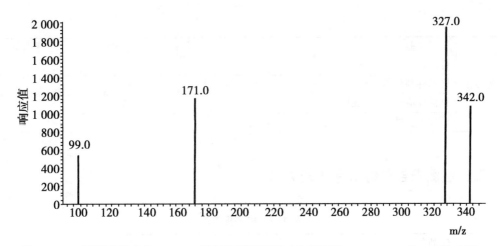

图7-13　三聚氰胺衍生物 GC-MS 选择离子质谱图（定性离子：m/z 99、171、327、342）

$$X = \frac{c \times V \times 1000}{m \times 1000} \times f$$

式中：

X——试样中三聚氰胺的含量，mg/kg；

c——根据标准工作曲线求出的试样反应液中三聚氰胺的浓度，μg/mL；

V——试样反应液最终定容体积，mL；

m——试样的质量，g；

f——稀释倍数。

四、检测原始记录（表7-2）

表7-2　检测原始记录填写单

样品名称				采样日期	
测定项目				检测日期	
分析条件	依据标准			检测方法	
	仪器名称			仪器状态	
	实验环境	温度：　　（℃）		湿度：　　（%）	
	GC-MS 条件 色谱柱：_____ 流　速：_____mL/min 程序升温：_____ 传输线温度：_____℃　　　　进样口温度：_____℃ 进样方式：□不分流进样　　□分流进样，分流比：_____ 进样量：_____μL 电离方式：_____　　　　电离能量：_____eV 离子源温度：_____℃ 扫描模式：_____ 定性离子：_____　　　　定量离子：_____				

（续表）

分析数据	平行试验	平行样1	平行样2	平行样3
	样品质量（*m*），g			
	样品稀释倍数（*f*）			
	试样反应液最终体积（*V*），mL			
	试样反应液中三聚氰胺的浓度（*c*），μg/mL			

五、检测报告单的填写（表7-3）

表7-3　检测报告单

基本信息	样品名称		样品编号	
	检测项目		检测日期	
	依据标准		检测方法	
	仪器名称		仪器状态	
	实验环境	温度：　　　（℃）	湿度：	（%）

| 分析条件 | GC-MS条件
色 谱 柱：＿＿＿＿＿＿＿＿＿＿＿＿＿＿＿＿＿＿
流　　速：＿＿＿＿＿mL/min
程序升温：＿＿＿＿＿＿＿＿＿＿＿＿＿＿＿＿＿＿
传输线温度：＿＿＿℃　　　　　　进样口温度：＿＿＿℃
进样方式：□不分流进样　　□分流进样，分流比：＿＿＿
进 样 量：＿＿＿μL
电离方式：＿＿＿＿＿＿　　　　　电离能量：＿＿＿eV
离子源温度：＿＿＿℃
扫描模式：＿＿＿＿＿
定性离子：＿＿＿＿＿＿　　定量离子：＿＿＿＿＿＿＿＿ |

分析数据	平行试验	平行样1	平行样2	平行样3
	样品质量（*m*），g			
	样品稀释倍数（*f*）			
	试样反应液最终体积（*V*），mL			
	试样反应液中三聚氰胺的浓度（*c*），μg/mL			
	试样中三聚氰胺的含量（*X*），mg/kg			
	结果计算公式	$$X = \frac{c \times V \times 1000}{m \times 1000} \times f$$ *X*——试样中三聚氰胺的含量，mg/kg； *c*——根据标准工作曲线求出的试样反应液中三聚氰胺的浓度，μg/mL； *V*——试样反应液最终定容体积，mL； *m*——试样的质量，g； *f*——稀释倍数		
	检测结果			

检验人		审核人		审核日期	

技能训练二、LC-MS 法测定苹果汁中的棒曲霉素和 5-羟甲基糠醛

相关仪器	训练任务	企业相关典型工作岗位	技能训练目标
液—质联用仪	用 LC-MS 法测定苹果汁中的棒曲霉素和 5-羟甲基糠醛	果汁饮料加工企业品控员、质检员	熟悉 LC-MS 操作程序
			初步掌握 LC-MS 联用仪的操作方法
			初步掌握 LC-MS 定性、定量分析方法
			熟悉 LC-MS 联用仪的维护及保养
			正确计算结果并填写检测报告

【任务描述】

某果汁厂生产的苹果汁需要检测其中的棒曲霉素和 5-羟甲基糠醛含量，请参照 SN/T 1859—2007《饮料中棒曲霉素和 5-羟甲基糠醛的测定方法》中规定的液相色谱—质谱法进行测定。

一、仪器设备和材料

1. 设备

液相色谱—质谱联用仪（LC-MS）；固相萃取装置；氮气吹干仪；离心机（转速不低于 4000r/min）。

2. 试剂

（1）乙腈。

（2）甲醇。

（3）乙酸溶液（1%）：取 1mL 乙酸溶于 99mL 水中。

（4）乙酸溶液（0.1%）：取 0.1mL 乙酸溶于 99.9mL 水中。

（5）碳酸钠溶液（1%）：取 1.0g 无水碳酸钠溶解于 100mL 水中。

（6）乙酸乙酯-乙醚（1+9）混合溶液：取 10mL 乙酸乙酯和 90mL 乙醚，充分混合。

（7）乙酸铵溶液：0.5mmol/L，称取 38.5mg 乙酸铵，用水定容至 1000mL。

（8）棒曲霉素标准品：纯度大于 99%。

（9）5-羟甲基糠醛标准品：纯度大于 99%。

（10）棒曲霉素标准储备液：准确称取适量的棒曲霉素标准品，用乙腈溶解配成 200μg/mL 的标准储备液，避光于 0℃下储存。

（11）棒曲霉素标准工作液：准确移取适量棒曲霉素标准储备液，用乙腈配成浓度为 2μg/mL 的标准工作液，避光于 0℃下保存。

（12）5-羟甲基糠醛标准储备液：准确称取适量 5-羟甲基糠醛标准品，用乙腈溶解，配成浓度为 1000μg/mL 的标准储备液，避光于 0℃下储存。

（13）5-羟甲基糠醛标准工作液：准确移取适量 5-羟甲基糠醛标准储备液，用乙腈配成浓度为 100μg/mL 的标准工作液，避光于 0℃下保存。

（14）C_{18} 固相萃取柱：Oasis HLB 或相当者，3mL/60mg。使用前对固相萃取柱依次加

入 2~3mL 水、2mL 甲醇和 2~3mL 水淋洗活化，流速控制在每秒 2~3 滴。

（15）微孔滤膜：0.2μm，水系。

（16）氮气：纯度≥99.999%。

3. 材料

苹果汁样品。

二、检测原理

样品经固相萃取小柱净化，采用液相色谱—质谱确证测定，外标法定量。

三、检测步骤

（一）样品前处理

准确移取 2.5mL 样品于活化的固相萃取柱上（对浑浊未过滤果汁，可于 7000r/min 离心 10min），分别用 1mL 1%碳酸钠溶液和 1mL 1%乙酸溶液淋洗，流速均为每秒 1 滴，抽真空 3~5min，然后加入 2mL 乙酸乙酯+乙醚（1+9）混合溶液洗脱，收集洗脱液于氮气流下常温吹干，用 0.1%乙酸溶液溶解并定容至 0.5mL，供液—质联用仪测定。

（二）液相色谱—质谱测定及确证

1. 液相色谱—质谱条件

（1）色谱柱：C_18柱，4.6mm×250mm，填料粒度 5μm，或相当者。

（2）流动相：乙腈+0.5mmol/L 乙酸铵水溶液（14+86），流速 0.7mL/min。

（3）柱温：室温。

（4）进样量：20μL。

（5）离子源：大气压化学电离源 APCI，负离子。

（6）离子源温度：150℃。

（7）APCI 加热管温度：450℃。

（8）碰撞诱导解离电压 Cone：30V。

（9）测定方式：选择离子监测 SIM，选择离子及其相对丰度比见表7-4。

表7-4 两种被测组分的选择离子及其相对丰度比

被测组分	5-羟甲基糠醛	棒曲霉素
选择离子 m/z	125, 106, 92, 83	153, 136, 125, 109
相对丰度/（%）	3 : 100 : 15 : 43	86 : 22 : 100 : 29

2. 测定及确证

根据样品中被测组分含量，选定浓度相近的标准工作溶液，其响应值均应在仪器检测的线性范围内。对标准工作溶液与样液等体积参插进样测定，外标法定量。在上述液相色谱质谱条件下，5-羟甲基糠醛和棒曲霉素标准品的保留时间分别为 4.6min 和 8.6min，其LC-MS 选择离子色谱图参见图7-14。

如果样品色谱峰与标准溶液色谱峰的保留时间相一致，则可根据选择离子及其丰度比

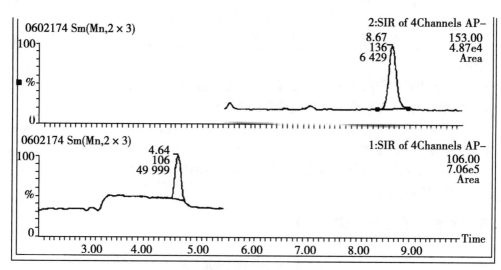

图7-14　棒曲霉素和5-羟甲基糠醛标准品的LC-MS选择离子色谱图

进行确证，5-羟甲基糠醛和棒曲霉素的LC-MS选择离子监测质谱图见图7-15和图7-16。

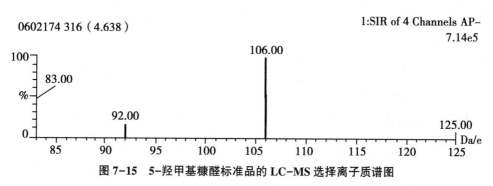

图7-15　5-羟甲基糠醛标准品的LC-MS选择离子质谱图

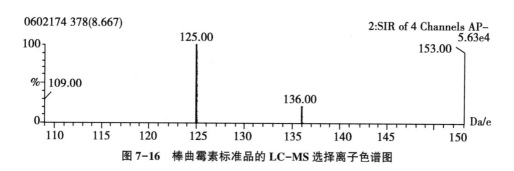

图7-16　棒曲霉素标准品的LC-MS选择离子色谱图

3. 空白实验

除不加试样外，其余均按上述测定步骤进行。

（三）结果计算

按下式计算试样中棒曲霉素或5-羟甲基糠醛的含量：

$$X = \frac{A \times c_s \times V}{A_s \times m}$$

式中：

X——试样中棒曲霉素或5-羟甲基糠醛的含量，mg/L；

A——试样中棒曲霉素或5-羟甲基糠醛的色谱峰面积；

c_s——标准工作溶液中棒曲霉素或5-羟甲基糠醛的浓度，μg/mL；

V——样液最终定容体积，mL；

A_s——标准工作溶液中棒曲霉素或5-羟甲基糠醛的色谱峰面积；

m——吸取样液的量，mL。

四、检测原始记录（表7-5）

表7-5 检测原始记录填写单

样品名称				采样日期		
测定项目				检测日期		
	依据标准			检测方法		
	仪器名称			仪器状态		
	实验环境	温度：_____℃			湿度：_____%	
分析条件	LC-MS 条件 色 谱 柱：_____ 流 动 相：_____ 流　　速：_____mL/min　　柱温：_____℃　　进样量：_____μL 程序离子源：_____　　离子源温度：_____℃ APCI 加热管温度：_____℃　　碰撞诱导解离电压 Cone：_____V 扫描方式：_____ 选择离子：羟甲基糠醛_____ 棒曲霉素_____					
分析数据	标准工作溶液分析数据					
	标准物质名称	保留时间		浓度（c_s）μg/mL		峰面积（A_s）
	5-羟甲基糠醛					
	棒曲霉素					
	样品分析数据					
	平行试验			平行样1	平行样2	平行样3
	吸取样液的量（m），mL					
	样液最终定容体积（V），mL					
	试样中5-羟甲基糠醛的色谱峰面积					
	试样中棒曲霉素的色谱峰面积					

五、检测报告单的填写（表7-6）

表7-6 检测报告单

基本信息	样品名称			样品编号	
	检测项目			检测日期	
分析条件	依据标准			检测方法	
	仪器名称			仪器状态	
	实验环境	温度： ℃		湿度： %	

分析条件	LC-MS 条件 色谱柱：_____ 流动相：_____ 流 速：_____mL/min 柱温：_____℃ 进样量：_____μL 程序离子源：_____ 离子源温度：_____℃ APCI 加热管温度：_____℃ 碰撞诱导解离电压 Cone：_____V 扫描方式：_____ 选择离子：羟甲基糠醛_____ 棒曲霉素_____

标准工作溶液分析数据			
标准物质名称	保留时间	浓度（c_s）μg/mL	峰面积（A_s）
棒曲霉素			
5-羟甲基糠醛			

样品分析数据			
平行试验	平行样 1	平行样 2	平行样 3
吸取样液的量（m），mL			
样液最终定容体积（V），mL			
试样中 5-羟甲基糠醛的色谱峰面积			
试样中棒曲霉素的色谱峰面积			
计算结果 试样中 5-羟甲基糠醛的含量，mg/L			
计算结果 试样中棒曲霉素的含量，mg/L			

分析数据	结果计算公式	$$X = \dfrac{A \times c_s \times V}{A_s \times m}$$ X——试样中棒曲霉素或 5-羟甲基糠醛的含量，mg/L； A——试样中棒曲霉素或 5-羟甲基糠醛的色谱峰面积； c_s——标准工作溶液中棒曲霉素或 5-羟甲基糠醛的浓度，μg/mL； V——样液最终定容体积，mL； A_s——标准工作溶液中棒曲霉素或 5-羟甲基糠醛的色谱峰面积； m——吸取样液的量，mL

（续表）

基本信息	样品名称		样品编号	
	检测项目		检测日期	
检测结果	棒曲霉素			
	5-羟甲基糠醛			
检验人		审核人		审核日期	

技能训练三、液相色谱—串联质谱法测定水产品中孔雀石绿和结晶紫残留量

相关仪器	工作任务	企业相关典型工作岗位	技能训练目标
LC MS/MS 联用仪	用 LC－MS/MS 法测定水产品中孔雀石绿和结晶紫残留量	水产食品加工企业品控员、质检员	熟悉 LC-MS/MS 操作程序
			初步掌握 LC-MS/MS 联用仪的操作方法
			初步掌握 LC-MS/MS 定性、定量分析方法
			熟悉 LC-MS/MS 联用仪的维护及保养
			正确计算结果并填写检测报告

【任务描述】

某水产食品加工企业要测定水产品中孔雀石绿和结晶紫残留量，请参照 GB/T 19857—2005《水产品中孔雀石绿和结晶紫残留量的测定》中规定的方法进行测定。

一、仪器设备和材料

1. 设备

高效液相色谱—串联质谱联用仪（配有电喷雾（ESI）离子源）；匀浆机；离心机（4000r/min）；超声波水浴；旋涡振荡器；KD 浓缩瓶（25mL）；固相萃取装置；旋转蒸发仪。

2. 试剂

除另有规定外，所有试剂均为分析纯，水为重蒸馏水。

（1）乙腈：液相色谱纯。

（2）甲醇：液相色谱纯。

（3）二氯甲烷。

（4）5mol/L 乙酸铵缓冲溶液：称取 38.5g 无水乙酸铵溶解于 90mL 水中，冰乙酸调 pH 值到 7.0，用水定容至 100mL。

（5）0.1mol/L 乙酸铵缓冲溶液：称取 7.71g 无水乙酸铵溶解于 1000mL 水中，冰乙酸调 pH 值到 4.5。

（6）5mmol/L 乙酸铵缓冲溶液：称取 0.385g 无水乙酸铵溶解于 1000mL 水中，冰乙酸调 pH 值到 4.5，过 0.2μm 滤膜。

（7）0.25g/mL 盐酸羟胺溶液。

（8）1.0mol/L 对－甲苯磺酸溶液：称取 17.2g 对－甲苯磺酸，用水溶解并定容至 100mL。

（9）体积分数为 2%的甲酸溶液。

（10）体积分数为 5%的乙酸铵甲醇溶液：量取 5mL 5mol/L 乙酸铵缓冲溶液，用甲醇定容至 100mL。

（11）阳离子交换柱：MCX，60mg/3mL，使用前依次用 3mL 乙腈、3mL 2%的甲酸溶液活化。

（12）中性氧化铝柱：1g/3mL，使用前用 5mL 乙腈活化。

（13）标准品：孔雀石绿（MG）、隐色孔雀石绿（LMG）、结晶紫（CV）、隐色结晶紫（LCV）、同位素内标氘代孔雀石绿（D_5 - MG）、同位素内标氘代隐色孔雀石绿（D_6-LMG），纯度大于 98%。

（14）标准储备溶液：准确称取适量的孔雀石绿、隐色孔雀石绿、结晶紫、隐色结晶紫、氘代孔雀石绿、氘代隐色孔雀石绿标准品，用乙腈分别配制成 100μg/mL 的标准储备液。

（15）混合标准储备溶液（1μg/mL）：分别准确吸取 1.00mL 孔雀石绿、结晶紫、隐色孔雀石绿和隐色结晶紫的标准储备溶液至 100mL 容量瓶中，用乙腈稀释至刻度，1mL 该溶液分别含 1μg 的孔雀石绿、结晶紫、隐色孔雀石绿和隐色结晶紫。-18℃避光保存。

（16）混合标准储备溶液（100ng/mL）：用乙腈稀释混合标准储备溶液，配制成每毫升含孔雀石绿、隐色孔雀石绿、结晶紫、隐色结晶紫均为 100ng 的混合标准储备溶液。-18℃避光保存。

（17）混合内标标准溶液：用乙腈稀释标准溶液，配制成每毫升含氘代孔雀石绿和氘代隐色孔雀石绿各 100ng 的内标混合溶液。-18℃避光保存。

（18）混合标准工作溶液：根据需要，临用时吸取一定量的混合标准储备溶液和混合内标标准溶液，用乙腈+5mmol/L 乙酸铵溶液（1+1）稀释配制适当浓度的混合标准工作液，每毫升该混合标准工作溶液含有氘代孔雀石绿和氘代隐色孔雀石绿各 2ng。

（19）微孔滤膜：0.2μm，有机相。

（20）氮气：纯度≥99.999%。

3. 材料

鲜活水产品或加工水产品。

二、检测原理

试样中的残留物用乙腈-乙酸铵缓冲溶液提取，乙腈再次提取后，液液分配到二氯甲烷层，经中性氧化铝和阳离子固相柱净化后用液相色谱—串联质谱法测定，内标法定量。

三、检测步骤

（一）样品制备

1. 鲜活水产品

（1）提取。称取 5.00g 已捣碎样品于 50mL 离心管中，加入 200μL 混合内标标准溶液，加入 11mL 乙腈，超声波振荡提取 2min，8000r/min 匀浆提取 30s，4000r/min 离心 5min，上清液转移至 25mL 比色管中；另取一 50mL 离心管加入 11mL 乙腈，洗涤匀浆刀头 10s，洗涤液移入前一离心管中，用玻棒捣碎离心管中的沉淀，旋涡混匀器上振荡 30s，超声波振荡 5min，4000r/min 离心 5min，上清液合并至 25mL 比色管中，用乙腈定容至 25.0mL，摇匀备用。

（2）净化。移取 5.00mL 样品溶液加至已活化的中性氧化铝柱上，用 KD 浓缩瓶接收流出液，4mL 乙腈洗涤中性氧化铝柱，收集全部流出液，45℃旋转蒸发至约 1mL，残液用乙腈定容至 1.00mL，超声波振荡 5min，加入 1.0mL 5mmol/L 乙酸铵，超声波振荡 1min，样液经 0.2μm 滤膜过滤后供液相色谱—串联质谱测定。

2. 加工水产品

（1）提取。称取 5.00g 已捣碎样品于 100mL 离心管中，加入 200μL 混合内标标准溶液，依次加入 1mL 盐酸羟胺、2mL 对-甲苯磺酸、2mL 0.1mol/L 乙酸铵缓冲溶液和 40mL 乙腈，匀浆 2min（10000r/min），离心 3min（3000r/min），将上清液转移到 250mL 分液漏斗中，用 20mL 乙腈重复提取残渣一次，合并上清液。于分液漏斗中加入 30mL 二氯甲烷、35mL 水，振摇 2min，静置分层，收集下层有机层于 150mL 梨形瓶中，再用 20mL 二氯甲烷萃取一次，合并二氯甲烷层，45℃旋转蒸发近干。

（2）净化。将中性氧化铝柱串接在阳离子交换柱上方。用 6mL 乙腈分三次（每次 2mL），用旋涡振荡器涡旋溶解上述提取物，并依次过柱，控制阳离子交换柱流速不超过 0.6mL/min，再用 2mL 乙腈淋洗中性氧化铝柱后，弃去中性氧化铝柱。依次用 3mL 体积分数为 2%的甲酸溶液、3mL 乙腈淋洗阳离子交换柱，弃去流出液。用 4mL 体积分数为 5%的乙酸铵甲醇溶液洗脱，洗脱流速为 1mL/min，用 10mL 刻度试管收集洗脱液，用水定容至 10.0mL，样液经 0.2μm 滤膜过滤后供液相色谱—串联质谱测定。

（二）测定

1. 液相色谱—串联质谱条件

（1）色谱柱：C_{18} 柱，50mm×2.1mm（内径），粒度 3μm；

（2）流动相：乙腈+5mmol/L 乙酸铵＝75+25（体积比）；

（3）流速：0.2mL/min；

（4）柱温：35℃；

（5）进样量：10μL；

（6）离子源：电喷雾 ESI，正离子；

（7）扫描方式：多反应监测 MRM；

（8）雾化气、窗帘气、辅助加热气、碰撞气均为高纯氮气，使用前应调节各气体流量以使质谱灵敏度达到检测要求；

（9）喷雾电压、去集簇电压、碰撞能等电压值应优化至最优灵敏度；

（10）监测离子对：孔雀石绿 m/z 329/313（定量离子）、329/208；隐色孔雀石绿 m/z 331/316（定量离子）、331/239；结晶紫 m/z 372/356（定量离子）、372/251；隐色结晶紫 m/z 374/359（定量离子）、374/238；氘代孔雀石绿 m/z 334/318（定量离子）；氘代隐色孔雀石绿 m/z 337/322（定量离子）。

2. 液相色谱—串联质谱测定

按照上述液相色谱—串联质谱条件测定样品和混合标准工作溶液，以色谱峰面积按内标法定量，孔雀石绿和结晶紫以氘代孔雀石绿为内标物计算，隐色孔雀石绿和隐色结晶紫以氘代隐色孔雀石绿为内标物计算。在上述色谱条件下孔雀石绿、氘代孔雀石绿、结晶紫、氘代隐色孔雀石绿、隐色孔雀石绿和隐色结晶紫的参考保留时间分别为 2.27min、2.30min、2.88min、5.21min、5.31min、5.61min，标准溶液的离子流图参见图 7-17。

3. 液相色谱—串联质谱确证

按照上述液相色谱—串联质谱条件测定样品和标准工作溶液，分别计算样品和标准工作溶液中非定量离子对与定量离子对色谱峰面积的比值，仅当两者数值的相对偏差小于25%时方可确定两者为同一物质。

4. 空白试验

除不加试样外，均按上述样品制备和液相色谱—串联质谱测定步骤进行。

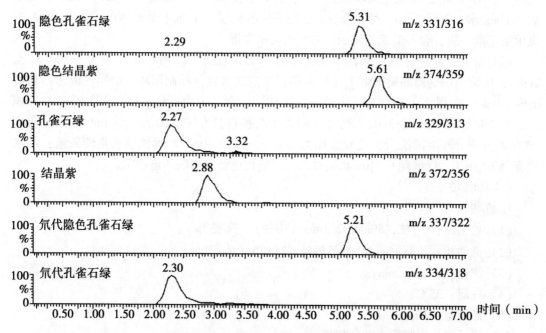

图 7-17　孔雀石绿、隐色孔雀石绿、结晶紫、隐色结晶紫、
氘代孔雀石绿和氘代隐色孔雀石绿标准的离子流图

（三）结果计算和表述

按下式计算样品中孔雀石绿、隐色孔雀石绿、结晶紫和隐色结晶紫残留量。计算结果需扣除空白值。

$$X = \frac{c \times c_i \times A \times A_{si} \times V}{c_{si} \times A_i \times A_s \times m}$$

式中：

X——样品中待测组分残留量，μg/kg；

c——孔雀石绿、隐色孔雀石绿、结晶紫或隐色结晶紫标准工作溶液的浓度，μg/L；

c_{si}——标准工作溶液中内标物的浓度，μg/L；

c_i——样液中内标物的浓度，μg/L；

A_s——孔雀石绿、隐色孔雀石绿、结晶紫或隐色结晶紫标准工作溶液的峰面积；

A——样液中孔雀石绿、隐色孔雀石绿、结晶紫或隐色结晶紫的峰面积；

A_{si}——标准工作溶液中内标物的峰面积；

A_i——样液中内标物的峰面积；

V——样品定容体积，mL；

m——样品称样量，g。

本方法孔雀石绿的残留量测定结果系指孔雀石绿和它的代谢物隐色孔雀石绿残留量之和，以孔雀石绿表示。

本方法结晶紫的残留量测定结果系指结晶紫和它的代谢物隐色结晶紫残留量之和，以结晶紫表示。

四、检测原始记录（表7-7）

表7-7　检测原始记录填写单

样品名称			采样日期		
测定项目			检测日期		
分析条件	依据标准		检测方法		
	仪器名称		仪器状态		
	实验环境	温度：　　　℃	湿度：　　　%		
	LC-MS/MS条件 色谱柱： 流动相： 流　速：＿＿＿＿mL/min　柱温：＿＿＿℃　进样量：＿＿＿μL 离子源：＿＿＿＿＿＿＿　离子源温度：＿＿＿℃ 扫描方式： 监测离子对： 孔雀石绿＿＿＿＿＿＿＿＿＿＿＿　定量离子： 隐色孔雀石绿＿＿＿＿＿＿＿＿＿　定量离子： 结　晶　紫＿＿＿＿＿＿＿＿＿＿　定量离子： 隐色结晶紫＿＿＿＿＿＿＿＿＿　定量离子： 氘代孔雀石绿＿＿＿＿＿＿＿＿＿　定量离子： 氘代隐色孔雀石绿＿＿＿＿＿＿＿　定量离子：				
分析数据	标准工作溶液分析数据				
	标准物质名称	保留时间	浓度 μg/L	峰面积	
	孔雀石绿				
	隐色孔雀石绿				
	结晶紫				
	隐色结晶紫				
	氘代孔雀石绿（内标物1）				
	氘代隐色孔雀石绿（内标物2）				

（续表）

样品名称			采样日期		
测定项目			检测日期		
	样品分析数据				
分析数据	平行试验		平行样1	平行样2	平行样3
	样品称样量（m），g				
	样品定容体积（V），mL				
	样液中孔雀石绿的峰面积				
	样液中隐色孔雀石绿的峰面积				
	样液中结晶紫的峰面积				
	样液中隐色结晶紫的峰面积				
	样液中氘代孔雀石绿（内标物1）的峰面积				
	样液中氘代隐色孔雀石绿（内标物2）的峰面积				

五、检测报告单的填写（表7-8）

表7-8　检测报告单

基本信息	样品名称		样品编号	
	检测项目		检测日期	
	依据标准		检测方法	
	仪器名称		仪器状态	
	实验环境	温度：_____℃		湿度：_____%
分析条件	LC-MS/MS条件 色 谱 柱：_____ 流 动 相：_____ 流　　速：_____mL/min　　柱温：_____℃　　进样量：_____μL 离 子 源：_____　　离子源温度：_____℃ 扫描方式：_____ 监测离子对： 孔 雀 石 绿 _____　　定量离子：_____ 隐色孔雀石绿 _____　　定量离子：_____ 结　晶　紫 _____　　定量离子：_____ 隐色结晶紫 _____　　定量离子：_____ 氘代孔雀石绿 _____　　定量离子：_____ 氘代隐色孔雀石绿 _____　　定量离子：_____			

分析数据	标准工作溶液分析数据			
	标准物质名称	保留时间	浓度 μg/L	峰面积
	孔雀石绿			
	隐色孔雀石绿			
	结晶紫			
	隐色结晶紫			
	氘代孔雀石绿（内标物1）			
	氘代隐色孔雀石绿（内标物2）			

（续表）

基本信息	样品名称			样品编号	
	检测项目			检测日期	

分析数据	样品分析数据				
	平行试验		平行样 1	平行样 2	平行样 3
	吸取样液的量（m），mL				
	样液最终定容体积（V），mL				
	样液中孔雀石绿的峰面积				
	样液中隐色孔雀石绿的峰面积				
	样液中结晶紫的峰面积				
	样液中隐色结晶紫的峰面积				
	样液中氘代孔雀石绿（内标物 1）的峰面积				
	样液中氘代隐色孔雀石绿（内标物 2）的峰面积				
	计算结果	样液中孔雀石绿的含量，μg/kg				
		样液中隐色孔雀石绿的含量，μg/kg				
		样液中结晶紫的含量，μg/kg				
		样液中隐色结晶紫的含量，μg/kg				

结果计算公式

$$X = \frac{c \times c_i \times A \times A_{si} \times V}{c_{si} \times A_i \times A_s \times m}$$

X——样品中待测组分残留量，μg/kg；
c——孔雀石绿、隐色孔雀石绿、结晶紫或隐色结晶紫标准工作溶液的浓度，μg/L；
c_{si}——标准工作溶液中内标物的浓度，μg/L；
c_i——样液中内标物的浓度，μg/L；
A_s——孔雀石绿、隐色孔雀石绿、结晶紫或隐色结晶紫标准工作溶液的峰面积；
A——样液中孔雀石绿、隐色孔雀石绿、结晶紫或隐色结晶紫的峰面积；
A_{si}——标准工作溶液中内标物的峰面积；
A_i——样液中内标物的峰面积；
V——样品定容体积，mL；
m——样品称样量，g

检测结果	孔雀石绿	
	隐色孔雀石绿	
	结晶紫	
	隐色结晶紫	

检验人		审核人		审核日期	

习　题

1. 质谱仪由哪几部分构成？简述其工作原理。
2. 比较 EI 源和 CI 源各有何特点？
3. 质谱仪的质量分析器有何作用？简述质量分析器的类型和特点。
4. 如何确定分子离子峰？确定分子离子峰有何意义？
5. 色谱与质谱联用有何突出的优点？
6. 简述总离子流色谱图、质谱图、选择离子色谱图的概念及其用途。
7. 试述气—质联用仪分析样品的操作程序和注意事项。
8. 试述液—质联用仪分析样品的操作程序和注意事项。

附：仪器使用技能考核标准

表 7-9 气—质联用仪操作技能量化考核标准

项目	考核内容	分值	考核标准	得分	备注
测试样品准备	试样预处理、标准溶液准备	15 分	按照正确的步骤和方法进行样品的预处理；正确配制标准溶液；用微孔滤膜过滤备用		
仪器准备	色谱柱安装、气源使用和气路检查	10 分	正确连接色谱柱；正确使用气源；正确进行气体管路各连接部位的检查试漏		
开机和方法建立	开机程序、建立分析方法	15 分	能按操作说明正确地进行开机操作，气体流量、真空度达到规定值；正确设置仪器的各项参数，建立样品分析方法		
MS 调谐及样品测定	MS 调谐、样品测定	15 分	能正确地进行 MSD 调谐操作，设置样品信息，编辑数据采集序列，运行序列测定样品		
关机	关机程序和方法	10 分	将各温度控制单元的温度降至室温；真空放空；退出 GC-MS 软件、关闭 GC、MS 电源开关，关闭气源		
数据分析与处理	定性分析、定量分析	15 分	能在工作软件中对目标组分进行定性；建立校准曲线，出具未知样的定量分析报告		
原始记录	记录正确	10 分	完整、清晰、规范、及时		
测定报告和结果	报告规范、结果正确	10 分	合理、完整、明确、规范		
总分		100			

表 7-10 液—质联用仪操作技能量化考核标准

项目	考核内容	分值	考核标准	得分	备注
测试样品准备	试样预处理、标准溶液准备	15 分	按照正确的步骤和方法进行样品的预处理；正确配制标准溶液、空白溶液；用微孔滤膜过滤；顺序放置在样品盘上并记录位置		
仪器准备	色谱柱安装、管路、气路检查	10 分	流动相准备到位；正确连接色谱柱；正确使用气源；正确检查管路、气路		

（续表）

项目	考核内容	分值	考核标准	得分	备注
开机和调谐	开机程序、调谐方法	15分	能按操作说明正确地进行开机操作；正确操作液相色谱；气体流量、真空度、源温度设置到规定值；按照操作说明正确进行MS调谐操作		
方法建立及样品测定	建立分析方法、样品测定	15分	正确设置液相色谱仪器的各项参数和质谱采集方法，建立样品分析方法；正确地创建样品列表并运行样品列表，检测样品		
关机	关机程序和方法	10分	关机前冲洗系统；将各温度控制单元的温度降至室温；真空放空；退出LC-MS软件、关闭LC、MS电源开关，关闭气源		
数据分析与处理	定性分析、定量分析	15分	能在工作软件中对目标组分进行定性；建立校准曲线，出具未知样的定量分析报告		
原始记录	记录正确	10分	完整、清晰、规范、及时		
测定报告和结果	报告规范、结果正确	10分	合理、完整、明确、规范		
总分		100			